多孔混凝土与透水性铺装

石云兴　宋中南　蒋立红　主编

中国建筑工业出版社

图书在版编目（CIP）数据

多孔混凝土与透水性铺装/石云兴等主编．—北京：
中国建筑工业出版社，2016.6
ISBN 978-7-112-19466-7

Ⅰ.①多… Ⅱ.①石… Ⅲ.①多孔性材料-轻质混
凝土-透水路面-路面铺装 Ⅳ.①TU528.2

中国版本图书馆 CIP 数据核字（2016）第 121700 号

本书是关于“海绵城市”建设相关技术的专著，主要内容有透水混凝土、植生混凝土、透水混凝土制品、透水沥青混凝土以及各种常用透水性铺装等。比较系统地表述了多孔混凝土的制备原理和方法、物理力学性能以及测试方法、环境生态效益等；介绍了各种常用透水性铺装的设计与施工技术，以及“海绵城市”理念运用于生活小区生态系统建设的技术要点等。

本书可供从事多孔混凝土和“海绵城市”建设的科研、设计技术人员与管理人员作为参考书。

责任编辑：刘瑞霞　王莉慧
责任校对：李美娜　张　颖

多孔混凝土与透水性铺装
石云兴　宋中南　蒋立红　主编
*
中国建筑工业出版社出版、发行（北京西郊百万庄）
各地新华书店、建筑书店经销
霸州市顺浩图文科技发展有限公司制版
北京富生印刷厂印刷
*
开本：787×1092 毫米　1/16　印张：16½　字数：399 千字
2016 年 9 月第一版　　2016 年 9 月第一次印刷
定价：**48.00** 元
ISBN 978-7-112-19466-7
(28742)

序

透水性铺装是建设“渗、滞、蓄、净、用、排”降水生态系统的关键技术之一，近10年来在我国获得了较快地发展，目前在“海绵城市”建设中得以广泛应用。

中国建筑技术中心在国内率先开展了透水混凝土及其铺装技术的研究，2004年向国家申请立项并获得批准，而当时国内的透水混凝土铺装技术还处在刚刚起步的阶段。多年来，在中国建筑工程总公司的领导和主管部门的支持下，研发团队通过不懈的努力，取得了一系列重要成果，并应用于多项重大标志性工程，如北京奥运公园透水混凝土路面工程、国家重大文化建设项目-西安大明宫以及西安世界花博会透水路面工程等。近年来相关成果又应用于我国的“海绵城市”建设中，对推动“海绵城市”建设发挥了积极作用。

在实施上述一系列重大工程的同时，研发团队十分注重技术创新，在透水性铺装结构与雨水收集、透水混凝土制备方法、施工机械、检测仪器与方法等方面拥有10余项专利；主编了北京市地标第1版和修订版；编写了技术专著和多项省部级工法，国内外发表了多篇有影响的论文，成果被国内外广泛引用和转载。这些研究成果和工程示范由于起步较早、见效大，对我国透水混凝土铺装技术的发展起到了重要的推动作用。

《多孔混凝土与透水性铺装》是研发团队在这一领域技术专著的又一力作，正应当前我国“海绵城市”建设之所需。书中系统地介绍了各种多孔混凝土的制备、基本性能、检测方法以及各类透水性铺装的设计方法和施工技术，与“海绵城市”建设工程契合的降水综合利用系统的技术要点等。由于作者深厚的研究基础和实践经验，内容编写得翔实而深入，是很有实用价值的技术参考书。期待它在我国“海绵城市”的建设中发挥应有的作用。

在此祝贺本书的出版。

中国建筑股份有限公司总工程师

2016年8月

前　言

地球是我们共同的家园，珍惜家园就是保护我们自己，可是多年来人类在从自然界获取大量资源的同时，忽视了自然生态的平衡和对自然环境的涵养与修复，由此产生了一系列生态方面的严重后果，并且在很多方面人类已经为此付出了代价。水资源的短缺和由此带来的生态环境的恶化仅是其中的一个方面，但已成为制约我国社会经济发展的一个瓶颈，“海绵城市”建设正是解决这一“症结”的有效途径。

“海绵城市”的主旨就是尊重自然水文的生态属性，建设对雨水的“渗、滞、蓄、净、用、排”的生态系统，涵养自然生态。透水性铺装是其中一项不可或缺的重要内容，它不仅可以有效地促进自然水文生态的恢复，而且还能减少城市的“热岛效应”，也改善车行交通环境和生活环境。

本书为“海绵城市”建设主要相关技术方面的专著，总结了作者在多孔混凝土和透水性铺装这一领域多年从事研究和工程的经验，同时借鉴了国内外最新研究成果。

各章编写人及分工如下：

第1章　石云兴、宋中南、蒋立红、李景芳；第2章　石云兴、王庆轩；第3章　石云兴、石敬斌；第4章　石云兴、张少彪、王珂；第5章　张燕刚、石云兴；第6章　张涛、张燕刚、张发盛；第7章　石云兴、倪坤、石敬斌；第8章　石云兴、戢文占、倪坤；第9章　张涛、霍亮、冯雅；第10章　石云兴、罗兰、张涛；第11章　吴文伶、孙鹏程、罗兰；第12章　霍亮、戢文占、张东华、冯建华；第13章　霍亮、张燕刚、廖娟、李艳稳；第14章　石云兴、刘伟、张鹏。

本书多处引用了国内外文献，在参考文献中都标明了出处，在此向各位相关作者表示感谢。

由于作者的水平所限，书中的缺点与不足之处在所难免，请各位读者批评指正。

作者
2016年6月

目　录

第1章 绪　　论

在混凝土这个种类众多的大体系中，大多数混凝土为达到耐久性和强度的要求而追求高密实度，为此不仅要优化配合比和掺用辅助材料，还要采用相应的生产工艺手段；但其中有一类混凝土并不是追求自身密实，而是在形成坚固节点的同时有意保留或产生一定的孔隙率，并且形成以贯通孔隙为主的大孔，被称为多孔混凝土。

1.1　多孔混凝土的概念

多孔混凝土（porous concrete）是指有足够贯通性孔隙率的混凝土，是透水混凝土（pervious concrete）和植生混凝土（green grow concrete ）的统称[1]~[6]，透水混凝土又可分为地面铺装用和非地面铺装用，前者主要用于路面和地面景观铺装，后者常在地下施工中作为渗水墙使用。普通混凝土可渗水的孔隙率一般在8%以内，主要为毛细孔。通常，其渗水的动力来自于毛细管的表面张力作用，除非施加水压头，否则渗水缓慢。而透水混凝土的孔隙率一般在10%～25%，植生混凝土的孔隙率在20%～35%，主要为大孔。多孔混凝土透水的动力主要来自于水的自身重力，水通过的速度较快。从所含孔隙的数量和性状的角度，混凝土类别的划分如图1-1所示[1]~[9]。

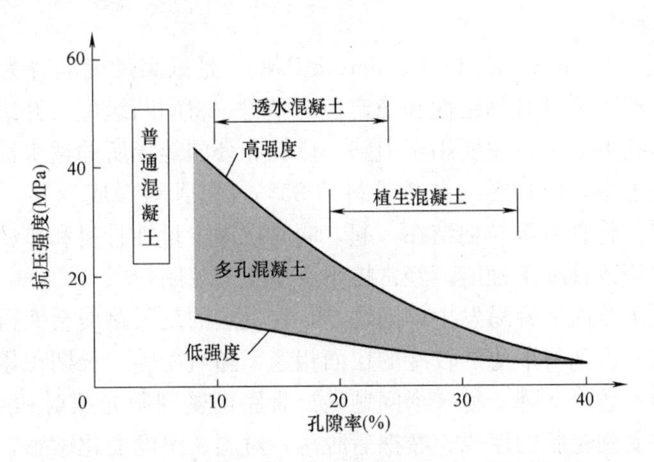

图1-1　多孔混凝土与普通混凝土的划分示意图

常用的透水混凝土按照使用的胶结材料分为透水水泥混凝土和透水有机胶结材混凝土，而透水有机胶结材混凝土又分为透水沥青混凝土、透水聚合物（树脂）混凝土和透水橡胶混凝土等；按照铺装施工类型，透水水泥混凝土铺装分为普通透水混凝土路面、彩色透水混凝土路面和露骨料透水混凝土路面等。

1.2　多孔水泥混凝土

1.2.1　透水水泥混凝土

透水水泥混凝土常简称透水混凝土，是由一系列相连通的孔隙和混凝土实体部分骨架构成的具有透气透水性的多孔水泥混凝土。从组成材料上看，与普通混凝土不同，透水混凝土仅含少量的细骨料或不含细骨料，以留下粗骨料之间的空隙，胶结材与骨料的比在1∶4左右。从内部结构来看，主要靠包裹在粗骨料表面的胶结材浆体将骨料颗粒胶结在一起，颗粒之间为点接触，孔隙率一般为10%～25%，抗压强度在10～30MPa。

粗骨料一般采用单粒级或间断级配（开级配），细骨料可采用河砂、人工砂或工业废渣，胶结材以水泥为主，为降低成本和调整性能，可掺入一定比例的矿物掺合料，必要时也采用少量有机添加剂等。

透水混凝土路面是采用透水混凝土混合料，通过特定工艺铺装施工，形成的整体结构既有均匀分布的贯通性孔隙，同时满足路用强度和耐久性要求的路面铺装[2]。

透水混凝土混合料的坍落度较低，一般不超过50mm，为同时满足透水性和强度要求，不能像普通混凝土那样采用强力振捣的密实成型方法，主要采用刮平、表面振动整平、抹光等施工方法。

1.2.2 植生混凝土

植生混凝土是以水泥为胶结材，大粒径的石子为骨料制备的能使植物根系生长于其孔隙的大孔混凝土，它与透水混凝土有相同的制备原理，但由于骨料的粒径更大，胶结材用量较少，所以形成孔隙率和孔径更大，便于灌入植物种子和肥料以及植物根系的生长[3],[6]。

1.3 透水有机胶结材混凝土

1.3.1 透水沥青混凝土

透水沥青混凝土（porous asphalt concrete-PAC）是以高黏度沥青为胶结材，并加入少量的细骨料和矿粉形成具有粘结性和稳定性的基材，将间断级配（开级配）的粗骨料粘结在一起形成的多孔混凝土，主要用于道路、广场和公园等场所的透水性铺装。

透水沥青混凝土中，粗骨料约占总骨料的85%，粗骨料形成骨架，沥青包裹于骨料表面，形成粘结层，将骨料颗粒粘结在一起，同时掺用少量细骨料和矿粉调整混合物的黏性和提高稳定性，为改善施工性能，经常掺用少量废旧轮胎粉。

透水沥青混凝土路面最容易发生的问题是，在炎热的夏天路面会变得很热，这时表面的沥青会软化流淌一直到与下边的较冷的层面相遇，随后凝固，长期积累会逐渐造成路面的孔隙堵塞，使透水效果下降。另一个问题是沥青路面受到阳光照射和空气的氧化作用，表面逐渐变脆，在受到轮胎的碾压、摩擦后脱落，对温、湿度变化敏感，耐候性差[4]。

透水沥青混凝土路面由于其有一定的弹性，车行与人行时的舒适感都比较明显，常用于运动、娱乐场所和停车场的铺装等。

1.3.2 透水树脂混凝土

透水树脂混凝土（俗称胶粘石）是以树脂为胶结材，靠树脂聚合固化将骨料胶结成的多孔混凝土，树脂用量一般在骨料重量的5%左右，目前多用环氧树脂，由于树脂对骨料的包裹层较薄，可以利用堆积空隙率较低的骨料，甚至用连续级配的骨料。

透水树脂混凝土一般多用于景观广场，由于树脂透明，石子多用彩色石子，以显露石子本色，增加景观效果。彩色石子多经工艺处理，呈圆滑的表面，以增加混合料的工作性和石子之间的接触面积。有些透水树脂（如环氧树脂）混凝土硬化后较脆，耐冲击性能差，且在紫外线的作用下容易老化，一般不用于有车辆行驶的路面。

透水有机胶结材混凝土除上述种类外，还有橡胶乳液透水混凝土，由于目前应用还不多，在此暂不述及。

1.4 透水混凝土砖

透水混凝土砖也称透水混凝土铺装砌块，是以水泥作为胶结材，天然石子或再生骨料作为粗骨料，经过工厂化生产的预制透水混凝土地砖，在施工现场直接铺设于透水基层上，主要用于人行而非车行的地面铺装。为增加装饰效果，还可以制成各种形状、表面具有纹理和各种颜色的透水砖，便于拼成图案[4],[10]~[12]。

1.5 透水混凝土路面的结构

根据透水混凝土铺装的断面结构，可将其分为：以下 3 种[5],[25]。

1.5.1 直渗型

直渗型透水混凝土铺装由透水面层、透水结构层和透水基层构成，降水能通过透水性铺装直接渗入地下，补充地下水资源。

(1) 透水面层是透水混凝土路面的表面层，作为承受荷载的主要结构之一，它不仅应具有装饰效果，而且应达到规定的平整度，具有较高的结构强度、抗变形能力和耐磨性能，使用的骨料粒径通常 5～8mm，面层的孔隙率约 10％～15％。

(2) 透水结构层是透水面层和透水基层之间的透水层，是垂直荷载的主要承载层，它的另一个作用是让透过面层的水通过其传递到基层，所使用骨料的粒径通常 10～15mm，结构层的孔隙率大于面层，约 15％～25％。

(3) 透水基层是在土基与透水结构层之间，可以采用大孔混凝土、水泥稳定石或级配石铺设。它的功能是作为透水混凝土层的排水通道或容水空间，并阻止土基的土进入透水结构层。

1.5.2 导向渗透型

导向渗透型透水混凝土铺装也称有组织排水型，是通过导向型结构把透过路面的水排到路基以外的部位再渗回地下的铺装结构。

以普通混凝土路面或沥青混凝土路面为基层（实际上是中间层，因其下面仍设有路基），铺设超过 10cm 厚的透水混凝土层，雨水通过中间层的表面排走，在离开路基、路床一定距离后渗入地下，避免雨水对路基、路床的浸透和冲毁，例如路基为湿陷性黄土、软土、膨胀土、盐渍土等情况，或是对既有道路进行修缮，需加透水面层的情况，可采用导向渗透型。

1.5.3 雨水收集型

将透水混凝土路面和雨水收集利用系统集成，能够将透过路面的雨水进行收集、储存和利用的透水路面系统，而且可以在其中设置过滤系统将雨水进行净化，改善水质，使其有更多的用途[26],[27]。

1.6 常用的透水性铺装实例

1.6.1 用于轻交通的透水混凝土铺装

透水混凝土铺装用于城镇街道、小区内的路面、停车场等，这些场合主要是轻交通和人行道，一般采用经济适用的普通透水混凝土。用于轻交通的透水混凝土铺装要经过承载设计，承载设计要综合考虑轴荷载、透水混凝土强度以及路基状况等来决定铺装厚度。图1-2是一些应用实例。

(*a*) 居民区街道的透水路面

(*b*) 城区的人行道(日本)

(*c*) 照片(*b*)的细部形貌

(*d*) 城区停车场和周围道路的透水性铺装

图 1-2　轻交通透水性铺装

(*a*) 与红色地砖相间的透水铺装(旧官府的庭院)

(*b*) 某景区的彩色透水混凝土砖路面

(*c*) 上海世博会景观透水混凝土

(*d*) 树脂透水混凝土景观路面铺装

图 1-3　用于景观的透水性铺装

图 1-2（a）是居民区街道内与住宅和绿茵相间分布的透水路面；图 1-2（b）是日本某城区用透水混凝土铺装的街区的辅路；图 1-2（c）是其细部形貌；图 1-2（d）是国外的一个停车场和市区周围道路的透水性铺装，虽然场地被开辟利用，但由于铺装了透水路面，使这片场地仍然保持着与周围自然环境原有的热、水分和空气交换的生态平衡，其中左图的树围采用木屑植被透水性铺装，更有利于植物的生长，体现了人与自然和谐共生的理念。

1.6.2 用于景观路面

透水路面经常被用于景区的地面铺装，设计时要考虑与环境的协调，可采用彩色透水混凝土、露骨料透水混凝土、有表面纹理或图案的彩色透水混凝土、透水树脂混凝土等[5]。

图 1-3（a）是日本琉球官府旧址（已有数百年以上的历史）观光地，红色宫殿为原有建筑，路面为近些年铺设，为了与红色建筑物相协调，路面设计成了红色地砖与透水混凝土相间的景观；图 1-3（b）为用彩色透水混凝土砖铺设的某景区的路面；图 1-3（c）为上海世博会广场景观透水混凝土；图 1-3（d）为某会所的透水树脂混凝土景观路面。可见，用于景观路面的透水混凝土除了要满足路用要求的性能外，还要达到环境生态方面的透水性要求，此外也要有与环境相协调的美学效果。

1.6.3 用于承载路面

作为承载路面材料，目前，透水混凝土的力学性能还达不到普通混凝土的水平，大规模地应用于承载路面的还不多，但在国外已经有一些试用工程，如图 1-4 所示。

(a) 高等级公路

(b) 高速路收费站

图 1-4 透水性铺装在承载路面中的应用（日本）

图 1-4 中的透水路面为 1991 年日本水泥协会和福井县合作修建的透水混凝土试验性路面的一部分，混凝土抗折强度大于 4.5MPa，孔隙率大于 15%，设计交通量 100～250（辆/日・方向），使用三年后经检查，路面状态良好，各项性能指标正常。

1.6.4 其他类型的透水性铺装

除多孔混凝土铺装之外，透水性铺装还包括具有透气、透水性功能的人工地面铺装，如混凝土花格砌块透水性铺装、石块透水性铺装、砾石透水性地坪，木屑植被地坪以及它们的组合等。图 1-5 和图 1-6 是常见透水性铺装的举例，详细构造情况见第 10.4 节“其他透水性铺装的设计”。今后在我国，这些透水性铺装将更多地融入“海绵城市”的建设中。

图 1-5 融入“海绵城市”建设的透水性铺装实例Ⅰ

图 1-6 融入“海绵城市”建设的透水性铺装实例Ⅱ

1.7 透水性铺装与海绵城市建设的密切相关性

1.7.1 我国的水资源状况

中国水资源人均占有量仅相当于世界人均占有量的 1/4，美国的 1/6，日本的 1/8，被联合国列为 13 个水资源贫乏的国家之一。

近几十年来，由于我国经济的快速发展导致地下水过采，城市化的加快带来的硬化地面面积迅速扩大，使大量的降水不能回渗到地下，因而使地下水位快速下降，产生了一系列的生态方面的严重后果。

图 1-7（*a*）是河床干涸的状况，1-7（*b*）是由于地下水位下降导致的路面塌陷。

(*a*)

(*b*)

图 1-7 地下水位下降引起的生态灾难

尤其是在我国北方的广大地区，缺水情况十分严重。例如北京地处于水资源匮乏的海河流域，是我国水资源严重短缺的地区之一，其人均水资源占有量不足 300m^3，只有全国人均水资源占有量的 1/8，世界人均水资源占有量的 1/30，远远低于人均水资源占有量 1000m^3 的缺水下限，按照联合国标准，属于极度缺水地区。近年来，由于地下水的超量开采，且地下水不能及时得到补充，北京平原地面沉降呈快速增加趋势。到目前为止，在东郊八里庄－大郊亭、东北郊来广营、昌平沙河－八仙庄、大兴榆垡－礼贤、顺义平各庄等地已经形成了五个较大的沉降区，沉降中心累计沉降量分别达到 722mm、565mm、688mm、661mm 和 250mm。最严重的地方，地表还在以每年 20～30mm 的速度下沉。如遇枯水年份可供水资源缺口更大，水资源短缺已成为制约首都经济和社会发展的一大瓶颈[5],[15]。

1.7.2 我国的城市建设对水文生态的影响

在自然地形地貌条件下，70%～80%的降水可以通过自然滞渗进入地下[4],[19]，自然水文的循环过程如图 1-8 所示。而城市过度开发后，导致 70%～80%的降水形成径流外排，仅有 20%～30%的降水能入渗，出现了相反的水文特征。

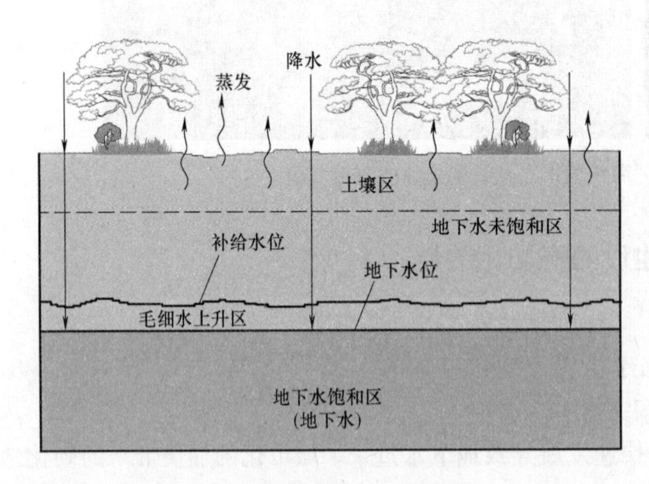

图 1-8 自然水文过程

我国的城镇建成面积在 2000～2010 年扩张了 64.45%，远高于城镇人口 45.9%的增长速度。城镇区域的扩大，带来硬化地面面积的迅速增加，加上各种开山、毁林和填湖等急功近利的粗放式开发，使得能回渗到地下的降水大量减少，切断了自然的水循环，出现了“逢雨必涝”，“雨过即旱”的严重状况，图 1-9

为过度城镇化引起的内涝示意图。

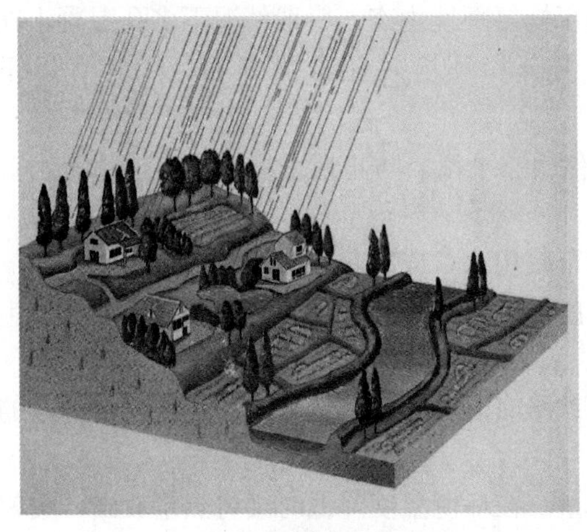

(*a*) 城镇化前(自然循环)

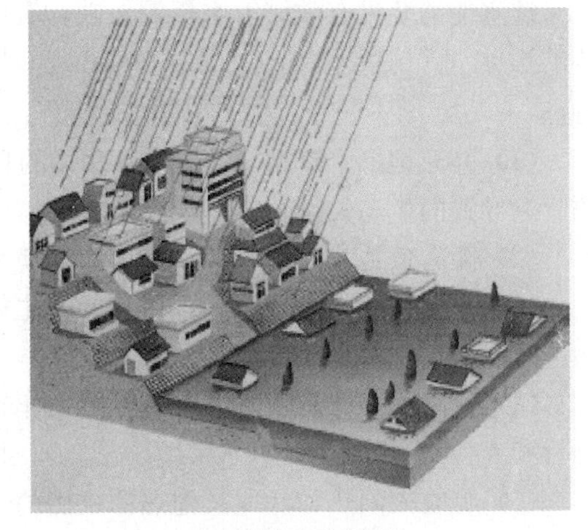

(*b*) 城镇化后(形成内涝)

图 1-9　过度城镇化引起的水文特征改变示意图

1.7.3　城镇区域的"热岛效应"

随着城镇化建设的快速发展，硬化地面面积也迅速扩大，由此对生态环境产生的负面后果之一就是"热岛效应"[4],[13]~[16],[18]，因为硬化地面阻断太阳能被土壤吸收，太阳能被硬化地面不断反射到空气中，促使城区温度升高，可见城市的大面积硬化地面是促成"热岛效应"的主要原因之一。有多个实测结果表明，一般城区的温度要高于郊区 3～4℃，图 1-10 是一城市及周围区域的温度分布，可见在市中心"热岛效应"最为显著，其次是城边居住集中的区域，农村和耕种区域无"热岛效应"[4],[16]。

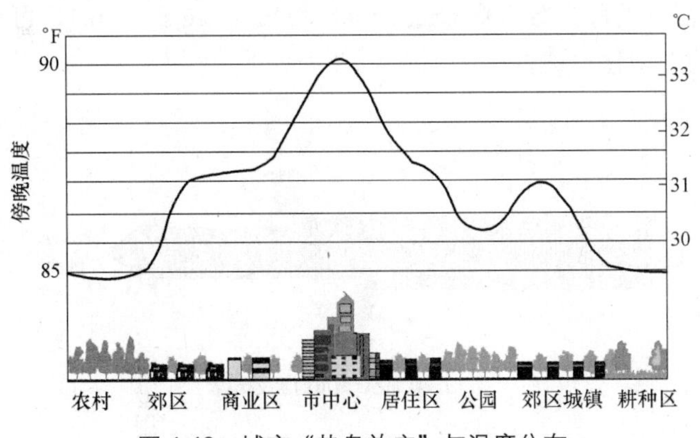

图 1-10　城市"热岛效应"与温度分布

1.7.4　透水性铺装的生态和环境效益

多年来，我国北方水资源短缺已成为社会和经济发展的瓶颈，为缓解北方大部分地区水源的严重短缺，国家实施了南水北调工程，南水北调中线一期工程自 2014 年 12 月 12 日正式通水以来，沿线河南省受水地区包括邓州、南阳、漯河、平顶山、许昌、郑州、焦作、濮阳、鹤壁和新乡 10 个地市；河北省受水地区包括邯郸、邢台、石家庄和保定 4 个地市；在京津受水地区，中线工程向北京城区日供水量约 220 万 m^3，占城区用水量的 70%；向天津城区日供水量约 130 万 m^3，占城区用水量的 80%以上。虽然南水北调缓解了部分城市的用水，但北方广大地区的“旱情”仍然无法解决。

透水性铺装可有效缓解水资源短缺，有助于恢复环境生态。一般情况下多孔混凝土铺装的透水量可达到 20mL/(cm^2 · min)，从生态和环境效益方面来看，它具有以下特点[1],[3]~[5],[14],[16],[20],[21],[23],[24],[28]：

(1) 补充地下水资源，维持地下水文的自然生态平衡，防止地表沉降和其他由于水资源匮乏导致的生态失衡；

(2) 能有效地收集雨水并将其作为环境和市政用水，或净化后作为生活杂用水；

(3) 使多种生物，特别是以微生物为主体的动植物群种更容易栖息生长，延续自然生物链；

(4) 使路面不再有积水，并且吸收汽车、铁路交通以及环境的其他噪声，创造舒适的车行和人行交通环境；

(5) 吸收太阳热和环境其他热源放出的热量，在环境温度降低时又将热量放出，缓解“热岛效应”。

1.7.5 国家“海绵城市”建设的规划

“海绵城市”是指对雨水“渗、滞、蓄、净、用、排”的生态系统，让城市能够像海绵一样，在适应环境变化和应对自然灾害等方面具有良好的“弹性”，有降水时吸水、蓄水、渗水、净水，需要时将蓄存的水“释放”，并加以利用，对降水实现全方位管理[4],[17],[21],[22]，图 1-11 为概念示意图，可见其核心的内容是要显著减少城镇化后产生的过大的雨水表面径流，使自然水循环恢复自然生态属性。

国外早于我国对降水实施了综合管理，与我国海绵城市相类似的概念，在美国称为低影响开发（LID-Low Impact Development），在澳大利亚称为 WSUD（ Water Sensitive Urban Design），在英国称为 SUDS（Sustainable Drainage System），可见海绵城市是国际上雨水管理概念的中国化表达。

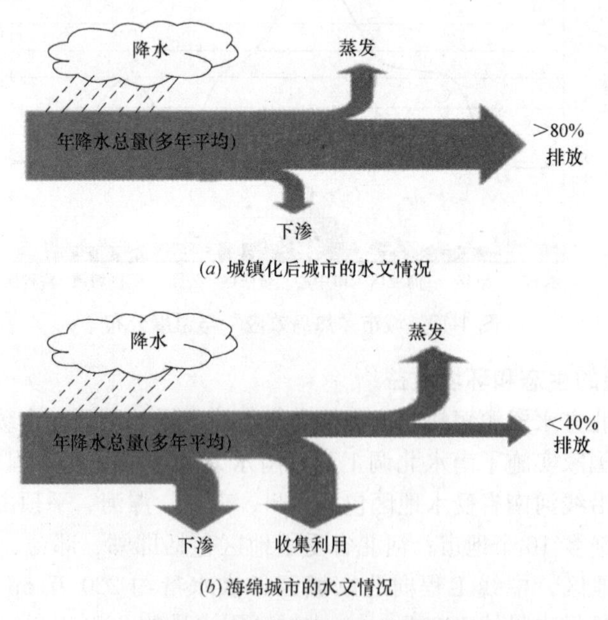

图 1-11 海绵城市雨水管理示意

“渗”，就是减少不透水硬化地面铺装，增加透水性铺装、下沉式绿地和生物滞留设施等，减少径流，使70%以上的降水回渗到地下，补充地下水资源，涵养自然环境生态。

“滞”，通过建设湿塘、下沉式绿地、雨水湿地以及透水混凝土路面的滞水层等，将降水滞留，以空间换时间，提高雨水滞渗的作用，延缓峰现时间，减少径流，给渗水过程留下更多的时间。

“蓄”，通过建设蓄水池、雨水模块、雨水罐等设施，并且与透水混凝土路面集成应用，将雨水收集和储存，降低峰值流量，也便于雨水利用。

“净”，减少面源污染，降解化学需氧量（COD）、悬浮物（SS）、总氮（TN）和总磷（TP）等主要污染物，主要通过过滤手段将雨水净化。

“用”，将收集和储存的雨水用作植被的灌溉用水，或净化作为生活杂用水以及其他用途的用水。

“排”，建立灰绿结合的蓄排体系，避免内涝等灾害。

“海绵城市”对“渗、滞、蓄、净、用、排”体系的建设，要根据当地实际情况，因地制宜。根据当地水文地理和人文情况，统筹兼顾，有所侧重。图1-12～图1-14分别是对雨水有不同侧重管理的实例。

图1-12　以“渗、滞”为主雨水管理示例

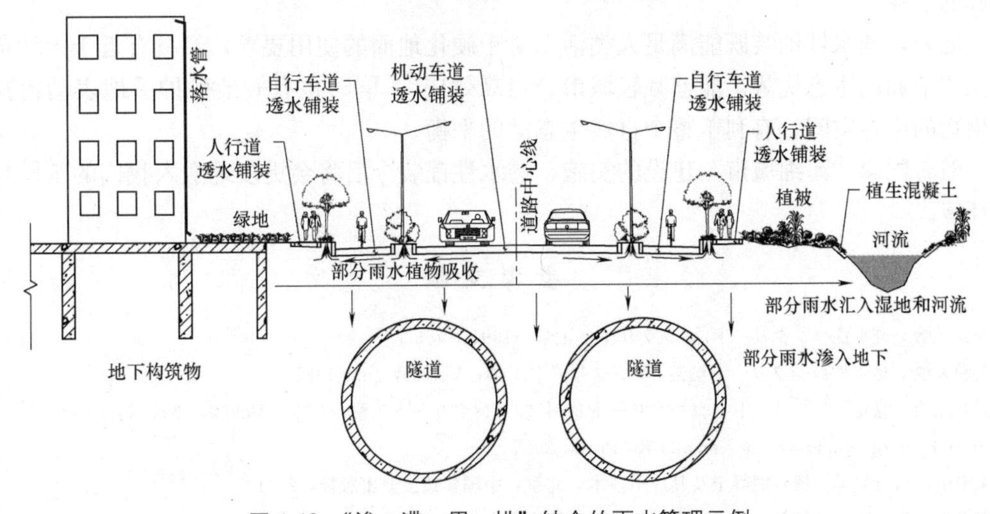

图1-13　“渗、滞、用、排”结合的雨水管理示例

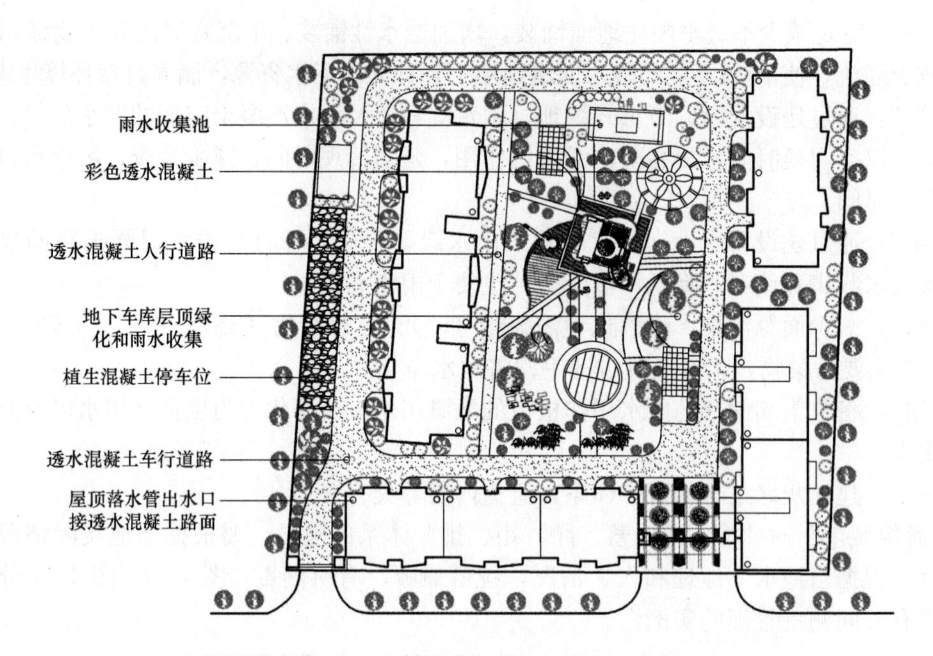

图 1-14 “渗、滞、蓄、净、用、排”的小区雨水综合管理示例

本章小结

我国是世界上水资源匮乏的国家之一，加上数十年来对水源的过采和城镇化导致的不透水硬化地面的迅速扩大，以及工农业生产对水源不同程度的污染，造成我国特别是北方广大地区的水资源短缺问题日益突出，已成为制约社会和经济发展的瓶颈。

建设“海绵城市”就是要实现雨水的“渗、滞、蓄、净、用、排”的生态化循环，透水性铺装是其中主要内容之一，通过透水性铺装使天然降水大部分渗入地下，维持地下水资源的平衡，避免或减轻由于地下水位下降而产生的地表沉降、地面塌陷等地质灾害，还能有效地缓解城市排水系统的泄洪压力，对降水收集、净化和利用，还可以减少对既有水资源的消耗。

此外，透水性铺装既能满足人类活动对于硬化地面的使用要求，又具有近于天然草坪和土壤地面的生态优势，能够减轻城市“热岛效应”，同时也有效地保护了地表动植物及微生物的生存空间，有利于整个自然生态链的平衡。

随着国家“海绵城市”建设的实施，透水性铺装今后将会更多地融入我们的工作与生活环境。

参考文献

1. 玉井元治．透水性コンクリート．コンクリート工学，1994，Vol. 32
2. 大和東悦．透水性コンクリート舗装．コンクリート工学，Vol. 23，June 1985
3. 玉井元治．绿化コンクリート（コンクリート材料）．コンクリート工学，1994，Vol. 32，No. 11：64-69
4. Bruce K. Ferguson. Porous pavement. CRC Press，2005
5. 宋中南，石云兴等．透水混凝土及其应用技术．北京：中国建筑工业出版社，2011
6. 石云兴，张燕刚，刘伟等．植生混凝土的性能与应用研究．施工技术，2015. 12

7. Ranchet J. Impacts of porous pavements on the hydraulic behaviours and the cleaning of water. Techiques Sciences & Methodes，1995
8. Brattebo，Benjamin O，Booth，Derek B. Long-term stormwater quantity and quality performance of permeable pavement systems. Water Research，2003，Vol. 37. No. 18
9. Legret M，Colandini V，Le Marc c. Effects of a porous pavement with reservoir structure on the quality of runoff water and soil. The science and the total environment，1996，Vol. 189-190：335-340
10. 大和東悦．透水性コンクリート舗装［J］．コンクリート工学．Vol. 23，June 1985
11. 蒋亚清等．透水混凝土路面砖．建筑砌块与砌块建筑，2001，(1)
12. 严捍东．再生骨料混凝土配制透水路面砖．华侨大学学报（自然科学版)，2006，Vol. 27，No. 1
13. 松井勇　ほか．健康をつくる住環境．井上書院，2002. 3
14. Takashi Asaeda，Vu Thanh Ca. Characteristics of permeable pavement during hot summer weather and impact on the thermal environment. Building and Environment，2002，35：363-375
15. Yunxing Shi，Pengcheng Sun，Jingbin Shi，et al. Properties of pervious concrete and its paving construction. The 6th International Conference of Asian Concrete Federation，Seoul，2014. 9
16. 王波，李成．透水性铺装与城市生态及物理环境．工业建筑，2002，(12)
17. 住房和城乡建设部．海绵城市建设技术指南-低影响开发雨水系统构建（试行)．2014. 10
18. 王波．透水性铺装与生态回归．东营：石油大学出版社，2004. 9
19. Wolfram Schluter. Modelling the outflow from a porous pavement. Urban Water，2002，4 (1)
20. Stephen J. Coupe，Humphrey G Smith，Alan P. Newman et al. Biodgradation and microbial diversity within permeable pavements. Protistology，2003
21. C. J. Pratt，A. P. Newan，P. C. Bond. Mineral oil bio-degradetion within permeable pavement：long team observations. Water Science Technology，1999，39 (2)
22. Benjamin O. Brattebo，Derek B. Booth. Long-term stormwater quantity and quality performance of permeable pavement systems. Water Research，2003，37 (1)
23. J. D. Balades，M. Legret and H. Madiec. Permeable pavements：pollution management tools. Water Science Technology，1995，32 (1)
24. 玉井元治．コンクリートの高性能・高機能化（透水性コンクリート）コンクリート工学，1994，Vol. 32，No. 7
25. 黒岩義仁，中村政則　ほか．排水インターロッキングブロック舗装工法．セメント・コンクリート，2001. 11
26. 石云兴，宋中南，吴月华等．雨水收集透水混凝土路面系统．发明专利，ZL200710200117. 4
27. 新西成男，中澤高雄　ほか．ポーラスコンクリートの水質浄化特性に関する実験的研究，ココンクリート工学年次論文報告集，1999，Vol. 21. 1
28. 君島健之，大石英夫，西岡真稔　ほか．コンクリートのヒートアイランド効果．Cement Science and concrete Technology，2006，No. 60

第 2 章　透水混凝土的原材料与混合料的制备

2.1　透水混凝土制备的原理

透水混凝土由骨料、基材和孔隙三组分构成，也可以认为是由固（骨料）、液（浆体）和气相（孔隙）组成，骨料的堆积状态和普通混凝土状态可以看成是其两个极端状态，而透水混凝土可以视为中间状态。在混凝土的混合料阶段，按其凝聚状态可分为：（Ⅰ）无浆体时的骨料自然堆积状态；（Ⅱ）有了少量浆体后的连锁状态（分 1、2 区情况）；（Ⅲ）随着浆体量增加呈毛细状态和（Ⅳ）密实状态[1]~[4]，如图 2-1 所示。从第Ⅰ种状态到第Ⅳ种状态是从骨料堆积状态到普通混凝土的过渡过程，而透水混凝土是由连锁状态中两种区域情况构成，要使混凝土处于这一状态，就要使基材（浆体）的体积小于骨料堆积状态的总孔隙体积，留下一部分未填充的空隙作为透水通道。胶结材过少会使状态处于第Ⅱ状态的第 1 区，强度较低，胶结材过多将会使堆积状态进入第Ⅲ、第Ⅳ种状态，而失去透水性。因此用于透水性路面铺装的透水混凝土由连锁状态的第 1、2 区构成，以基材的填充程度来调整 1、2 区两种状态的比例。处于第 1 区，孔隙率增加，强度降低；当基材较多时，处于近第 2 区，孔隙率降低，强度提高。

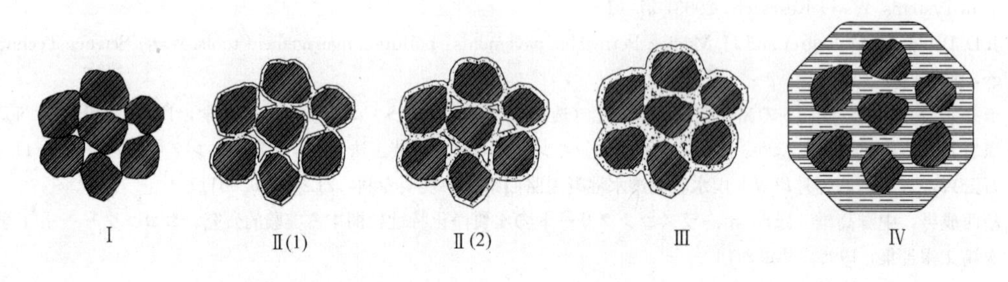

充填状态	Ⅰ骨料的自然堆积状态	Ⅱ连锁状态		Ⅲ 细状态	Ⅳ密实状态
		第 1 区	第 2 区		
固相	连续	连续	连续	不连续	不连续
液相	不连续	连续	连续	连续	连续
气相	连续	连续	不连续	0	0

图 2-1　混合料的聚积状态示意图

2.2　透水混凝土的原材料

透水混凝土的原材料主要有粗骨料、水泥、掺合料和各种添加剂，有时也使用细骨料。由于透水混凝土的制备过程和性能要求都较普通混凝土严格，要保持贯通孔隙状态和所要求的强度，就要使混凝土处于图 2-1 中所述的Ⅱ连锁状态，因此配合比的可调范围小，所以对原材料的指标要求较普通混凝土更严格一些。

2.2.1 骨料的基本要求

粗骨料（本书中除特别说明外，以骨料代称粗骨料）对透水混凝土的性能有重要的影响，由于在透水混凝土中骨料颗粒之间近乎点接触，骨料的压碎指标、粒径、粒型、表面状况以及杂质含量等与混凝土性能的相关性，相比普通混凝土来说更为密切，因此，在制备混凝土时控制得更为严格。

（1）骨料的粒径选择

在混凝土中粒径大于 5mm 的骨料称为粗骨料，透水混凝土中利用粗骨料起骨架作用，其最大粒径不超过 40mm，根据路面的不同类型，选择骨料的最大粒径，用于透水基层的大孔混凝土，骨料粒径一般为 20～40mm，用于透水结构层的，多用粒径 10～20mm 的骨料，用于透水面层的，多选粒径为 5～10mm 的骨料。

（2）骨料类型的选择

常用的骨料有碎石、河卵石、建筑废弃物再生骨料和工、矿废渣骨料等，在粒径和级配相同时，碎石的空隙率较大，透水性好，且表面粗糙，容易挂浆，宜优先选用；河卵石在堆积状态下空隙率较小，为保证混凝土的透水性，胶结材用量应适当减少；对工、矿废渣骨料要区分种类，如火山渣、碎旧砖瓦骨料，硬度小，而钢渣硬度较大，应分别选择适当的应用场所，同时对于前者制备混凝土时要考虑其吸水性；对于矿山尾矿的骨料，要注意风化石、石粉含量等对混凝土的影响。

（3）骨料的粒型

骨料的粒型与骨料堆积孔隙率相关性较大，因而与透水混凝土配合比、混合料的性能以及硬化混凝土的性能有密切的相关性，接近圆形的骨料堆积孔隙率小，胶结材用量少，混凝土混合料可施工性能好，而且用于面层铺设的透水混凝土，越是接近圆形的或立方形的颗粒，与浆体粘结得越牢固，特别是作为面层骨料，不容易脱落。

（4）骨料中的杂质含量

骨料中的粉尘、黏土、泥块和石粉影响骨料颗粒与胶结材的粘结，并且降低混凝土强度，应使其含量尽可能减少。用作为结构层的，其含量都应小于 0.5%；用作为面层的，其含量应小于 0.2%；在施工现场，对于含上述杂质过多的骨料，应进行过筛。

由于透水混凝土的破坏多发生于骨料的直接破坏，针片状颗粒宜小于 5%；用于制备强度较高的透水混凝土的粗骨料的压碎指标宜小于 15%。

（5）骨料的级配

粗骨料分为连续级配、间断级配（开级配）和单粒级，它们的堆积空隙状态如图 2-2[5]所示。图 2-2（*a*）为原始级配，其中用于透水混凝土的级配应筛除最细颗粒部分，如图 2-2（*b*）所示；用于植生混凝土的骨料级配应筛除其中的最细颗粒和较细颗粒，留下更多空隙，如图 2-2（*c*）所示。从透水性来看，单粒级和间断级配优于连续级配，从力学性能来看，后者优于前者，在实际应用中应根据具体情况选择，一般多选用单粒级和间断级配，很少选用连续级配，所选骨料的堆积空隙率一般要在 35%～45%。在适当的配比和工艺下，连续级配的骨料仍可制备出满足工程要求的透水混凝土，而且一般采用连续级配骨料制备的透水混凝土，其强度和体积稳定性较高，但其中最小颗粒部分宜筛除。

用于结构层的，施工前多用 6～8mm 孔径的筛子过筛，而用于面层的主要是粒径 5mm 左右的干净颗粒。

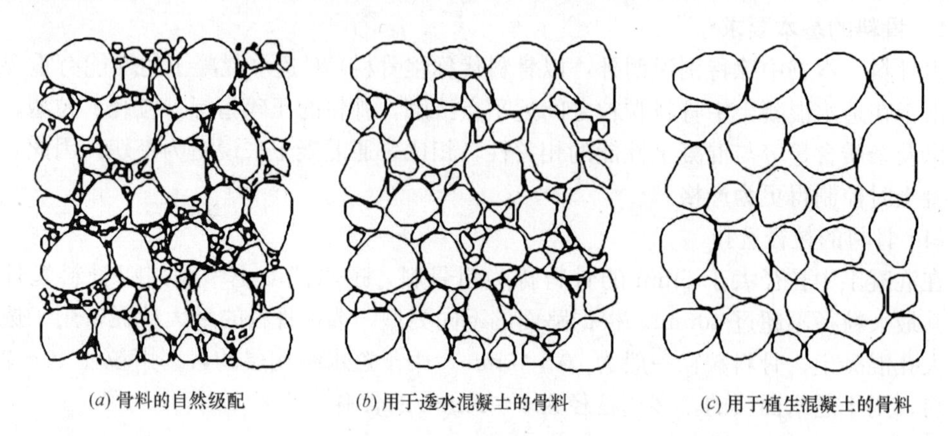

(*a*) 骨料的自然级配　　(*b*) 用于透水混凝土的骨料　　(c) 用于植生混凝土的骨料

图 2-2　不同级配粗骨料堆积的空隙状态示意图

（6）ASTM 标准规定的骨料级配与标识

ASTM 的骨料标准采用英制单位（inch-简写为 in），与透水混凝土相关的几种常用级配如表 2-1 和图 2-3 所示。图中的 No. 6 和 No. 7 表示分别由两个边界所围成区域的开级配范围，No. 7 是比 No. 6 更细的级配范围，而 No. 67 则是介于 No. 6 和 No. 7 之间，颗粒通过率高于 No. 6 的下限，低于 No. 7 的上限的级配。

ASTM 骨料级配（in-英寸）与国际制（mm）的对应　　表 2-1

筛号	筛孔尺寸(in)	相当于筛孔尺寸(mm)	通过筛孔累计(%)					
			ASTM No. 4	ASTM No. 5	ASTM No. 57	ASTM No. 6	ASTM No. 67	ASTM No. 7
2in	2.0	51	100					
1.5in	1.5	38	90～100	100	100			
1in	1.0	25	20～55	90～100	95～100	100	100	
3/4in	0.75	19	0～15	20～55		90～100	90～100	100
1/2in	0.5	13		0～10	25～60	20～55		90～100
3/8in	0.375	95	0～5	0～5		0～15	20～55	40～70
No. 4 筛	0.187	5			0～10	0～5	0～10	0～15
No. 8 筛	0.037	1			0～5		0～5	0～5

2.2.2　胶结材料与外加剂

（1）水泥

应选用符合《通用硅酸盐水泥》GB 175 质量要求的硅酸盐水泥、普通硅酸盐水泥和矿渣硅酸盐水泥，配制 C30 以上的混凝土宜选用强度等级 42.5 及以上的水泥，配制 C25 以下的混凝土，选用强度等级 32.5 的水泥亦能满足要求。

（2）矿物掺合料

矿物掺合料主要有硅灰、矿渣微粉和粉煤灰等，以硅灰效果为佳，但掺量一般不超过 10%，矿渣微粉的比表面积应在 4000cm^2/g 以上，掺量一般不超过 20%，粉煤灰应使用

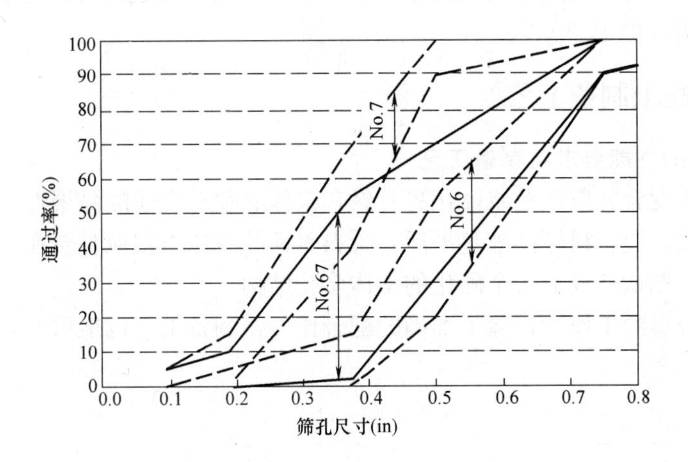

图 2-3　ASTM 标准的骨料级配

Ⅰ级粉煤灰，掺量一般不超过 15%。

（3）聚合物添加剂

对黏聚性和强度要求较高的混合料，可采用少量有机聚合物配合无机胶结材使用，常用树脂有丙烯酸树脂和苯丙共聚物树脂乳液、醋酸乙烯等。

（4）减水剂

可采用聚羧酸高效减水剂或萘系高效减水剂，以聚羧酸系高效减水剂效果更佳，使用中应注意与水泥和有机添加剂的适应性。

2.3　透水混凝土配合比的计算

透水混凝土是由骨料、胶结材、水、添加剂和孔隙组成的多组分体系，其配合比设计是将各原材料的体积与孔隙体积之和作为混凝土的体积来计算（一般以 $1m^3$ 体积的混凝土计），多按式（2-1）计算。

$$\frac{m_g}{\rho_g}+\frac{m_c}{\rho_c}+\frac{m_f}{\rho_f}+\frac{m_w}{\rho_w}+\frac{m_s}{\rho_s}+\frac{m_a}{\rho_a}+P=1 \tag{2-1}$$

式中　m_g、m_c、m_f、m_w、m_s、m_a——分别为单位体积混凝土中粗骨料、水泥、矿物掺合料、水、细骨料、外加剂的用量（kg/m^3）；

ρ_g、ρ_c、ρ_f、ρ_w、ρ_s、ρ_a——分别为粗集料、水泥、矿物掺合料、水、细骨料、外加剂的表观密度（kg/m^3）；

P——设计孔隙率（%）。

采用水溶性外加剂时，由于其体积很小，式中的第六项即$\frac{m_a}{\rho_a}$可以忽略不计；采用无砂透水混凝土时，第五项即$\frac{m_s}{\rho_s}$为零；当采用有砂透水混凝土时，砂率一般在 8%～15%范围内选定，制备 $1m^3$ 的混凝土，粗骨料在 0.85～$0.95m^3$ 内选定；当采用无砂透水混凝土时，粗骨料在 0.93～$0.97m^3$ 内选定，水胶比一般在 0.25～0.35 内选定。由于透水混凝土的强度与水胶比没有明确的数学对应关系，而仅是在一定范围内有一定的对应关系，因此，在配合比设计时，一般是根据强度要求和设计孔隙率选定胶结材用量，然后再根据工作性要求选定用水量[4],[6],[7]。

2.4 透水混凝土制备工艺

2.4.1 混合料的性能要求与制备工艺

透水混凝土混合物应该是浆体包裹骨料，浆体必须有合适的黏聚性，以保证包覆于骨料后仍呈颗粒状，混合料经摊铺整平后，骨料表面的浆体将颗粒黏聚在一起，但仍保持一定孔隙，随着龄期增长成为一个硬化的整体多孔结构。

为保证混合料的工作性，除了准确的配合比外，制备工艺也很重要，主要工艺过程如图 2-4 所示。

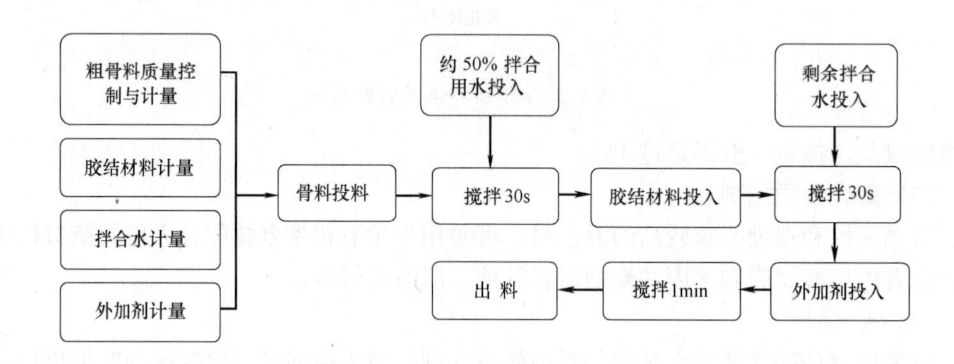

图 2-4 透水混凝土的制备工艺

粗骨料的质量控制主要是骨料的黏土、泥块含量，石粉含量，特别是石粉含量经常超过界限，会严重影响混合料的工作性和骨料与胶结材浆体的粘结力，原则上碎石的石粉超过 3%应该过筛，必要时要经过水洗。

采用上述工艺制备混合料时，工作性容易得到保证，特别是当使用河卵石作为骨料时，宜按上述工艺进行，方能制得性能优良的混合料。但采用碎石骨料时，因为碎石表面粗糙，容易挂浆，可以将骨料和胶结材一同加入搅拌机，边搅拌边逐渐加水，30s 内加至 50%～70%后，加入外加剂等，再搅拌 30s 后，随着搅拌逐渐加入其余的水至工作性合适为止。

在黏聚性要求较高的情况下，也可采用掺用聚合物的方法来改善混合料的工作性。

2.4.2 混合料的性能测试与评价

透水混凝土混合料工作性是指浆体均匀包裹骨料颗粒，又易于施工摊铺整平，形成多孔结构的性能，而对其量化评价一直是一个比较棘手的问题，迄今尚无标准化的且简便易行的方法。中国建筑技术中心的研究者在大量试验研究的基础上，提出了振动稠度方法和指标，结合坍落度的方法[8]，试验仪器如图 2-5 所示。这一方法能够比较简便地评价透水混凝土混合物的工作性，而且与现场施工工艺相关度高，详见本书第 8.1 节。

通过大量的试验证明，坍落度在 50±10mm，振动稠度为 15s 左右的透水混凝土混合料工作性好，并且测振动稠度的混合料圆形试块，硬化后推作为测试孔隙率的试块。

图 2-5　透水混凝土混合料工作性的测定装置

2.5　骨料特性与混合料制备及其性能的相关性

2.5.1　骨料的粒径、空隙率与混合料的堆聚状态

不同公称粒径的骨料堆积空隙率不同，对混凝土混合料的性能有明显的影响，如图2-6所示。利用粒径5～10mm和10～16mm的辉绿岩作为骨料，实测其堆积空隙率分别为44.3%和45.2%，采用相同的骨/胶比（G/C=4）、水胶比和外加剂用量适量，制备的透水混凝土混合料的孔隙率分别为21.1%和18.7%，骨料体积和成型混凝土的体积比分别是0.946和0.957，图中混凝土的体积是100kg骨料所成型的混凝土的体积。可见，制备同样体积的混凝土混合料（以同样的方法成型的体积），需要的5～10mm骨料体积较10～16mm的少。

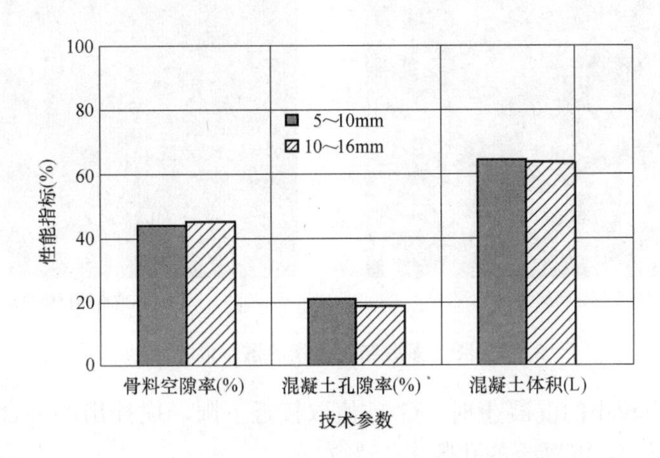

图 2-6　骨料粒径对混合料性能指标的相关性

利用粒径5～10mm、10～16mm和20～25mm的石灰岩碎石作为骨料（图2-7），实

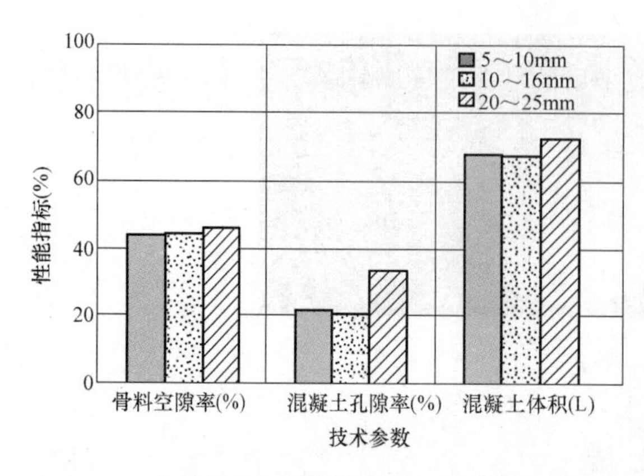

图 2-7　骨料粒径对混凝土混合料诸性能的影响

测其堆积空隙率分别为 44.1%、44%和 45.9%，采用与上面相同的骨/胶比、水胶比和外加剂用量制备的透水混凝土混合料的孔隙率分别为 21.6%、20.2%和 33.3%，骨料体积和成型混凝土的体积比分别是 0.98、0.938 和 0.962。可见，制备同样体积的混凝土混合料（以同样的方法成型的体积），需要的骨料 20～25mm 的量最少，10～16mm 的居中，5～10mm 的最多。

从本试验所使用的骨料看，骨料的堆积体积和透水混凝土成型体积之比为 0.938～0.98，在骨料孔隙率较大的情况下，制备 $1m^3$ 混凝土成品（成型后的体积）基本上需要将近 $1m^3$ 骨料，采用同样重量的骨料和配比，究竟哪一种粒径制备出的混凝土体积较多一些，要考虑粒径和孔隙率两个因素。

2.5.2　胶结材的用量和浆体稠度的影响

透水混凝土混合料摊铺整平后，骨料表面的浆体将颗粒黏聚在一起，但仍保持一定孔隙，随着龄期水化硬化产生强度，成为一个硬化的整体的多孔结构。

胶结材用量的多少直接影响混合料的工作性和孔隙率，胶结材用量通常以 $1m^3$ 混凝土中的骨料/胶结材的比值 G/C（通常用重量比）来表示，G/C 值通常在 3.9～4.5 之间。

(*a*) 透水混凝土拌合物的性状

(*b*) 透水路面整平后的表面形貌

图 2-8　多胶结材用量的透水混凝土

当制备孔隙率较小的混凝土时，G/C 值取接近下限，搅拌出的混合料性状和整平后的形貌如图 2-8 所示，混凝土的孔隙率 15%左右。

当要求制备的混凝土孔隙率在 15%～20%时，G/C 值在中间部分，搅拌出的混凝土和整平成型后的状况如图 2-9 所示。

当要求制备的混凝土孔隙率在20%～30%时，G/C值取上限部分，属少胶结材用量的透水混凝土，搅拌出的混凝土和整平成型后的状况如图2-10所示，少胶结材用量的透水混凝土多用于透水基层。

图2-9　胶结材中等用量的透水混凝土

图2-10　少胶结材用量的透水混凝土

G/C值也要受骨料的粒型、粒径和级配情况的影响，接近圆形的骨料、粒径越大的骨料以及级配密实的骨料，取值应接近上限。

2.5.3　胶结材浆体稠度的影响

用水量和外加剂的用量影响浆体稠度，如果浆体过于干硬，只将骨料颗粒包裹，却不能将颗粒充分粘结起来，硬化后的强度低；而浆体过稀，将会发生与骨料的离析现象，同样会使表面颗粒粘结不牢，下部的孔隙被堵塞而失去透水性，实际上，对于透水混凝土来说，水胶比可调的范围有限，可以通过外加剂和用水量的配合来调整到合适的浆体稠度。三种工作性不同的混合料成型后的状态对比情况如图2-11所示。

(a) 过于干硬

(b) 工作性适宜

(c) 因流动性过大浆体沉底

图 2-11　不同工作性的混合料成型后的性状

2.5.4　搅拌方式对混合料工作性的影响

混合料的性能最终影响到硬化后混凝土的性能，制备性能良好的混合料是保证透水混凝土路面工程质量至关重要的一步，而搅拌方式与所制备的混合料的性能密切相关，日本学者的研究表明[4],[9]~[13]，以普通竖轴搅拌机和二轴强制式搅拌机不同搅拌方式制备的混合料工作性有明显的差异，如图 2-12 所示。

(a) 采用普通竖轴搅拌机制备

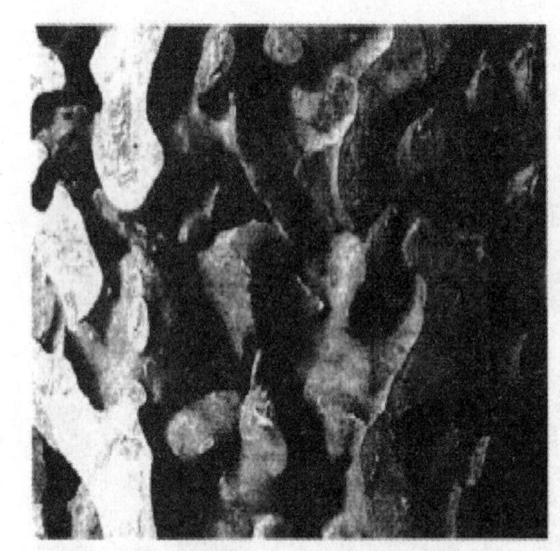
(b) 采用二轴强制式搅拌机制备

图 2-12　不同工作性的混合料成型后的性状

图 2-12（a）是采用普通竖轴搅拌机制备的透水混凝土，水胶比 0.25，浆体的流动性并不好，尽管浆体也附着在骨料表面，但是分散得不均匀，柔滑性差；图 2-12（b）是采用二轴强制式搅拌机制备的透水混凝土，尽管水胶比只有 0.21，但和前者比较，流动性大，柔滑性好，骨料之间形成连续结合点，而且包裹骨料的浆体有一定厚度，可推测骨料之间的结合力比前者高。可见，低水胶比配合强力搅拌，可以制备黏聚性好、流动性适宜的透水混凝土混合料。

2.5.5　搅拌方式对浆体工作性的影响

胶结材浆体的流变性能直接影响了混凝土的工作性，图 2-13 是日本研究者关于搅拌方式对胶结材浆体流动性影响的研究结果[4]，二段式搅拌为砂浆搅拌机（净浆搅拌）和强制式搅拌（混凝土搅拌）串联使用。由图中数据可见，强制式搅拌机搅拌的浆体，搅拌开始的 90s 到 15min，能保持稳定的软粘的状态；用二段式搅拌，0.21 水胶比在搅拌开始的阶段，0.23 水胶比在 270s 附近，表现出最大的流动性，之后逐渐减小。摇动搅拌机的情况下，流动性随着搅拌时间延长而增加，最终达到最大值；在水胶比 0.21 的情况下，以 100rpm 和 150rpm 转速搅拌，反而比 200rpm 转速搅拌的浆体流动性大。

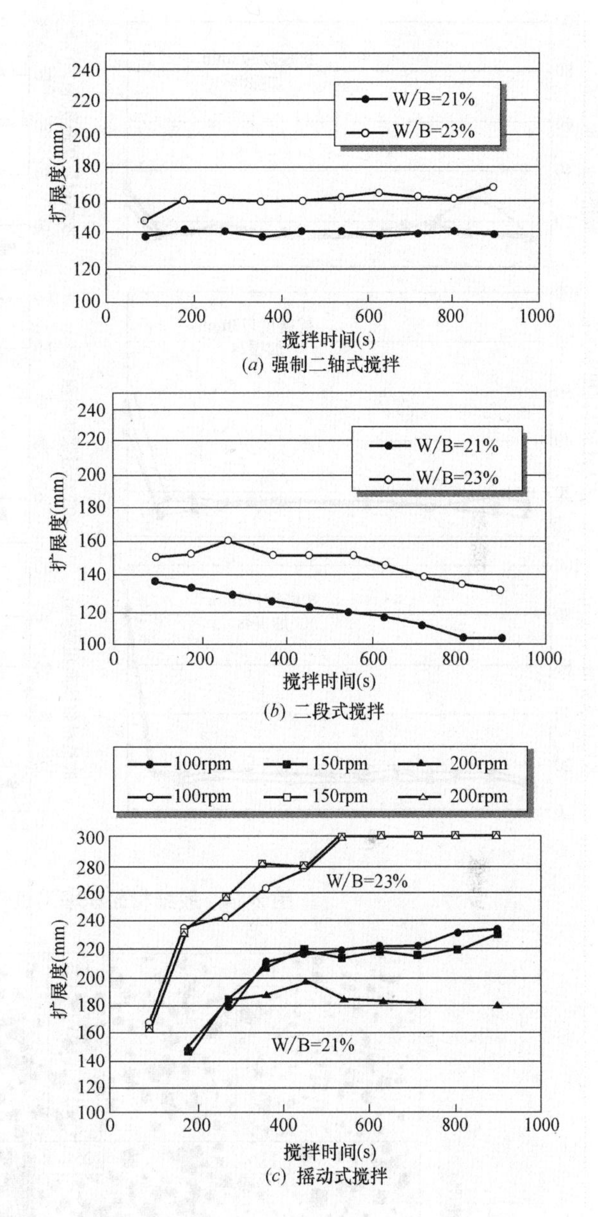

图 2-13　不同搅拌方式的混合料的流动性

2.5.6　透水混凝土中胶结材的分布状况

从理论上来讲，工作性适宜的透水混凝土混合料，无论从平面还是断面来看，都应是均匀的，即胶结材均匀包裹于骨料颗粒，靠表面浆体将颗粒胶结成有贯通孔隙网络的整体，但在施工过程中，由于混凝土混合料的工作性和振动时间的差异，会使胶结材的分布沿竖向出现不均匀性分布，图 2-14 是日本研究者关于胶结材分布的研究结果[10]。

图中纵坐标是胶结材面积率，即水平切面上胶结材面积与断面面积之比；横坐标为自顶面（浇筑面）到底面的距离。

由图中数据可见，测得未加振时的胶结材面积率在底部较其他部位大，约高 20%，如图 2-14 中上面的第 1 图所示，原作者认为，这是由于底部与内部的其他层面不同，测得的是与底模接触面的胶结材面积，而这个面积从表面上看是胶结材的面积，但实际上却是包含骨料在内的面积。此后，在这个基础上增加的底部胶结材面积率就是由于加振导致的，随着加振时间延长，试件的上部胶结材面积率减小，底部的胶结材面积率增大，到 10s 后尤为突出，底部的胶结材面积率较加振 0s 时增大近 80%，而中间部位基本不变。

防止出现底部沉浆的现象发生，是试块制作和铺装施工应充分注意的问题，这就要使制备的混凝土混合料有适宜的工作性，并选择合适的振动整平方法和振动时间，以保证路面混凝土形成上下均匀的贯通孔隙结构。

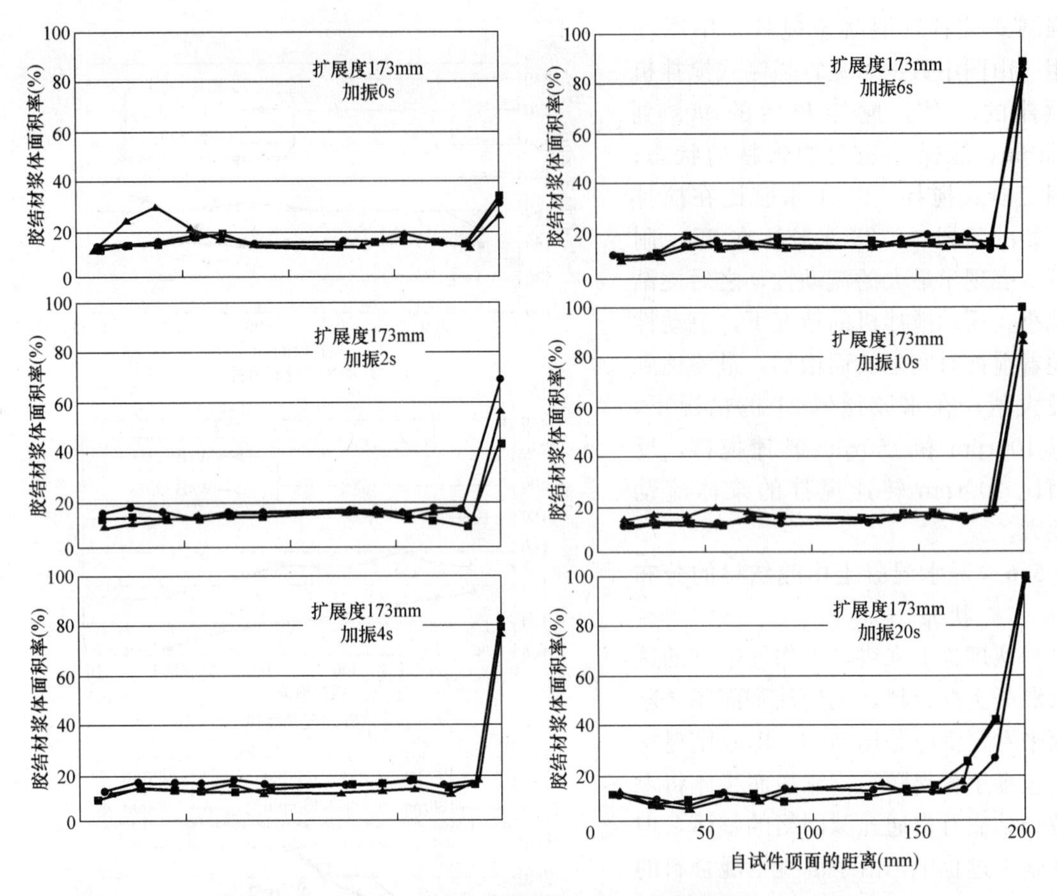

图 2-14　胶结材面积率沿试件高度的分布

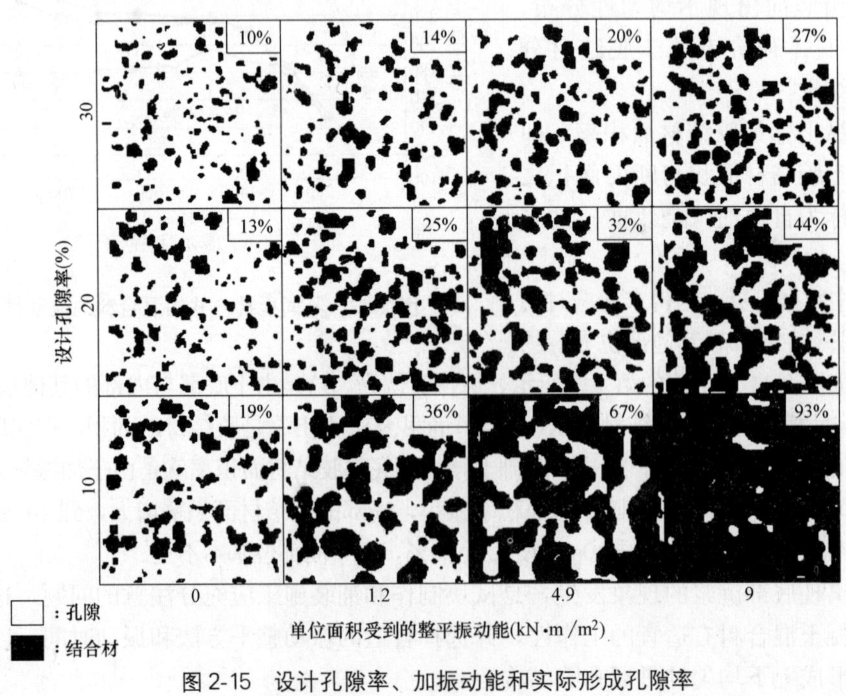

图 2-15　设计孔隙率、加振动能和实际形成孔隙率

2.5.7 透水混凝土设计孔隙率、整平振动能与形成孔隙率的量化关系试验

日本的研究者对透水混凝土设计孔隙率、整平振动能与实际形成孔隙率相关性的量化进行了试验研究，得出的结果如图 2-15 所示。随着施加振动能的加大，孔隙率可以成倍地减少，如果是 10％的设计孔隙率，过振后完全可以变为不透水的混凝土路面，如图 2-15 中最下面一组图所示。图中方框内的数字是阴影部分在表面所占比例，亦可以理解为表面密实度，测定方法可采用第 8 章所述的表面密实度（或表面孔隙率）的测定方法。

因此，在透水混凝土的设计与施工过程中，只有综合考虑设计孔隙率、整平施加振动能和最后形成路面孔隙率的相关性来进行设计与施工，才能达到预期的要求。

本章小结

本章主要表述了透水混凝土原材料的质量要求、制备工艺和拌合物的工作性要求与评价。多孔混凝土要同时满足强度和透气、透水性要求，首先要选择粒径和级配合适的骨料，透水混凝土应选择间断级配骨料，植生混凝土应选择接近单粒级，而且是较大粒径的骨料，并采用恰当的填充率并通过合理的制备工艺，使胶结材浆体既包裹住骨料颗粒，又使混合料具有一定可塑性，经施工整平后形成以贯通孔为主且分布均匀，颗粒之间有充分液桥连接的多孔结构。

参考文献

1. 玉井元治．透水性コンクリート.コンクリート工学，1994，Vol. 32
2. 笠井芳夫.コンクリート総覧．技術書院，1998，06
3. 玉井元治.コンクリートの高性能・高機能化（透水性コンクリート）コンクリート工学，1994，Vol. 32，No. 7：133-138
4. 湯浅幸久，村上和美　ほか.ポーラスコンクリートの製造方法に関する基礎的研究．コンクリート工学年次論文報告集，1999，Vol. 21（1）
5. ［英］A. M. 内维尔著．李国泮，马贞勇译．混凝土的性能．北京：中国建筑工业出版社，1983
6. Yunxing Shi，Pengcheng Sun，Jingbin Shi，et al. Properties of pervious concrete and its paving construction. The 6th International Conference of Asian Concrete Federation，Seoul，2014. 9.
7. 宋中南，石云兴等．透水混凝土及其应用技术．北京：中国建筑工业出版社，2011
8. 石云兴，倪坤，刘伟 等．一种透水混凝土工作性测定装置和测试方法．国家发明专利，专利受理号 201610156319. 2，国家知识产权局，2016. 3
9. 浅野勇，向後雄二　ほか.供試体の製作方法がポーラスコンクリートの強度に及ぼす影響.ゼミ資料，2002
10. 大谷俊浩，村上聖　ほか.　結合材の分布状態がポーラスコンクリートの強度特性に及ぼす影響．コンクリート工学年次論文集，2001，Vol. 23
11. 中建材料工程研究中心．透水混凝土路面成套技术研究．科技成果鉴定资料，2008. 11
12. National concrete pavement technology center. Mix design development for pervious concrete in cold weather climates Final Report. February，2006，U. S. A
13. 小椋伸司，国枝稔　ほか.ポーラスコンクリートの強度改善然．コンクリート工学年次論文報告集，1997，Vol. 19，No. 1

第3章　透水混凝土基本物理力学性能

3.1　透水混凝土的强度与受力破坏特征

3.1.1　透水混凝土结构特点与受力破坏

透水混凝土内部结构如图3-1所示，它是以骨料堆积状态为基本结构，贯通孔呈网络状分布其中，混合料阶段浆体在骨料接触点形成了液桥，硬化后将骨料粘结成骨架状结构。

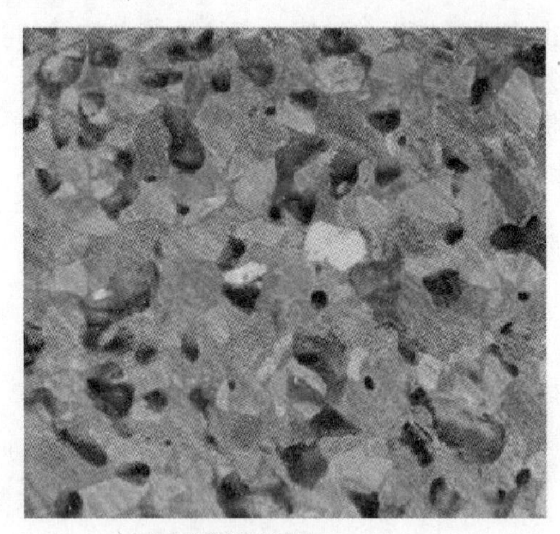

(*a*) 孔隙率20%左右

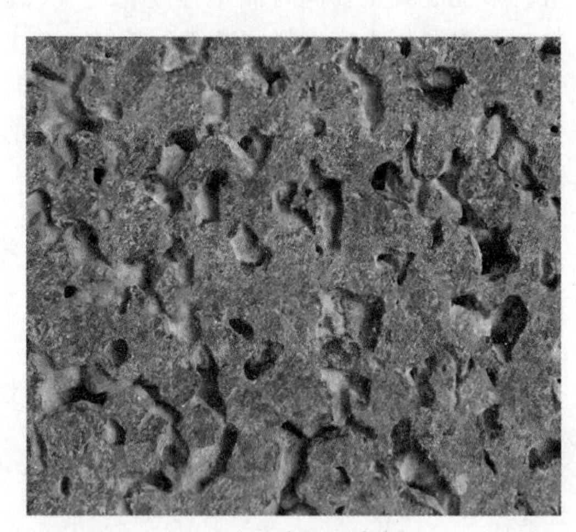

(*b*) 孔隙率15%左右

图3-1　透水混凝土内部结构

普通混凝土的受压破坏多数首先发生在骨料与砂浆层的界面，并且有明显的"环箍效应"，而在透水混凝土的骨料之间主要是点接触，填充率较高时，也会有部分面接触的情况，如图3-1（*b*）所示的情况。尽管一般测得混凝土的强度不高，但是混凝土内部颗粒的接触点上受到的应力却很大，首先是接触点处水泥石包裹层的破坏，紧接着是骨料更紧密接触随后破坏，与普通混凝土不同的是，大多情况下发生骨料破坏，而不是基材与骨料界面的破坏，即使是石材强度高的玄武岩骨料也发生了骨料破坏，普通混凝土与透水混凝土破坏断面对比如图3-2所示[1],[2]。

从断面破坏特征来看，与普通混凝土所不同的是，透水混凝土的破坏基本上没有"环箍效应"，这表明压板对其横向变形基本上无约束作用，也就没有产生"环箍效应"对抗压强度的提高作用[1],[2]。

3.1.2　透水混凝土强度与孔隙率关系的表征

关于强度与孔隙率的关系，如果参照Balshin，Schiller和Ryshkevitch以普通混凝土为基础提出的计算式，透水混凝土强度与孔隙率的关系可以有以下几种表达[3]~[5]：

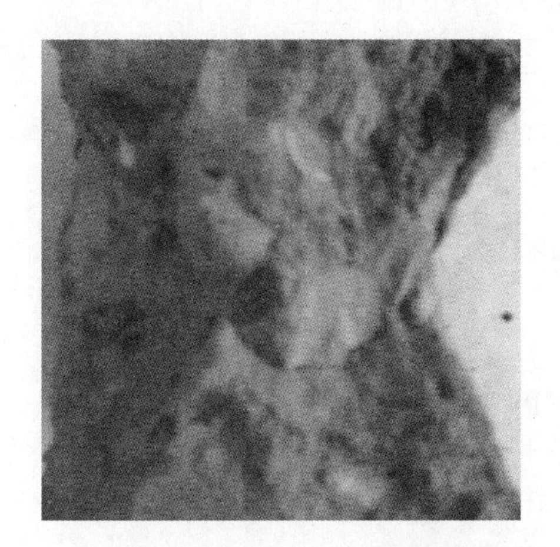
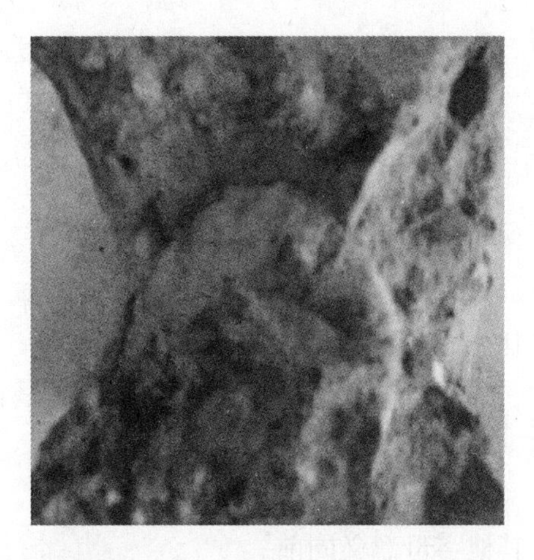

(*a*) 普通混凝土破坏时的“环箍效应”

(*b*) 石灰石骨料透水混凝土的破坏断面

(*c*) 玄武岩骨料透水混凝土的破坏断面

图 3-2　普通混凝土与透水混凝土受压破坏性状

$$f_c = f_{c.0}(1-p)^n \tag{3-1}$$

式中 f_c——孔隙率为 p 的混凝土的强度；

$f_{c.0}$——孔隙率为 0 的混凝土的强度；

p——混凝土的孔隙率；

n——系数，不一定为常数。

$$f_c = f_{c.0}\ln(p_0/p) \tag{3-2}$$

式中 p_0——强度为 0 时的混凝土孔隙率；

其他字母意义同前。

$$f_c = A\exp(-kp) \tag{3-3}$$

式中 A——胶结材强度（MPa）；

k——试验参数；

其他字母意义同前。

经实际验算，透水混凝土强度实测值远比式（3-1）、式（3-2）和式（3-3）计算值低，表明只考虑孔隙率和实际承载面积从普通混凝土强度来折算透水混凝土的强度并不符合实际情况，因透水混凝土受力破坏的特点是：(1) 接触点的应力集中现象大幅度地降低了承载力；(2) 骨料性状（包括骨料的强度、粒径、级配以及表面状态等）的实际影响远比普通混凝土的情况大。而这些计算方法却没有反映出这一特点。

例如式（3-3）的含义是，当胶结材种类确定以后，透水混凝土的强度只取决于胶结材的强度，而胶结材的强度是取决于水胶比的，就等于表示透水混凝土强度由水胶比唯一决定，从试验结果和上面的分析可见，此式直接应用于表征透水混凝土强度有很大的局限性。所以，透水混凝土强度与孔隙率的关系，应该对上述计算式采用能反映透水混凝土受力破坏特点的参数加以修正。

3.1.3 成型方法对抗压强度和破坏性状的影响

日本学者[22]研究了透水混凝土的成型方法对其抗压强度和破坏性状的影响，试验条件如表 3-1 所示。骨料分别采用 5 号碎石（13～20mm）和再生骨料（5～20mm），竖轴搅拌机搅拌，与骨料拌合的浆体扩展度为 190mm；成型分别采用熨斗式振动器模型内振捣方式（B）和捣固棒插捣成型（T），并且分为 1 次装料、分 2 层装料和分 3 层装料，振捣方式与装料的组合见表 3-1。

试验条件 **表 3-1**

NO.	骨料	振捣方法	层数	加振时间	试块形状	试件高(cm)
1	5 号	B	1	30	圆柱体	20
2			2	15		20
3		T	3	—		20
4		B	1	15		10
5			1	15		10
6			1			20
7	再生	B	1	20	棱柱体	20
8			2	10		20
9			3	5		20
10		T	3	—		20
11		B	1	10		10
12			1	10		10
13			1			20

在龄期5d、6d时测定孔隙率，7d龄期测定抗压强度，试模分为棱柱体和圆柱体，前者采用侧面为受压面，后者采用成型面为受压面，试验结果如图3-3所示。

由试验结果可见，1次装料的1组 和7组的试块多为下层破坏，经过实测证明，下层的孔隙率比上层大5%～8%；分2层装料和分3层装料的2组和8组基本上为中间部分破坏，证明试块的均质性比较好，但插捣成型的比振动器成型的强度低，而且多为界面破坏。

另外，还可以看到尺寸效应，高100mm的试块较200mm的试块强度高，两者的比值5号碎石的为1.87倍，再生骨料的为1.27倍，而普通混凝土一般为1.1倍左右。

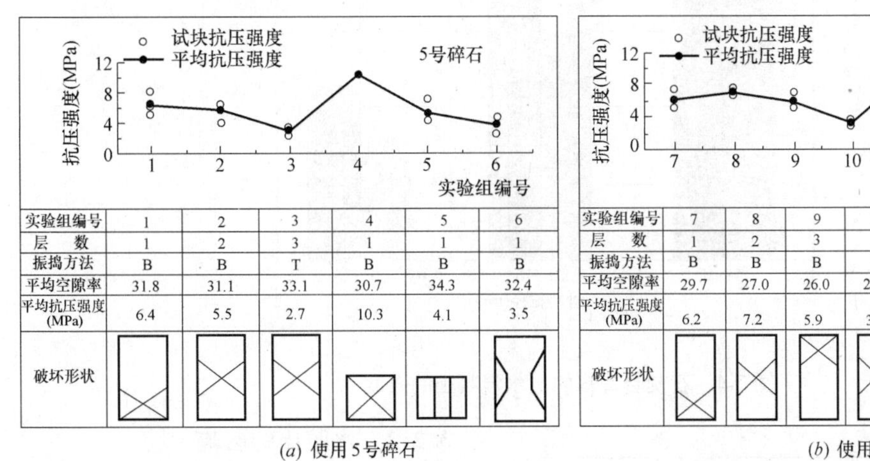

实验组编号	1	2	3	4	5	6
层　数	1	2	3	1	1	1
振捣方法	B	B	T	B	B	B
平均空隙率	31.8	31.1	33.1	30.7	34.3	32.4
平均抗压强度(MPa)	6.4	5.5	2.7	10.3	4.1	3.5
破坏形状						

(*a*) 使用5号碎石

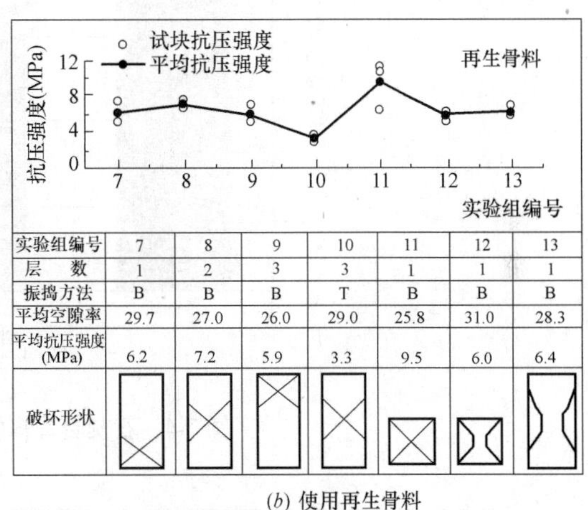

实验组编号	7	8	9	10	11	12	13
层　数	1	2	3	3	1	1	1
振捣方法	B	B	B	T	B	B	B
平均空隙率	29.7	27.0	26.0	29.0	25.8	31.0	28.3
平均抗压强度(MPa)	6.2	7.2	5.9	3.3	9.5	6.0	6.4
破坏形状							

(*b*) 使用再生骨料

图3-3　不同试验条件的透水混凝土抗压强度与破坏性状

关于试块形状的影响，棱柱体试块采用侧面作为受压面，圆柱体的则是采用成型面作为受压面，但在试压前要进行表面找平处理。在试验中还发现，骨料粒径单一的5号碎石的试块，棱柱体和圆柱体的试块强度基本相同，而采用再生骨料，其级配（5～20mm）由相对较为连续的大小颗粒混合而成，棱柱体和圆柱体的试块强度低。

3.2　透水混凝土抗压强度的影响因素

本节主要讨论透水混凝土强度及其影响因素，兼述孔隙率、弹性模量等物理力学性能。混凝土的强度是路面设计时首要考虑的因素，对于普通混凝土，当骨料的强度确定以后，提高胶结材浆体的强度是提高混凝土强度最基本的措施；而对于透水混凝土，由于是点接触的多孔结构，骨料本身的强度高，骨料之间的胶结层相对较弱，限定了混凝土强度的极限，也就是说，和普通混凝土相比，浆体强度的提高对混凝土整体强度增加的贡献相对较小。透水混凝土的强度受多种因素的影响，主要有：（1）包裹骨料的浆体层厚度；（2）骨料强度；（3）浆体强度；（4）骨料级配；（5）制备工艺等。

3.2.1　骨料种类和粒径的影响

采用石灰岩骨料和玄武岩骨料制备的透水混凝土的抗压强度如图3-4和图3-5所示。试验条件如下：

骨料的压碎指标：玄武岩4.1，石灰岩7.5；骨胶比4.2；水胶比0.3。

比较图3-4和图3-5可见，骨料的压碎指标对混凝土强度有直接的影响，比较石灰岩骨料的透水混凝土，玄武岩骨料的 7d 强度最高增加了 26%，28d 强度最高增加了 27.8%。就骨料粒径而言，石灰岩骨料以 10～16mm 粒径的强度高，而对于玄武岩骨料的情况，采用5～10mm 和 10～16mm 粒径骨料制备的混凝土，强度相差不大。

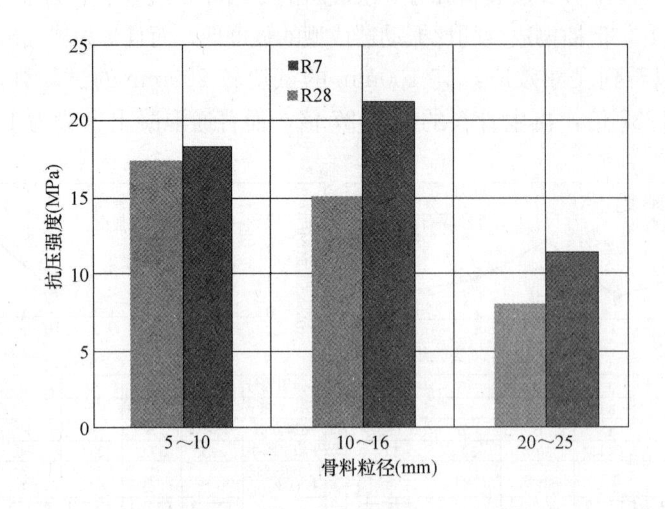

图 3-4　石灰岩骨料的透水混凝土的强度

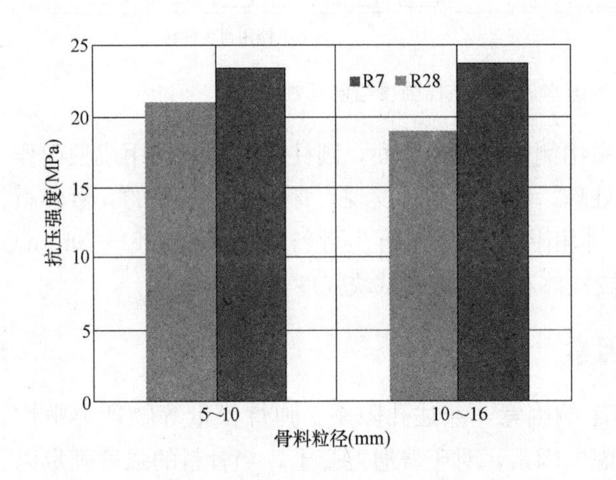

图 3-5　玄武岩骨料的透水混凝土的强度

3.2.2　水胶比的影响

普通混凝土的强度与水胶比有比较确定的数学关系 F～f（W/B），而对于透水混凝土这一关系要依具体条件而定。由于透水混凝土中的骨料之间是点接触，相对于普通混凝土，浆体基材起的作用较弱；此外，由于透水混凝土的拌合物一般呈较干硬状态，坍落度在 50mm 以下，水胶比可变化的范围较小，所以水胶比与抗压强度的关系即便是有明确的相关性，也只是处在一较小的范围。

如前所述，透水混凝土强度首先受骨料种类的影响较大，除此外就是包裹骨料的浆体层厚度，当胶结材浆体包裹层较厚时，即填充率较大时，倾向于取决于浆体的强度，也就是说这时混凝土的强度与水胶比的相关性比较高；另一种情况是当骨料强度较低时，混凝土的强度才主要由水泥石决定，F～f（W/B）的规律性比较明显。

（1）骨料强度较低的情况

日本的清水五郎等学者[17]研究了用废旧砖骨料制备透水混凝土，对其强度与水胶比的相关性的试验结果如图 3-6 所示。

当孔隙率在 25%以下时，抗压强度随水胶比增加而下降的趋势确实很明显，类似于

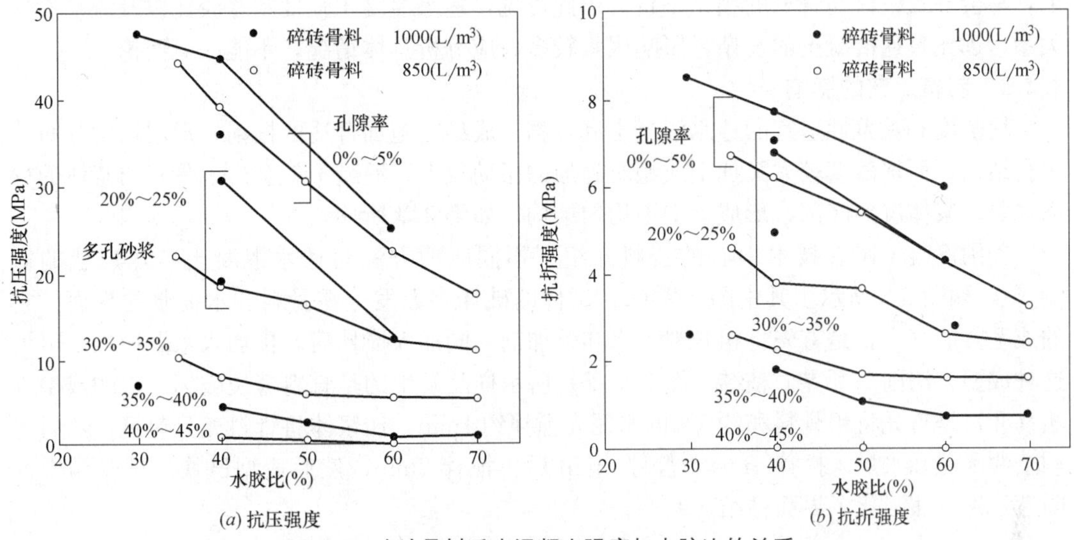

图 3-6 碎砖骨料透水混凝土强度与水胶比的关系

普通混凝土，当孔隙率超过 25%时，抗压强度随水胶比下降的趋势变缓，显示水胶比的影响降低。抗折强度有类似的规律性，但在孔隙率超过 25%时，随水胶比增加强度下降的趋势比抗压强度明显。

(2) 骨料强度较高（天然石材）的情况

日本学者对于透水混凝土的流动性、充填率与抗压强度相关性进行了一系列研究[5]~[9]，图 3-7 是有代表性的结果，反映了一定试验条件下的水胶比、流动性、充填率与强度的相关性，所用混凝土的流动性的大小，是由减水剂的掺量来调节的。

由图 3-7 中的数据可见：①从总的趋势看，随充填率增加，混凝土强度增大，但当流动值超过 200mm 以后，充填率较大的两例反而下降得明显；②充填率为 50%和 60%，在流动值 200mm 的情况下，强度出现高峰值，以充填率 60%的强度峰值最大；③充填率 40%以下，流动值变化对强度的影响不明显，尤其是在水胶比较大的情况下；④当水胶比为 0.25 时，流动值过高或过低，强度值都呈现下降，这可能是由于在这两种情况

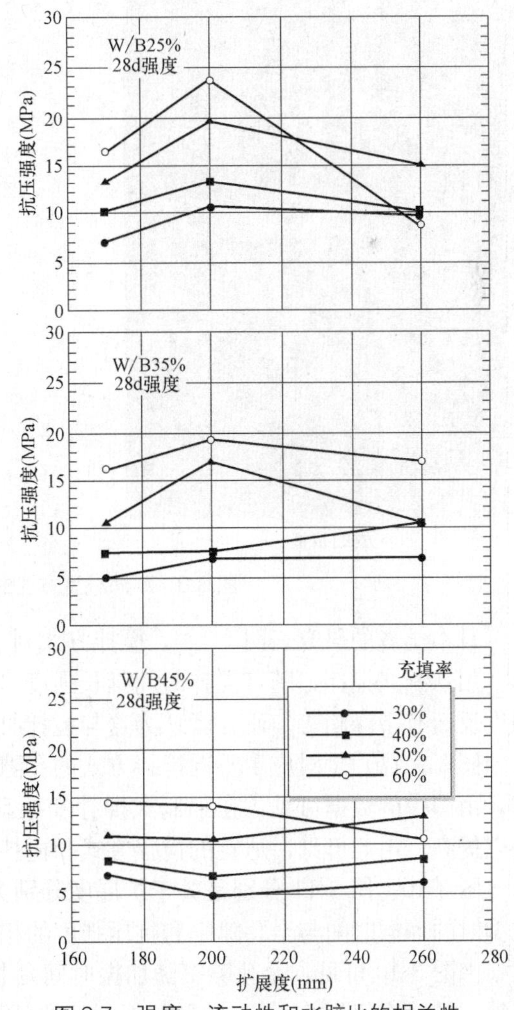

图 3-7 强度、流动性和水胶比的相关性

下，都会导致浆体与骨材的粘结不良。由此可见，透水混凝土强度和水胶比以及流动性的关系，远比普通混凝土的复杂，影响因素较多，应分析具体情况，不能一概而论。

3.2.3 制备工艺的影响

坍落度和黏聚性适宜的透水混凝土混合物，成型时施加合适的振动，形成均匀分布的多孔结构，而坍落度较大又加上成型时施加的振动较大，混凝土就会出现骨料与浆体的分离现象，浆体沉到底部，形成上下不均匀结构，如第2章所述。

美国混凝土铺装技术中心的资料介绍了不同成型方法对透水混凝土破坏形状的影响[10]，如图3-8所示。其中图3-8（*a*）试件的破坏多数发生在骨料和水泥浆的界面。它的成型方法（Ⅰ）是首先将粗骨料、水和外加剂一同加入搅拌后，再加入水泥搅拌，可见这种成型方法削弱了界面粘结。图3-8（*b*）所示样品发生的是骨料劈裂破坏。它的成型方法（Ⅱ）是首先将粗骨料和约5%的水泥先搅拌约1min，让浆体将骨料充分包裹，然后将剩余的水泥和水加入搅拌3min，静停3min后再搅拌2min，然后成型试块。试验结果证明后一种方法强化了界面粘结[4]~[10]。

(*a*) 方法Ⅰ成型

(*b*) 方法Ⅱ成型

图3-8 不同成型方式的透水混凝土破坏特征

日本学者的研究表明[6],[9]，搅拌方式对透水混凝土的强度有明显影响，如图3-9所示。用强制式搅拌，随着搅拌时间延长强度呈现增加趋势；二段式搅拌随搅拌时间延长，强度反而有下降趋势。研究者认为这与搅拌时间延长导致的混合料流动性损失有关。

图3-9（*b*）是对应于不同搅拌方式的孔隙率和强度的关系，箭头方向表示搅拌时间增加，由图中的数据可见，在强制式搅拌和振动搅拌的一部分（200rpm）的条件下，强度得以提高。由此可见，适宜的搅拌方式和搅拌时间是提高透水混凝土强度的重要手段。

图3-10、图3-11分别是关于扩展度分别为158mm、173mm和201mm的透水混凝土成型时的加振时间与全孔隙率和抗压强度的相关性的试验研究结果[6],[9]。

由图3-10可见，全孔隙率随加振时间延长而下降，开始孔隙率下降较快，之后变得平缓，扩展度值为201mm的随加振时间的延长，下降最为明显。

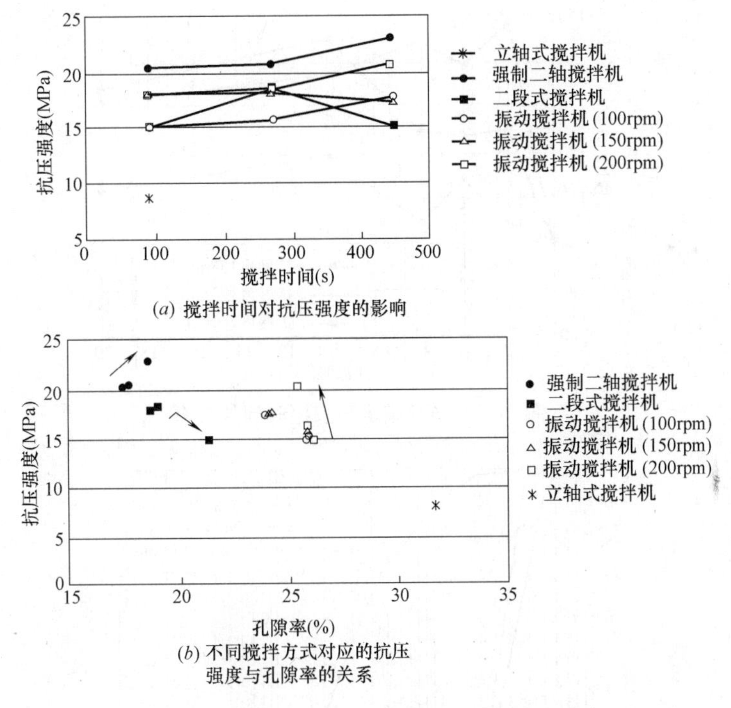

(a) 搅拌时间对抗压强度的影响

(b) 不同搅拌方式对应的抗压强度与孔隙率的关系

图 3-9 不同搅拌方式对透水混凝土性能的影响

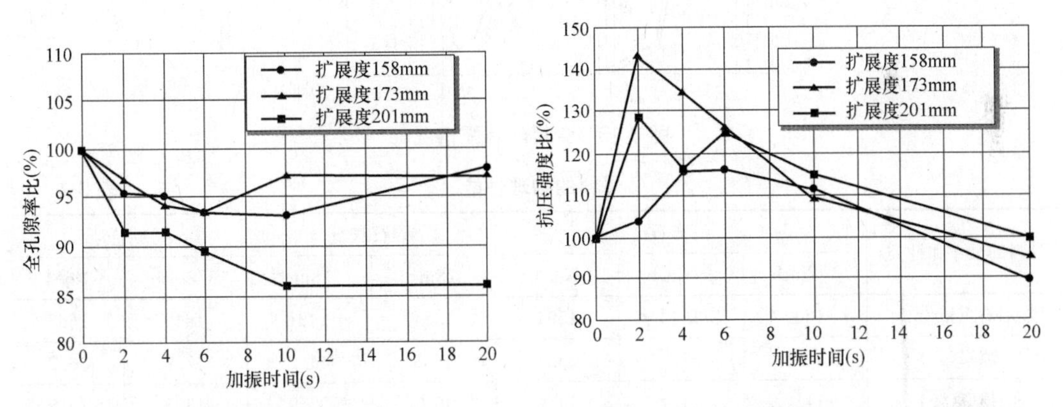

图 3-10 孔隙率与加振时间的关系

图 3-11 抗压强度与加振时间的关系

由图 3-11 可见，抗压强度并不是一直随着加振时间的延长而增加，振动初始增加较快，而后转为迅速下降；就变化的幅度来讲，扩展度值为 173mm 的最为显著，158mm 的较小；随着加振时间的延长，三者变化趋势趋于一致。

图 3-12 是弹性模量与加振时间的关系，三个不同流动性的浆体一直到加振 4s，有近乎相同的变化，之后转为下降趋势，这主要是因为加振时间延长，浆体趋向于沉向试件的底部，而上部胶结材不足致使应变增加所致。

3.2.4 抗压强度随龄期的增长规律

美国混凝土铺装技术中心在其研究报告《寒冷气候条件下的透水混凝土配合比设计研发》中表述了对若干配合比的透水混凝土性能的研究[6]。图 3-13 表示的是骨料的级配情况，表 3-2 是骨料的物理性能，表 3-3 是混凝土配合比。

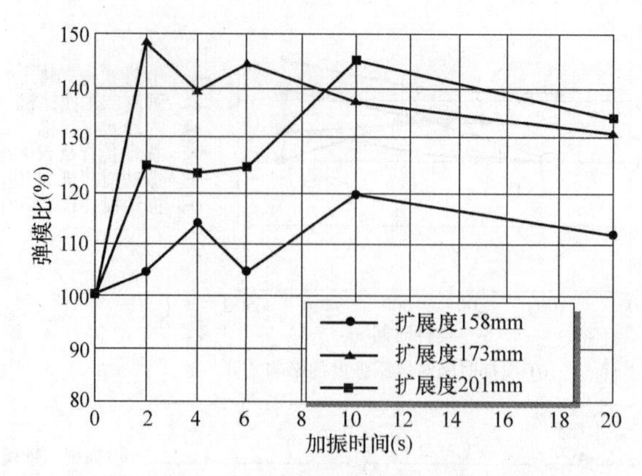

图 3-12 弹性模量与加振时间的关系

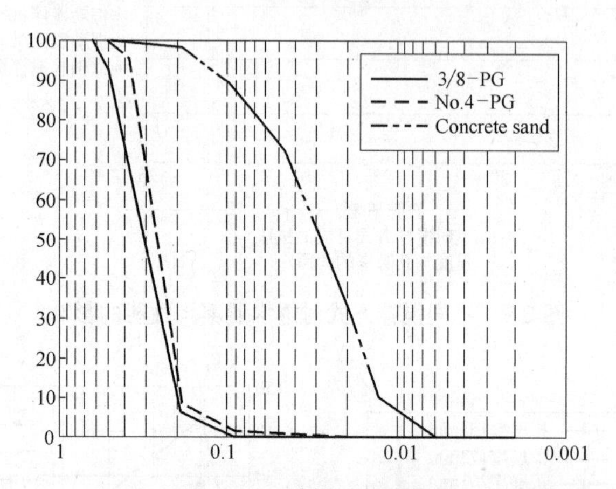

图 3-13 骨料的级配情况

骨料的物理性能 **表 3-2**

骨料的尺寸和种类	河卵石			碎石灰石		豆石	
	1/2inch	3/8inch	No. 4	3/8inch	3/8inch	3/8inch	No. 4
堆积密度(kg/m³)	1600	1642	1594	1384	1421	1642	1669
孔隙率(%)	38.8	37.3	38.5	43.5	44.2	37.2	36.2
磨损率(%)	14.4	14.4	14.4	46.1	32.9	13.7	10.8
表观密度(g/cm³)	2.62	2.62	2.62	2.45	2.55	2.62	2.62
吸水率	1.1	1.1	1.1	3.2	3.2	1.1	1.1

混凝土配合比 **表 3-3**

配合比		振实方法	骨料种类	骨料尺寸	水泥(kg/m³)	粘合剂		骨料(kg/m³)	砂子(kg/m³)	水(kg/m³)	添加剂(%)	高效减水剂(%)	水胶比
						树脂(kg/m³)	硅灰(kg/m³)						
Ⅰ组	No. 4-RG	Reg.	RG	No. 4	381.3	—	—	1781	—	103	0.13	0.265	0.27
	3/8-RG	Reg.	RG	3/8″	395.8	—	—	1781	—	106.9	0.13	0.265	0.27
	1/2-RG	Reg.	RG	1/2″	362.8	—	—	1781	—	98	0.13	0.265	0.27
	3/8-LS	Reg.	LS	3/8″	381.3	—	—	1781	—	103	0.13	0.265	0.27

续表

组别	配合比	振实方法	骨料种类	骨料尺寸	水泥(kg/m³)	粘合剂		骨料(kg/m³)	砂子(kg/m³)	水(kg/m³)	添加剂(%)	高效减水剂(%)	水胶比
						树脂(kg/m³)	硅灰(kg/m³)						
Ⅱ组	No. 4-RG-S7	Reg.	RG	No. 4	376.7	—	—	1649	111	101.3	0.13	0.265	0.27
	No. 4-RG-L10	Reg.	RG	No. 4	346.3	34.6	—	1781	—	76.2	—	—	0.22
	No. 4-RG-L5	Reg.	RG	No. 4	357.9	18.9	—	1649	111	103.8	—	—	0.29
	No. 4-RG-S7-L10	Reg.	RG	No. 4	343	34.3	—	1649	111	75.5	—	—	0.22
	No. 4-RG-S7-L10	Low	RG	No. 5	343	34.3	—	1649	111	75.5	0.13	—	0.22
	No. 4-RG-S7-L15	Reg.	RG	No. 4	320.2	56.5	—	1649	111	70.5	—	—	0.22
	3/8-RG-S7	Low	RG	3/8″	376.7	—	—	1649	111	101.3	0.13	0.265	0.27
	3/8-RG-S7	Reg.	RG	3/8″	376.7	—	—	1649	111	101.3	—	0.265	0.27
	3/8-RG-SF5	Reg.	RG	3/8″	344.7	—	181.	1781	—	93.1	0.13	0.265	0.27
	3/8-RG-S7-L10	Reg.	RG	3/8″	343	34.3	—	1649	111	75.5	—	—	0.22
	1/2-RG-SF5	Reg.	RG	1/2″	344.7	—	18.1	1781	—	93.1	0.13	0.265	0.27
	3/8-LS-S7	Low	LS	3/8″	376.7	—	—	1649	111	101.3	0.13	0.265	0.27
	3/8-LS-S7	Reg.	LS	3/8″	376.7	—	—	1649	111	101.3	0.13	0.265	0.27
	3/8-LS-SF5	Reg.	LS	3/8″	344.7	—	18.1	1781	—	93.1	0.13	0.265	0.27
	3/8-LS-S7-L10	Low	LS	3/8″	376.7	57.1	—	1649	111	82.9	—	—	0.22
	3/8-LS-S7-L10	Reg.	LS	3/8″	376.7	57.1	—	1649	111	82.9	—	—	0.22
	3/8-PG	Reg.	PG	3/8″	381.3	—	—	1781	—	103	0.13	0.265	0.27
	No. 4-PG	Low	PG	No. 4	381.3	—	—	1781	—	103	0.13	0.265	0.27
	No. 4-PG	Reg.	PG	No. 5	381.3	—	—	1781	—	103	0.13	0.265	0.27
	No. 4-PG-L10	Low	PG	No. 4	346.3	34.3	—	1781	—	76.2	0.13	0.265	0.22

RG：河卵石，LS：石灰石；PG：豆石

图 3-14 是抗压强度试验结果，由图可见，混凝土强度增长规律与普通混凝土有所不同，早期强度增长较快，7d 以后增长变缓，一般 7d 强度达到 28d 强度的 80%～90%。这主要是因为：①透水混凝土的水胶比较低，早期强度上升较快；②后期强度无大的提高，主要是由于混凝土内部多孔结构，骨料间以点接触导致的应力集中，受压破坏时骨料被压坏，使得胶结材后期对强度增长的贡献不能表现出来[4]~[10]。中国建筑技术中心对透水混凝土的相关试验也得出相近的结果[1],[2],[15],[16]。

混凝土配合比 **表 3-4**

编号	材料用量(kg/m³)					水胶比	设计孔隙率(%)
	水泥	碎石	水	硅灰	减水剂		
A1	456	1660	145	27	4.6	0.3	8
A2	350	1660	111	21	3.5	0.3	15
A3	198	1660	63	12	2.0	0.3	25

采用表 3-4 所示配合比的透水混凝土抗压强度与抗折强度随龄期的增长情况如图 3-15 所示。从图中可以看出，透水混凝土早期强度增长较快，7～28d 龄期内增长幅度不大。

在A组的不同胶结材用量的3个配合比中，抗压强度3d达到28d的44%～49%，7d达到28d的81%～85%；抗折强度3d达到28d的43%～59%，7d达到28d的71%～99%。

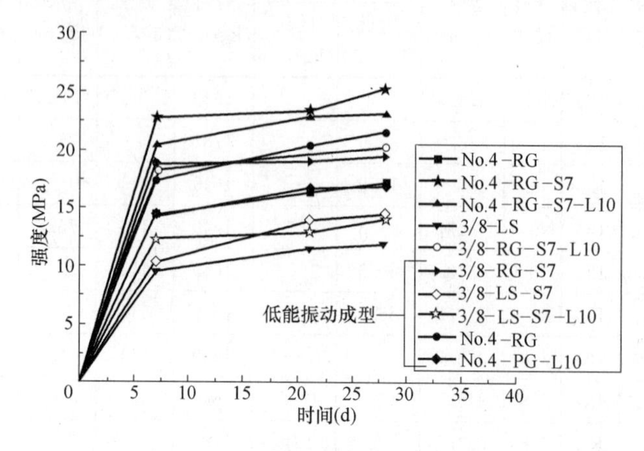

图3-14　抗压强度随龄期的增长

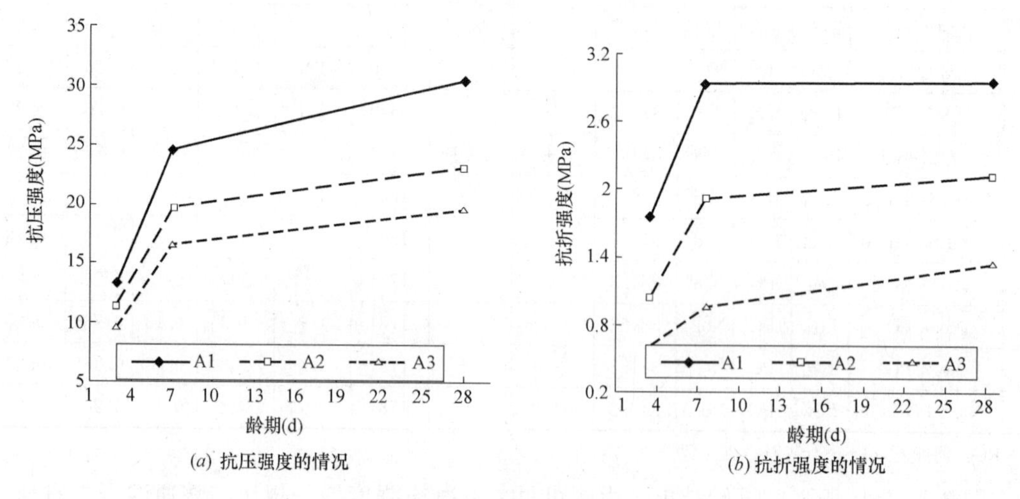

(a) 抗压强度的情况　(b) 抗折强度的情况

图3-15　混凝土强度随龄期的增长

3.2.5　孔隙率的影响

孔隙率与混凝土7d强度的关系如图3-16所示[10]，对各种骨料的混凝土，随着孔隙率的增加，混凝土的强度呈线性趋势下降，回归关系R7（MPa）=32.8−0.677P（P为孔隙率），石灰石骨料的混凝土较河卵石的下降速率稍大一些，回归关系R7（MPa）=32.7−0.693P（P为孔隙率），见图3-16（c）。对于普通混凝土，R28=ax^3（a为孔隙率等于零时的水泥浆体本征强度，x为固空比），还有一些表达同样概念的类似关系式[20],[21]。可见普通混凝土强度与孔隙率的关系并不适用于透水混凝土。

图3-16（d）[10]是不同成型方法的混凝土7d强度的情况，高能量振动成型的混凝土尽管与低能量振动成型的混凝土有相同孔隙率，但前者的强度较高。

3.2.6　砂率的影响

图3-17和图3-18分别为砂率对透水混凝土抗压强度和劈裂强度影响的试验结果[13]，图中的3个配合比是保持孔隙率不变的情况下，在增加砂率的同时减少胶结材用量来保证

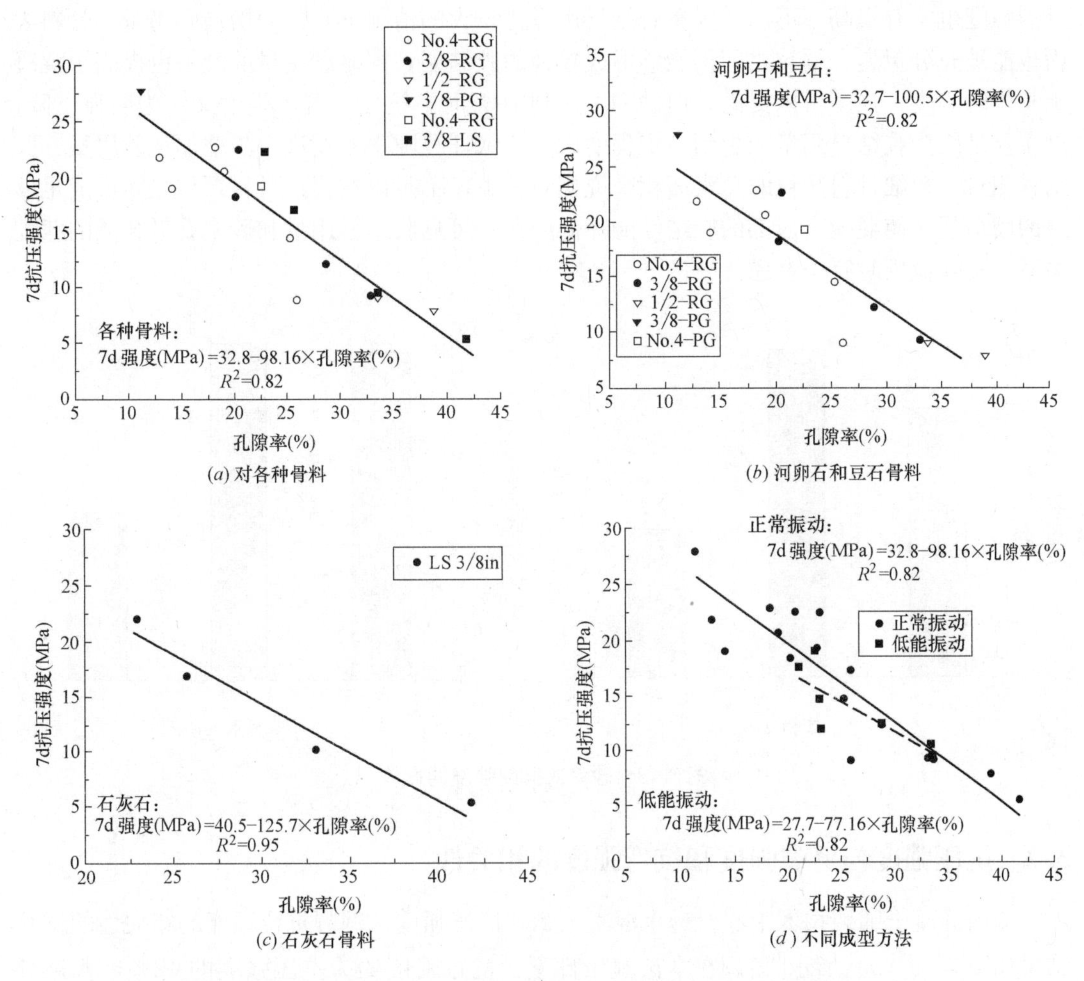

(*a*) 对各种骨料　(*b*) 河卵石和豆石骨料

(*c*) 石灰石骨料　(*d*) 不同成型方法

图 3-16　不同骨料及不同成型方法的混凝土 7 天强度与孔隙率的相关性

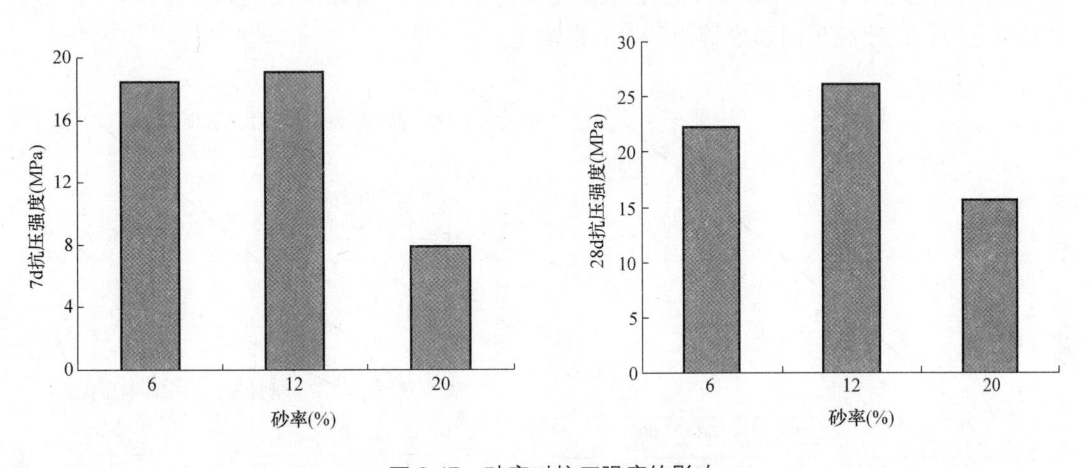

图 3-17　砂率对抗压强度的影响

填充率不变。由试验结果可见，当砂率为 12%、胶结材用量为 228kg 时（B2 组），尽管胶结材减少，强度却比砂率为 6%、胶结材用量为 289kg 的 B1 组抗压强度提高了 17%，劈裂强度也略有提高。可以认为在胶结材用量比较大的情况下，即使增加砂用量，骨料表面也能被充分包裹，颗粒之间仍能够形成较强的胶结层，同时砂用量的增加也提高了混凝土整体的刚度，强度得以提高。但砂率增加到 20%时，抗压、抗折强度又转为明显下降，这主要是因为胶结材用量减少到一定程度后，为保证孔隙率不变进一步增加了砂用量，胶结材相对于粗细骨料颗粒的总表面积来说相对较少，不足以在粗细骨料颗粒之间形成足够厚的胶结层，使混凝土内部的胶结性能降低所致，可见胶结材用量和砂率有最合适的匹配关系，实际应用时宜予考虑。

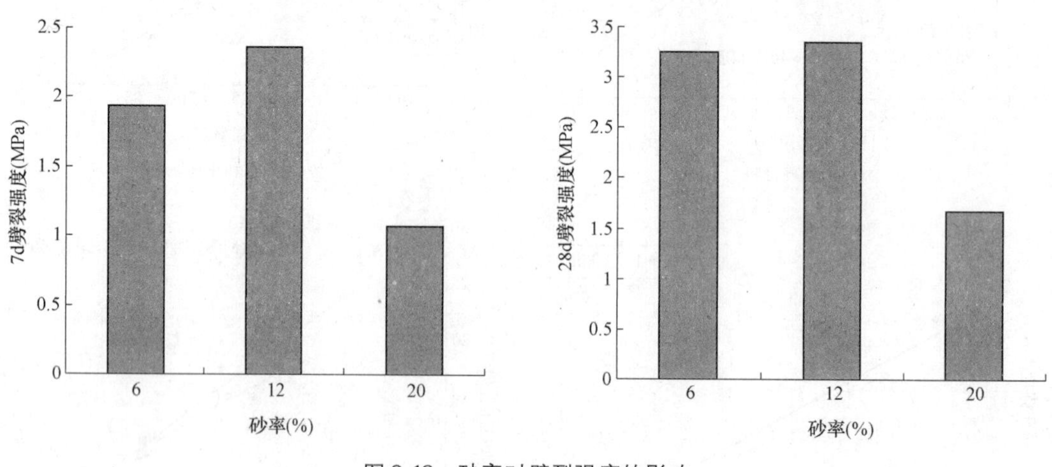

图 3-18 砂率对劈裂强度的影响

3.3 抗压强度与劈裂强度和抗弯强度的相关性

美国混凝土铺装技术中心对透水混凝土 28d 抗压强度与劈裂抗拉强度的相关性的试验结果如图 3-19（*a*）所示[10]。在本试验条件下，抗拉强度约为抗压强度的 12%，普通混凝土的拉压比约为 1/20～1/11，低强度混凝土趋于上限，高强混凝土趋于下限，可见透水混凝土的拉压比高于同强度等级的普通混凝土。

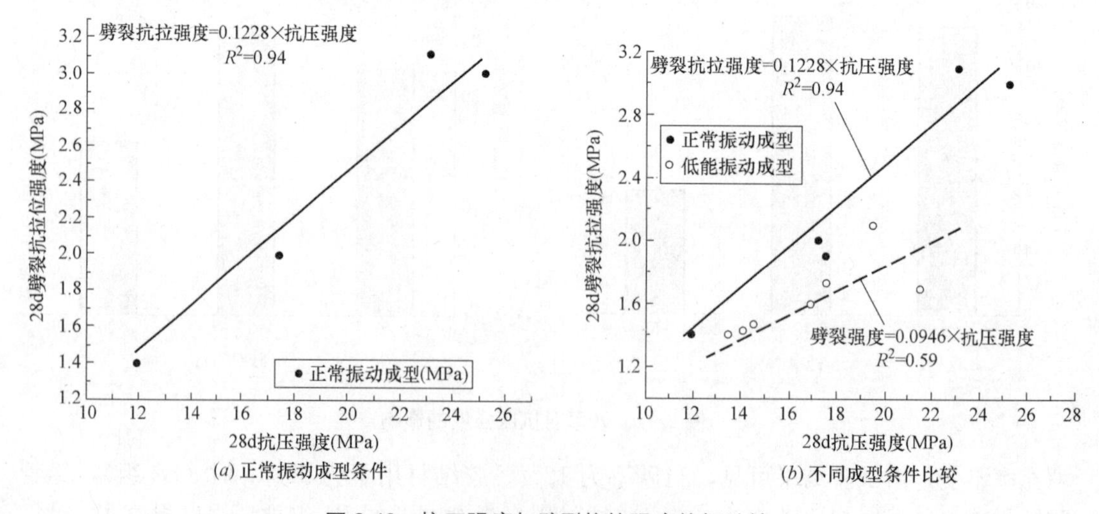

图 3-19 抗压强度与劈裂抗拉强度的相关性

图 3-19 (b)[10]是高能量和低能量成型的透水混凝土的抗压强度与劈裂抗拉强度的相关性的比较，由试验结果可见，后者的拉压比明显低于前者，为抗压强度的 9.26%。

中国建筑技术中心对不同孔隙率的透水混凝土各强度的相关性进行了大量的试验研究[1],[2],[15],[16],[18]，初步得出结果如下：

(1) 轴心抗压强度与立方体抗压强度的关系：

20%的孔隙率：$f_{cp}=0.486f_{cu}+4.9227$　　$(R^2=0.9597)$

15%的孔隙率：$f_{cp}=1.1362f_{cu}-12.833$　　$(R^2=0.8069)$

10%的孔隙率：$f_{cp}=0.9435f_{cu}-10.147$　　$(R^2=0.8002)$

(2) 劈裂抗拉强度与立方体抗压强度的关系：

20%的孔隙率：$f_{st}=0.2797{f_{cu}}^{0.7699}$　　$(R^2=0.9475)$

15%的孔隙率：$f_{st}=1.5044{f_{cu}}^{0.287}$　　$(R^2=0.8987)$

10%的孔隙率：$f_{st}=0.1044{f_{cu}}^{1.0261}$　　$(R^2=0.8895)$

式中　f_{cp}——轴心抗压强度；

f_{st}——劈裂抗拉强度；

f_{cu}——立方体抗压强度。

由于透水混凝土自身结构特点，数据较为离散，要得出各强度之间更准确的关系，尚需更多的试验。

长安大学的研究者通过对透水混凝土各强度之间的关系进行研究得出的相关性如下[23]：

(1) 抗压与抗弯强度的相关性

$$f_r=0.5033{f_c}^{0.7012}\qquad (R=0.9367)$$

$$f_c=2.9977{f_r}^{1.2514}\qquad (R=0.9367)$$

式中　f_r——28d 龄期的弯拉强度 (MPa)；

f_c——28d 龄期的抗压强度 (MPa)。

(2) 压折强度比

$$k=0.1491f_c+2.501\qquad (R=0.7618)$$

式中　k——压折强度比。

由上述结果可知，透水混凝土的压折比较小，当抗压强度在 3～10MPa 时，压折比在 2.8～4.0 之间，比普通混凝土要小得多（普通混凝土在 10 左右），说明透水混凝土的抗弯拉性能强于抗压性能。此外，透水混凝土的压折比随着抗压强度和弯拉强度的增大而增大。

(3) 抗压与劈裂强度的相关性

$$f_p=0.4372{f_c}^{0.4538}\qquad (R=0.8587)$$

式中　f_p——劈裂抗拉强度。

可见，透水混凝土劈裂强度与抗压强度的相关性类似于弯拉强度与抗压强度，它们之间存在相关性较好的幂指数关系。

3.4　抗压强度与孔隙率和透水系数的相关性

图 3-20 (a) 表示了根据试验结果归纳的抗压强度与孔隙率和透水系数的相关性[6]，透水系数 $\rho=14.74\exp(14.68P)$，如前所总结的 R7 (MPa)$=32.7-0.693P$（P 为孔隙率）；

当孔隙率超过23%左右以后，透水系数陡然增加，综合考虑强度和透水性，在图中给出了适于应用的透水混凝土性能的目标范围，抗压强度为20～25MPa，孔隙率为15%～20%。

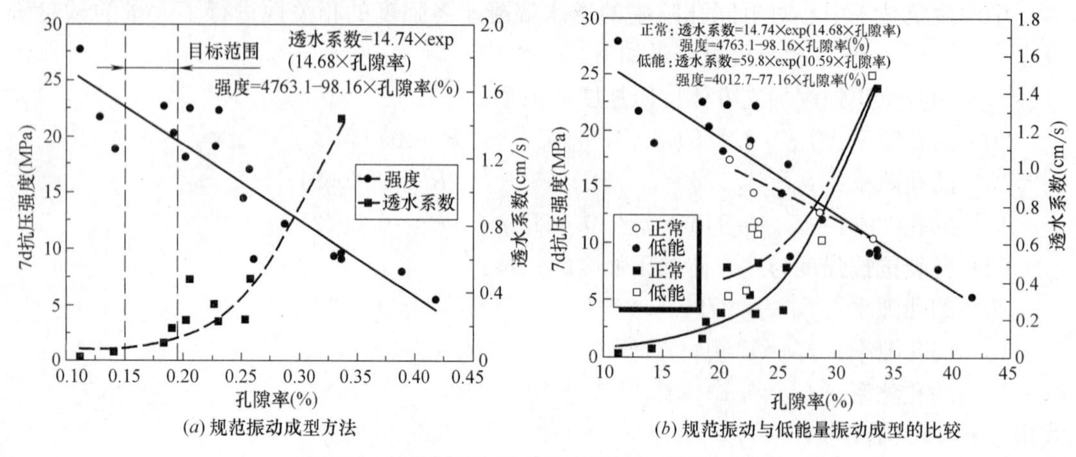

(a) 规范振动成型方法　　(b) 规范振动与低能量振动成型的比较

图 3-20　抗压强度与孔隙率和透水系数的相关性

图 3-20（b）表现了规范振动与低能量振动成型对上述相关性的比较，在相同孔隙率的条件下，低能量振动成型的透水系数较大，$\rho=59.8\exp(10.59P)$，强度较低，R7(MPa)$=27.67-0.532P$（P为孔隙率）。

3.5　粗骨料的级配对透水混凝土抗弯强度和透水性能的影响

日本学者研究了粗骨料级配与透水混凝土地砖抗弯强度和透水性的关系[21]，分别如图 3-21 和图 3-22 所示。

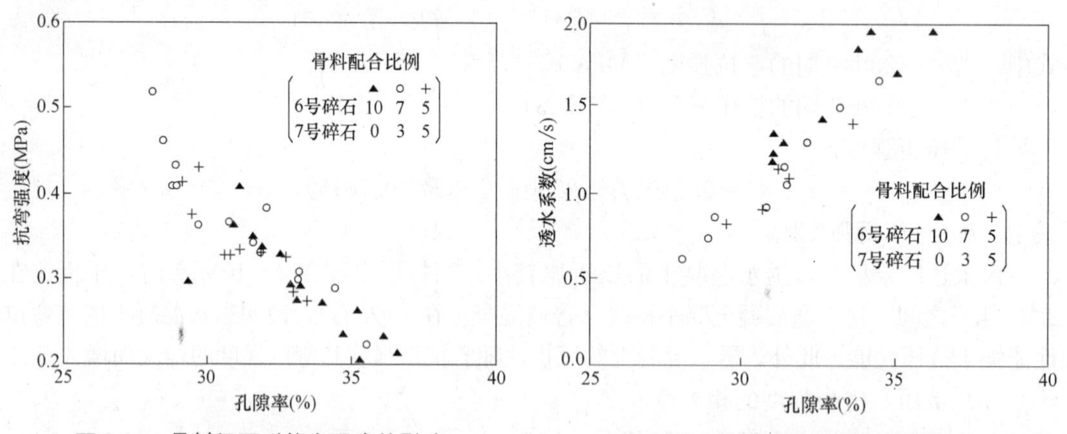

图 3-21　骨料级配对抗弯强度的影响　　图 3-22　骨料级配对透水率的影响

由图 3-21 中的数据可见，6 号碎石单独使用比 6、7 号 7∶3 使用孔隙率要大，抗弯强度较低；同一孔隙率对应的抗弯强度，与石子的构成相关性不很显著；由图 3-22 可见，采用 6 号单一粒径的混凝土，较 6 和 7 号分别以 7∶3 或 5∶5 配合使用的透水系数大，其中 5∶5 配合又比 7∶3 的透水系数大。

3.6　透水混凝土的收缩性能

中国建筑技术中心对有砂和无砂透水混凝土以及普通混凝土的收缩性能进行了试验研

究[2],[15],[16],[18],[19]，研究结果表明，在混凝土硬化的不同阶段，透水混凝土相对于普通混凝土来说有其自身的特点。

3.6.1 砂率与胶结材用量对塑性与初期收缩的影响

图 3-23 为保持孔隙率相同，以不同量河砂部分取代水泥的 3 组透水混凝土在自然养护条件下的塑性与初期收缩的试验结果。由试验结果可见，在 3 组透水混凝土最初经过了一个膨胀阶段，在十几个小时后达到高峰，峰值过后变为收缩趋势。3 种配比中，砂率最小的（6%）透水混凝土膨胀最大，其余两组（砂率 12%、20%）随砂率增加收缩值呈减小趋势。

3 组混凝土膨胀高峰出现在基本相同的龄期，而且与水泥的水化放热规律相吻合，显然膨胀应该是水泥水化所放出的水化热所致。砂率最小的 1 组（6%）的水泥用量最大，可见其发生的膨胀也最大，其余 2 组，随砂率的增加，水泥的用量减少，混凝土的膨胀值也减小。

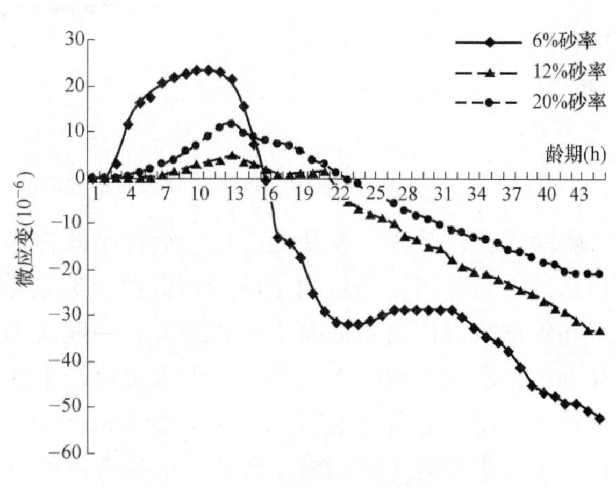

图 3-23 不同砂率透水混凝土的收缩

此外，由试验结果可见，透水混凝土的塑性与初期收缩随着砂率的增大而明显降低。在本试验配合比的条件下，由于保持了各配比相同的孔隙率，伴随砂率增大同时水泥用量减小，对降低收缩起了双重的作用。在高水泥用量的组（砂率 6%）水化初期发生的膨胀大，之后发生的收缩也大，会有较大的开裂倾向，可见透水混凝土中使用一定的细骨料，既可减少水化初期的膨胀，也可减少在此之后的收缩，对降低路面的开裂倾向会有明显的效果。

但透水混凝土路面是否开裂，不只是取决于收缩量，还与其弹性模量和抗拉强度有关。

3.6.2 无砂透水混凝土的塑性与初期收缩

无砂透水混凝土与普通混凝土的塑性与初期收缩如图 3-24 所示。透水混凝土 C1、C2 组同水胶比，不同胶结材用量，坍落度基本相同；普通混凝土 C3 与透水混凝土 C1 组同胶结材用量，不同水胶比，坍落度相同。养护与测试条件为相对湿度 50%，温度 20～23℃；由图可见，胶结材用量为 420kg、孔隙率为 12%的透水混凝土 C1 组收缩最大，胶结材用量为 336kg、孔隙率 20%的透水混凝土 C2 组的收缩次之，普通混凝土收缩最小。可见对于坍落度基本相同的无砂透水混凝土，胶结材用量对塑性收缩起主导作用；而对于与其有相同胶结材和相近坍落度的普通混凝土，尽管后者的用水量较大，但其收缩值却较低。

3.6.3 无砂透水混凝土与普通混凝土硬化收缩的比较

配合比同 3.6.2 节的 3 组混凝土硬化后 7～46d 龄期收缩测定结果如图 3-25 所示，两组透水混凝土 C1 和 C2 收缩的趋势与塑性阶段相同，硬化阶段的收缩仍受胶结材用量的影响最大，胶结材用量大的 C1 明显大于胶结材用量小的 C2。而普通混凝土硬化后的收缩

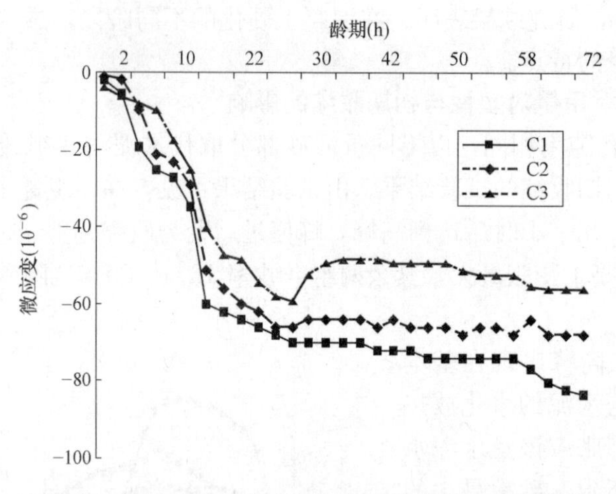

图 3-24 透水混凝土与普通混凝土的塑性与初期收缩

规律不同于塑性阶段，在塑性阶段收缩较小的普通混凝土 C3 的硬化收缩变为最大，其收缩值超过了与其同胶结材用量的透水混凝土 C1 组和相对低胶结材用量的 C2 组，普通混凝土在硬化阶段比透水混凝土的收缩大，一般认为是由于前者内部的孔隙主要为毛细孔，孔径远远小于透水混凝土，伴随着失水过程产生的毛细孔张力较透水混凝土大的缘故。而对比透水混凝土和普通混凝土，两者塑性和硬化后阶段有完全不同的收缩变化规律。这一结论对于透水混凝土路面施工有重要的参考价值。

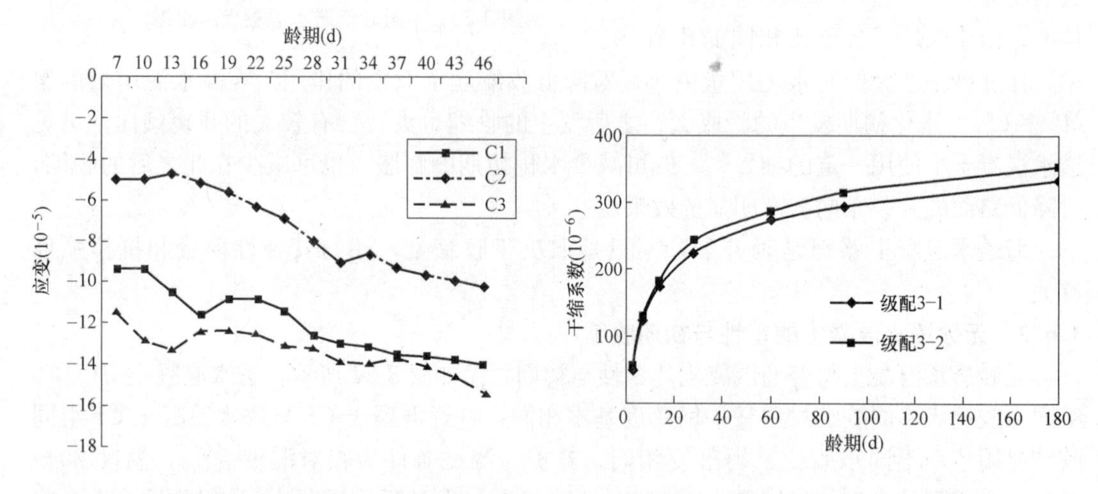

图 3-25 透水混凝土与普通混凝土的硬化收缩

图 3-26 透水混凝土的干缩试验结果

3.6.4 少水泥用量的无砂透水混凝土硬化收缩

长安大学的学者[11]测定了两种水泥用量的透水混凝土干燥收缩，测定条件为 20±2℃，相对湿度 60%±5%，级配 3-1 组和级配 3-2 的水泥用量分别为 168kg/m³ 和 180kg/m³。由表 3-5 和图 3-26 可见，透水混凝土的干燥收缩量在 14d 左右已经完成 50%，28d 之内完成绝大部分，90d 后干缩变形基本稳定。

水泥用量大的级配 3-2 组较级配 3-1 组收缩大些，也证明了胶结材用量是影响无砂透水混凝土干缩量的主要因素。

透水混凝土干缩试验结果 **表 3-5**

编号	28d 抗压强度（MPa）	干缩系数（10^{-6}）						
		3d	7d	14d	28d	60d	90d	180d
级配 3-1	6.03	50	125	175	225	275	292	332
级配 3-2	8.12	55	128	182	242	286	315	352

美国波特兰水泥协会的研究文献表述到，透水混凝土收缩较快，但是比普通混凝土小，具体值的大小要依材料和配合比而异，有收缩值在 200×10^{-6} 的数量级的报道，大体上相当于普通混凝土的一半；10d 内达到总收缩的 50%～80%，而普通混凝土只达到总收缩的 20%～30%。

同时，我们应该注意，仅从无砂透水混凝土干缩量的大小来断定其是否容易开裂尚不全面，因为混凝土是否开裂还取决于其抗拉强度和弹性模量的大小。

3.6.5 温度收缩

长安大学的学者研究了 4 种级配骨料的多孔混凝土的温度收缩性能，如图 3-27 所示[11]。由图中的数据可以看出，4 种级配的多孔混凝土温缩系数在－25～5℃温度区间内基本不变，在 5～15℃区间内有所下降，之后在 15～25℃区间有所增大，从整个温度区间来看，4 种级配多孔混凝土的温缩系数介于 3～10μm/（m·℃）之间，数值相差不大。对于不同级配，不同温度区间可取不同的温缩系数值，对整个区间而言，可取其平均值，即级配 1～4 分别取值为 5.4μm/（m·℃），6.5μm/（m·℃）、6.9μm/（m·℃）和 7.0μm/（m·℃），或平均为 6.5μm/（m·℃）。研究者通过比较半刚性基层材料温缩的研究文献[12]和贫混凝土温缩的研究文献[13]的数据后得出结论，多孔混凝土的温缩系数较之半刚性基层材料偏小，而介于贫混凝土温缩系数范围内。

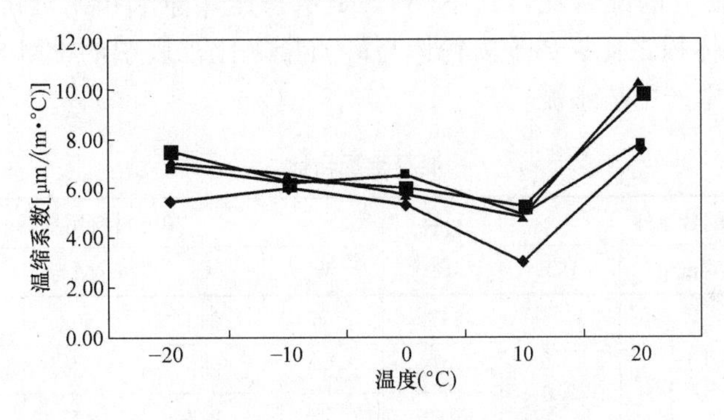

图 3-27 透水混凝土温度收缩系数

3.7 透水混凝土的抗冻融性

用于路面的透水混凝土，除了荷载作用外，还要受到来自环境的劣化作用。冻融循环是一个受控于环境的基本劣化因素。由于透水混凝土路面水分不容易滞留，并且冬季落在上面的降雪比普通混凝土更容易融化，因此不容易遭受冻害。事实上，美国北卡罗来纳州和田纳西州有数个服务年限超过 10 年的透水混凝土铺装[10]。中国建筑技术中心在工业化生产条件下制备的 C30 有砂透水混凝土抗冻性经 200 次冻融循环，质量损失 0%，强度损失 17.5%[1],[2]；该混凝土应用于北京大兴区承载路面工程已历时 10 余年，经车辆荷载和自然冻融循环作用数年无任何劣化迹象，质量良好。如果透水路面经使用后孔隙发生淤堵，则容易使水分滞留，容易发生冻害。本节介绍两例实验室内抗冻试验结果。

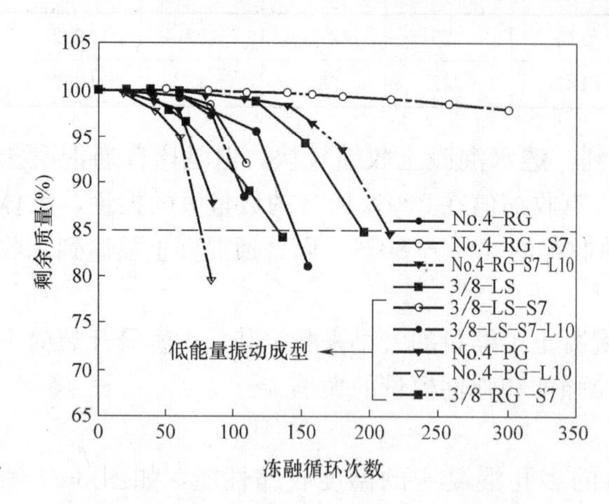

图 3-28　各种配比透水混凝土的抗冻融试验结果

图 3-28 是不同配比的透水混凝土的抗冻融试验结果[10]。由试验结果可见：①在以河卵石为粗骨料的试块中，有砂的一组抗冻性明显高于无砂的一组，N0.4-RG 组在 153 次循环时质量损失已经到 15%，而含砂 7%（占粗骨料质量的百分数）的一组有砂混凝土的质量损失在 300 次循环时也只有 2.1%；可见在以河卵石为粗骨料的混凝土中，砂的掺入明显提高了混凝土的抗冻融性。采用石灰石骨料的三组（3/8-LS，3/8-LS-S7 和 3/8-LS-S7-L10）中，含砂 7%（占粗骨料质量的百分数）的 3/8-LS-S7 一组，抗冻性却较无砂的一组低。②在分别采用河卵石与石灰石粗骨料的有砂的两组混凝土中，加入树脂都降低了其抗冻性。③采用石灰石骨料的混凝土抗冻融性明显高于河卵石的。④低能量振动成型的一组抗冻性明显低于规范振动成型的各组。

日本研究者对有砂透水混凝土的抗冻融循环的试验研究[14]表明，当孔隙率较大时，其抗冻性减弱，孔隙率较小时，抗冻性能满足通常工程的抗冻要求。

表 3-6 是试验研究的配合比，其中 W/P 是水粉比，即水和无机粉体材料总和的比；m/g 是砂浆与骨料体积之比；P/S 为粉体与砂质量之比，表中的 RM-S 为专用无机掺合料，所用水泥为日本产中热水泥。

混凝土配合比　　　　**表 3-6**

编号	配合条件			设计孔隙率	单方材料用量(kg/m³)				
	W/P	m/g	P/S		W	C	RM-S	S	G
M25	19%	37.5%	2.0	25%	56	243	50	146	1426
M20				20%	59	259	53	156	1521
M30				30%	52	227	47	137	1331
N25				25%	55	241	50	146	1426

图 3-29 是各配合比的长龄期抗折强度增长情况，图 3-30 是动弹模随冻融循环次数的变化，M30 经过 200 个循环，动弹模相对系数低于 60%，其他低于 80%，孔隙率越大的，动弹模相对系数下降越多。

图 3-31 是质量随循环次数增加降低的情况，随着循环次数的增加，质量损失逐渐增加，但从试验结果来看，不同的孔隙率的混凝土质量减少率无明显差别，各配合比混凝土的质量减少率超过 1.4%。

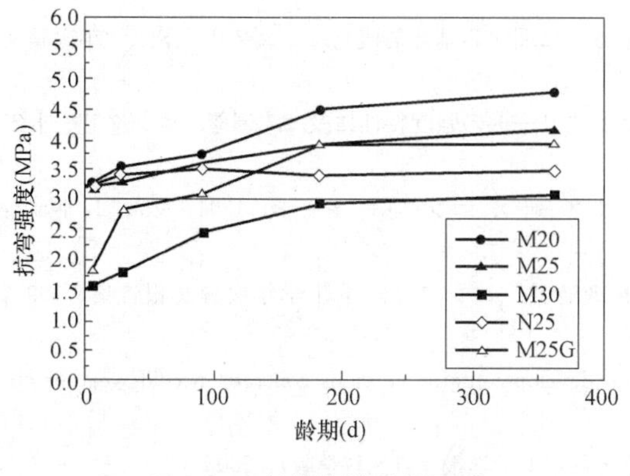

图 3-29　长龄期的抗折强度

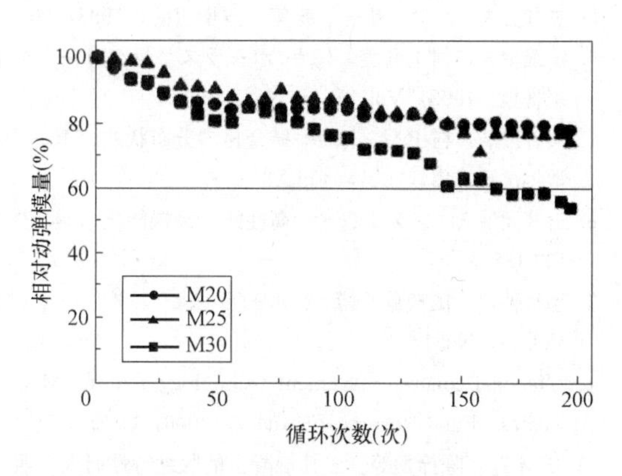

图 3-30　混凝土相对动弹模的变化

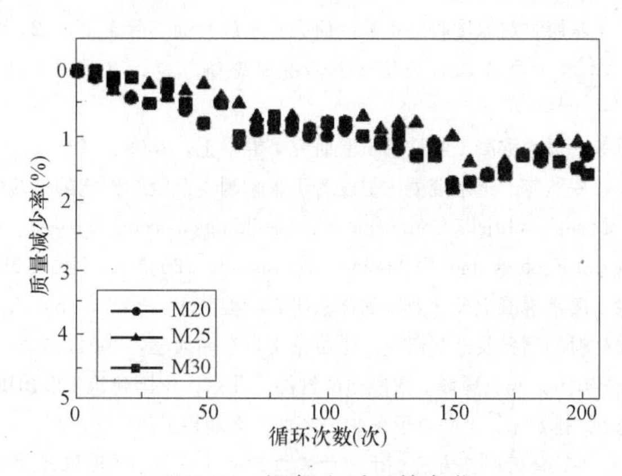

图 3-31　混凝土质量的变化

本章小结

本章表述了透水混凝土的概念和结构特点以及基本物理力学性能，和普通混凝土不同，透水混凝土依靠骨料之间点接触形成骨架，由接触点浆体液桥硬化而形成整体结构。骨料的强度和级配对其性能有显著的影响，采用高强骨料和增加骨料之间的接触点可显著提高混凝土强度。

透水混凝土的强度与水胶比的关系依混凝土填充率不同有别；透水混凝土的早龄期强度发展较快，一般情况下，7d 强度能达到 28d 强度的 80%以上；由于骨料之间是点接触，混凝土受压破坏时，在接触点发生较大的应力集中，因此破坏时多为骨料破坏，而且没有“环箍效应”的现象发生。

参考文献

1. 宋中南，石云兴等．透水混凝土及其应用技术．北京：中国建筑工业出版社，2011

2. 中建材料工程研究中心．透水混凝土路面成套技术研究．科技成果鉴定资料，2008. 11

3. G. Fagerlund. Strength and porosity of concrete. Proc. Int. RILEM Symp. Pore Structure. Prague (1973), D51～D73 (Part2)

4. E. P. Kearsley, P. J. Wainwright. The effect on the strength of foamed concrete. Cement and Concrete Research, 2002, Vol. 32

5. 笠井芳夫．コンクリート総覧．技術書院，1998，06
6. 湯浅幸久，村上和美　ほか．ポーラスコンクリートの製造方法に関する基礎的研究．コンクリート工学年次論文報告集，1999，Vol. 21. 1，No. 1
7. 大谷俊浩，村上聖　ほか．結合材の分布状態がポーラスコンクリートの強度特性に及ぼす影響．コンクリート工学年次論文集，2001，Vol. 23
8. 玉井元治．コンクリートの高性能．高機能化（透水性コンクリート）．コンクリート工学，1994，Vol. 32，No. 7：133-138
9. 小椋伸司，国枝稔　ほか．ポーラスコンクリートの強度改善然．コンクリート工学年次論文報告集，1997，Vol. 19，No. 1
10. National concrete pavement technology center. Mix design development for pervious concrete in cold weather climates. Final Report，February，2006，U. S. A
11. 郑木莲，陈拴发等．多孔混凝土的收缩特性研究．西安建筑科技大学学报（自然科学版），2005. 12
12. 张登良等．半刚性基层材料收缩抗裂性能研究．中国公路学报，1991. 4
13. 徐江萍，王秉纲．贫混凝土基层材料温度收缩系数的研究．重庆交通学院学报，22，(1)
14. 小倉信樹，峰樹修　ほか．ポーラスコンクリートの凍結融解．コンクリート工学年次論文報告集，2000，Vol. 22，No. 2
15. 刘翠萍，石云兴，屈铁军等．透水混凝土收缩的试验研究．混凝土，2009，(2)
16. 付培江，石云兴，屈铁军，罗兰等．透水混凝土强度若干影响因素及收缩性能的试验研究．混凝土，2009，(8)
17. Goro Shimizu. Recycling of crushed bricks from demolished buildings as cement-based porous materials. International Symposium on Environmental Ecology and Technology of Concrete，2005. 6，Urumchi
18. 曾伟，石云兴，彭小芹等．透水混凝土尺寸效应的试验研究．混凝土，2007，(5)
19. 霍亮．透水性混凝土路面材料的制备及性能研究．学位论文，东南大学，2004，1-20
20. ［英］A. M. 内维尔著．李国泮，马贞勇译．混凝土的性能．北京：中国建筑工业出版社，1983
21. 黒岩義仁，中村政則　ほか．排水ィンターロッキングブロック鋪装工法．セメント・コンクリート，2011. 11
22. 浅野勇，向後雄二　ほか．供試体の制作方法がポーラスコンクリートの強度に及ばす影響．ゼミ資料，2002
23. 郑木莲，陈拴发等．多孔混凝土的强度特性．长安大学学报（自然科学版），2006. 7

第 4 章　植生混凝土

4.1　植生混凝土的特点与原材料要求

4.1.1　植生混凝土的特点

植生混凝土是多孔混凝土之一，是其中的大孔混凝土，孔隙率 20%～35%，绝大部分孔的孔径在 10mm 以上，由胶结材和骨料构成的骨架是其承载部分，而孔隙是植物根系生长的空间，绝大部分应是透气、透水的贯通大孔，使生长于其中的根系能到达下面的土层，如图 4-1、图 4-2 所示。植生混凝土根据用途可以分为普通植生混凝土、轻型植生混凝土等，前者具有一定承载能力，多用于河堤、河坝护坡、水渠护坡、道路护坡和停车场等（图 4-3）；后者多用于植生屋顶等（图 4-4）。不同用途的植生混凝土其原材料、结构以及性能指标等都有较大差异[1]～[3],[5],[7]。

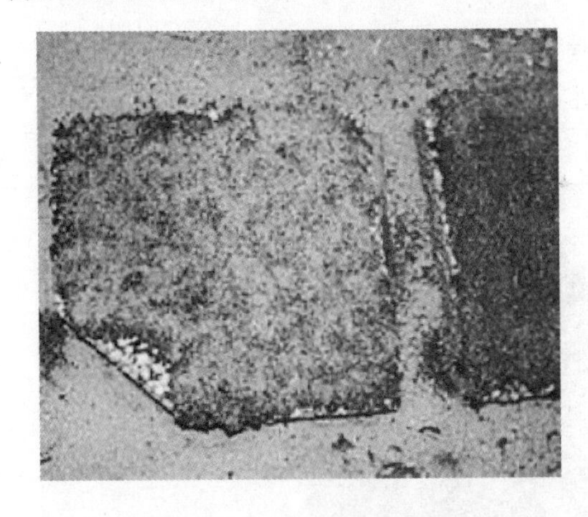

图 4-1　生长于植生混凝土上的植物

图 4-2　植生混凝土的断面结构

图 4-3　植生混凝土护坡实景

图 4-4　公共建筑植生屋顶

4.1.2 原材料要求

1. 水泥

为保持植生混凝土孔隙内较低的碱性，多采用含有混合材的水泥或在混凝土制备时掺用硅质矿物掺合料。本试验研究采用 P. C 32.5R 和 P. C 42.5R 早强型复合普通硅酸盐水泥，产地河北，两种水泥的物理力学性能如表 4-1 所示。

水泥的物理力学性能 **表 4-1**

水泥品种	筛余(%)	凝结时间(min)		强度(MPa)			
				抗折		抗压	
		初凝	终凝	3d	28d	3d	28d
P. C32.5R	1.6	234	279	4.4	6.2	19.4	35.8
P. C42.5R	2.2	226	276	5.1	8.5	26.8	50.4

2. 骨料

植生混凝土用的骨料粒径一般 20mm 以上，本试验研究用的是石灰岩碎石，物理性能见表 4-2，外观形貌如图 4-5 所示。

碎石物理性能 **表 4-2**

粗骨料名称	粒径(mm)	表观密度(kg/m^3)	堆积密度(kg/m^3)	孔隙率(%)
石灰岩碎石	20～31.5	2937	1584	46

图 4-5 碎石骨料

3. 矿物掺合料

（1）粉煤灰Ⅱ级粉煤灰，产地河北，堆积密度 697kg/m^3。

（2）矿渣微粉产地北京，S95 级，比表面积达到 480m^2/kg 以上。

4. 减水剂

聚羧酸高效减水剂（液），减水率 35%，产地北京。

5. 硅灰

堆积密度为 349kg/m^3，表观密度为 2200kg/m^3，产地甘肃。

6. 植物生长基料

植物生长基料由粉煤灰和营养土等调配而成。

4.2 普通植生混凝土的制备与基本性能的试验研究

4.2.1 制备方法

普通植生混凝土的制备工艺流程如图 4-6 所示[2],[3]。

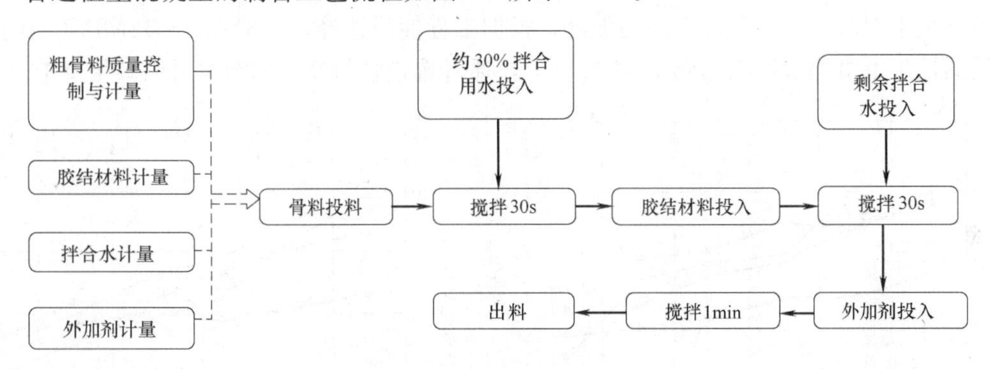

图 4-6 混凝土制备工艺

骨料投料后先用约 1/3 的拌合水与骨料搅拌，将骨料润湿，然后将水泥、掺合料投入，随着搅拌缓慢加入拌合水，观察拌合物工作性情况，对拌合水添加加以控制，于小范围内调整，随后加入减水剂，待拌合料的骨料均匀被胶结材包裹，浆体表面的水分显露出金属光泽时可以出料摊铺成型。

如果胶结材干硬，只将骨料包裹，却不能将骨料充分粘结起来，形成均匀密实的多孔结构；而浆体过稀，将会发生浆体与骨料的离析，会使骨料表面粘结得不牢固，而且下部的孔隙易被堵塞而降低连通孔隙率，图 4-7 所示的是正常硬化植生混凝土内部孔隙状态的两例，可见其孔隙尺寸和孔隙率特别是贯通孔隙率都较透水混凝土大。

图 4-7 植生混凝土内部结构

4.2.2 物理力学性能

本节讨论了植生混凝土的强度、孔隙率与骨胶比、水胶以及骨料性能之间的相关性，下面为分别采用 P. C32.5R 和 P. C42.5R 水泥的混凝土的试验数据。

1. 采用 P. C32.5 的情况

(1) 强度与骨胶比的相关性

为保证植生混凝土有较大的孔径和孔隙率，应采用较大的骨料/胶结材比（简称骨胶比），由图 4-8、图 4-9 可见，随着骨胶比的增大，7d 和 28d 抗压强度都呈下降趋势，28d 抗压强度最大为 10.3MPa。植生混凝土由于孔隙率大，孔径大，强度值一般不高，作为护坡型植生混凝土并不需要太高的强度，根据工程性质选择，一般在 6～12MPa；用于停车场的植生混凝土强度应达到 15MPa 以上，通过选择骨料品种和级配可以满足要求。

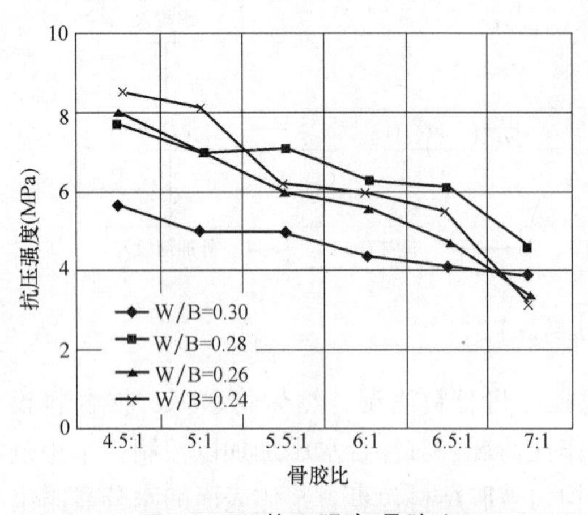

图 4-8 7d 抗压强度-骨胶比

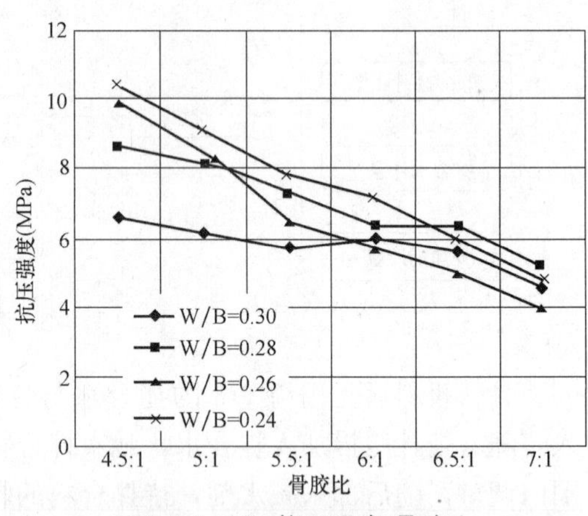

图 4-9 28d 抗压强度-骨胶比

(2) 抗压强度与水胶比的关系

普通混凝土的强度和水胶比有明确的对应关系，而对于植生混凝土两者关系不那么简单，由图 4-10、图 4-11 可见，当骨胶比较小时，即填充率较大时，7d 和 28d 抗压强度与水胶比的相关性较高，类似于普通混凝土，如图中的骨胶比为 4.5∶1 和 5∶1 的两曲线；但骨胶比较大时，即填充率较小时，强度与水胶比的相关性不高，如骨胶比为超过 5.5∶1 的各曲线。

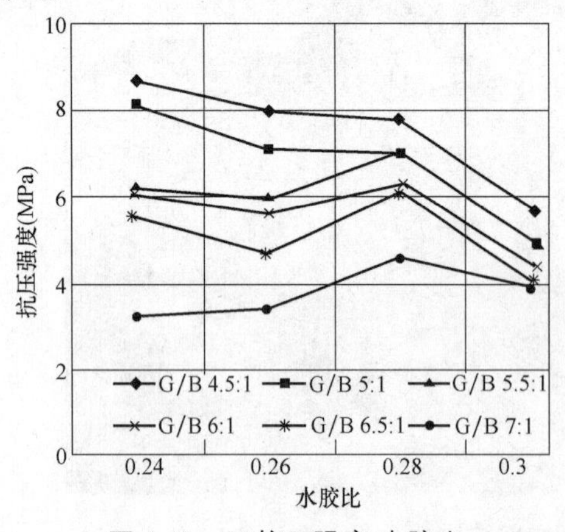

图 4-10 7d 抗压强度-水胶比

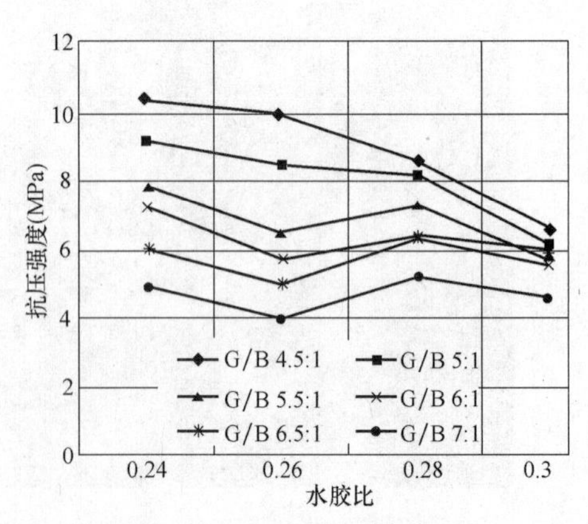

图 4-11 28d 抗压强度-水胶比

(3) 孔隙率与骨胶比的相关性

植生混凝土的孔隙率与骨胶比密切相关，强度又受骨胶比和水胶比的影响，骨胶比是一项基本指标，在本试验条件下，混凝土孔隙率与骨胶比的相关性如图4-12所示。植生混凝土的孔隙率一般应在25%～30%左右，对各级配和粒径的骨料，选择的骨胶比不同，一般应在6左右。

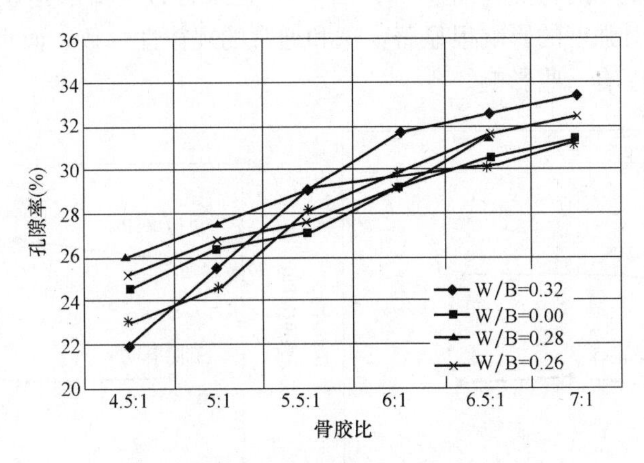

图4-12 孔隙率-骨胶比

2. 采用P.C42.5水泥的情况

采用P.C42.5水泥制备的植生混凝土的物理力学性能如图4-13～图4-16所示。

抗压强度与水胶比的关系

由图4-13、图4-14显示的规律性，与上一节采用P.C32.5水泥制备的混凝土的情况类似，当孔隙率（21%和23%）较小即填充率较大时，7d和28d强度随水胶比增大而减小的趋势明显，这时混凝土强度主要取决于硬化胶结材浆体的强度；当孔隙率（25%）较大即填充率较小时，强度随水胶比无明显变化，这时混凝土强度主要取决于其骨料自身的强度。和采用P.C32.5水泥的情况相比，强度有明显提高，28d强度绝大部分超过10MPa，处于10～20MPa之间。

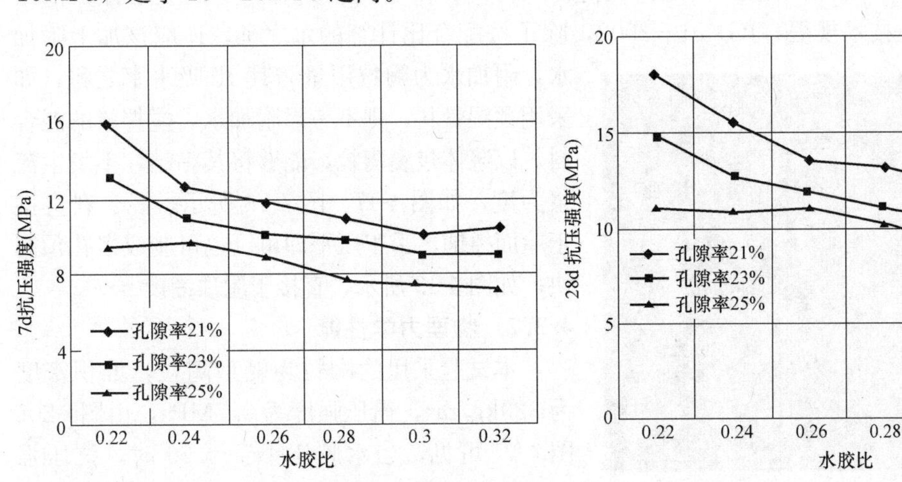

图4-13 7d强度与水胶比的相关性

图4-14 28d强度与水胶比的相关性

4.2.3 其他相关试验研究的数据

植生混凝土属于大孔混凝土，这种混凝土除了有类似于普通混凝土的诸影响因素外，还有对骨料级配、粒型以及骨料的强度等因素敏感，试验数据离散等特点，来自不同研究者的数据往往有较大差别，但共享这些数据有助于认识各试验条件下此类混凝土的特点，更全面理解大孔混凝土的特点，图 4-15、图 4-16 是来自日本清水建设株式会社研究者的数据，可见孔隙率对强度的影响很显著，这和通常的规律性一致，而水灰比对强度的影响不明显，粒径对强度有一些影响。

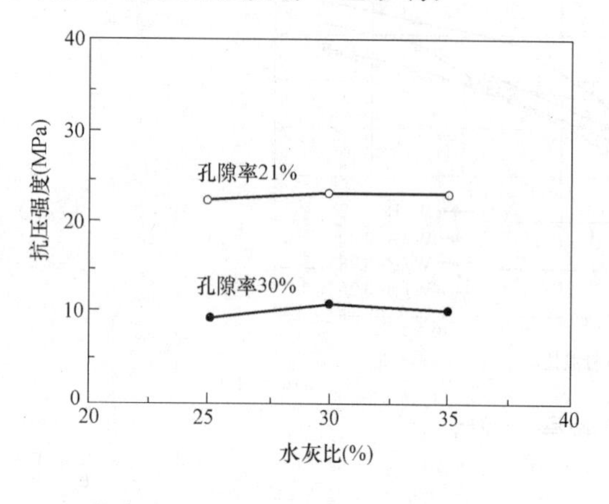

图 4-15 抗压强度与水灰比的相关性

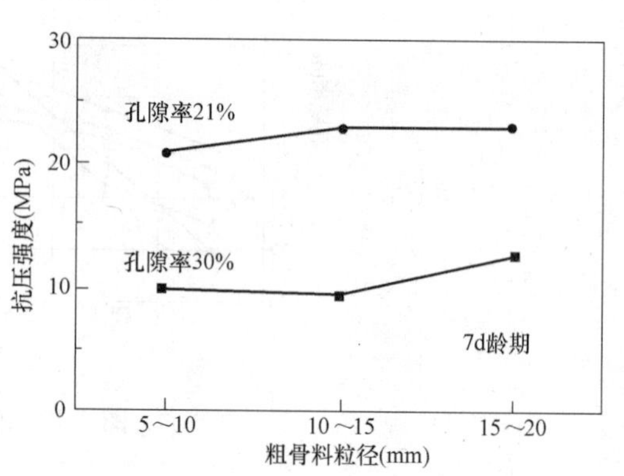

图 4-16 抗压强度与骨料粒径的相关性

4.3 陶粒植生混凝土

4.3.1 轻骨料植生混凝土的制备与基本性能

用于屋顶的植生混凝土是以陶粒或其他轻型块状料（如火山渣、煤气渣等）为骨料的大孔混凝土，孔隙率在 20% 以上，由于混凝土密度小，孔径和孔隙率大，属轻承载型植生混凝土，适合用于屋顶绿化。其制备工艺与承载型植生混凝土类似，如图 4-6 所示，但是由于陶粒易碎，应使用滚筒式搅拌机搅拌。另外，由于陶粒具有一定的吸水性，依据《轻骨料混凝土技术规程》JGJ 51—2002，除了按配合比计算的水之外，还应该加上附加水，附加水为陶粒用量与其 1h 吸水率之积；如采用预湿骨料，则不考虑附加水，搅拌成的混合料，以浆体包裹陶粒，能够将其粘结，不发生流浆为度，如图 4-17、图 4-18 所示，混合料直接于屋面摊铺，手工压平即可。也可制成多孔预制块，如图 4-19 所示，直接于屋顶铺设[2],[4]。

图 4-17 黏土陶粒

4.3.2 物理力学性能

本试验采用的陶粒为轻型陶粒，堆积密度为 320kg/m^3，筒压强度为 0.7MPa，由图4-20、图 4-21 可见，当水胶比小于 0.29 时，抗压强度随水胶比增大而增大，这与普通植生混凝土结论相反；水胶比大于 0.29 时，抗压强度随水

图 4-18　陶粒植生混凝土混合料

图 4-19　陶粒植生混凝土预制块

胶比的增大而明显减小。另外，陶粒植生混凝土的强度主要取决于筒压强度和胶结材用量。实际应用时可根据工程具体要求选择陶粒的粒径和筒压强度。

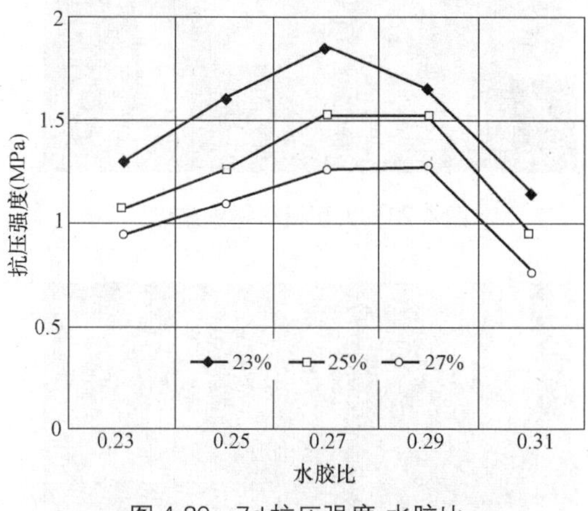

图 4-20　7d 抗压强度-水胶比

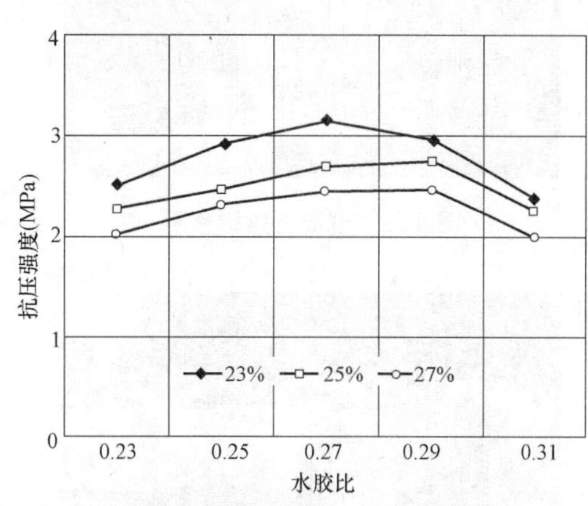

图 4-21　28d 抗压强度-水胶比

4.4　植生混凝土的工程应用

4.4.1　普通植生混凝土的施工与植物的生长

用于护坡或停车场的植生混凝土，在植生混凝土摊铺之前，先将土层平整压实，然后将混凝土摊铺整平，整平方法可采用平板振动器和木模板进行振动整平，如图 4-22 所示。对于较大面积的施工，可采用机械化施工，混凝土混合料的传送和摊铺整平均采用大型机械（来自日本的施工方法），如图 4-23 所示。摊铺后养护 1 周左右，再将含有植物种子和肥料的料浆灌入孔隙，施工方法（来自日本的施工方法）如图 4-24 所示。并对基体保湿养护，在植物生长季节一般超过一周后，植物开始发芽生长。一般植生混凝土层厚度为 15cm 左右，这样植物根系易于穿透混凝土层而深入之下的土体，保证植物持续生长的养料和水分。2 周后初步长出茎叶，如图 4-25 所示；2 个月后，随着植物的生长，其根系穿过混凝土到达下面的土层，如图 4-26、图 4-27 所示。

混凝土孔隙的碱性影响到植物的生长，本试验通过选择水泥品种和掺用掺合料，其

pH 值随着时间逐渐降低，能够满足植物生长要求，表 4-3 是其 pH 值随时间变化的监测结果。

生长基料 pH 值随时间变化 **表 4-3**

项　　目	pH 值	项　　目	pH 值
新拌植物生长基料	8.0	1 年后植生混凝土下部孔洞	7.0
1 年后植生混凝土上部孔洞	7.5	1 年后植生混凝土下部土体	7.0
6 个月后植生混凝土下部孔洞	7.5		

图 4-22　混凝土摊铺整平

图 4-23　大型机械摊铺施工

图 4-24　生长基料灌入

图 4-25　两周后植物生长情况

4.4.2　轻骨料植生混凝土的工程应用

1. 轻骨料植生混凝土作为植物生长基的植生屋面

铺设植生混凝土的屋面按设计要求做好防水层和排水层后，将轻骨料植生混凝土混合料摊铺之上后整平，3 天后待混凝土有了一定强度，将含有植物种子和肥料的料浆灌入孔隙，最初几天以塑料薄膜覆盖保湿，发芽后可撤去塑料薄膜，定期洒水，或安装自动喷淋、滴灌系统。也可采用轻骨料植生混凝土预制块铺设，如图 4-28 所示。图 4-29 是植生混凝土屋面施工后 2 个月植物生长状况。

图 4-26　用于护坡后植物生长情况

图 4-27　两个月后植物根系穿透混凝土层

图 4-28　屋顶陶粒植生混凝土预制块铺设

图 4-29　屋顶植物生长情况

2. 以陶粒多孔混凝土作为排水层的植生屋面

在植生屋面工程中，排水是重要的一环，只有良好的排水才能避免屋面积水和渗漏的情况发生。迄今排水层使用较多的是塑料蓄排水板，但在实际使用过程中排水沟槽经常会因种植土层的自重而导致被堵塞，而且耐老化性能差，经过一定的时间容易变形，甚至破损。而利用陶粒多孔混凝土或者密排铺放陶粒多孔混凝土砌块作为排水层，具有独特的优势，可有效地克服上述缺点。构造如图 4-30 所示，由下至上依次为屋面板 1、底面防水层

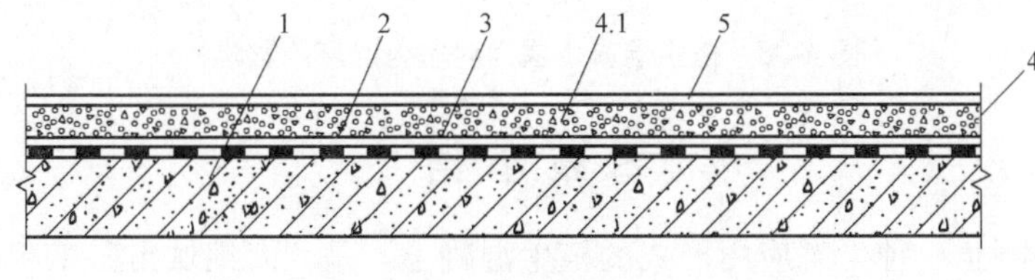

图 4-30　屋面排水层构造

2、保护层 3、屋面排水层 4 和土工布层 5，屋面排水层 4 是由现场铺设的陶粒多孔混凝土 4.1 构成。图 4-31 是现场施工情况。

施工完排水层之后，在其上面铺设植物生长基料和种子，铺设的最初几天，每天喷水养护，并以塑料薄膜覆盖保湿，待植物长出后，撤去薄膜。如未安装滴灌，根据天气情况，必要时经常施以人工喷水。图 4-32 是施工实例之一的植生屋面的植物生长情况。

图 4-31　陶粒多孔混凝土排水层的铺设

图 4-32　植生屋面的植物生长情况

3. 植生混凝土屋面的节能与环境效益

植生混凝土是生态混凝土，除承载作用外，还具有透气、透水、绿化环境、净化空气和降低噪声的功能。除此外，在夏季植生混凝土的屋面可明显降低室内温度，减少室内制冷电耗，图 4-33 是日本的研究者测得的植生混凝土与非植生混凝土屋面室内温度的数据，可见在夏季，植生混凝土屋面较非植生混凝土屋面的室内温度低约 2℃，对夏季室内减少制冷电耗十分有利，而且温度稳定，居住者会更有舒适感。

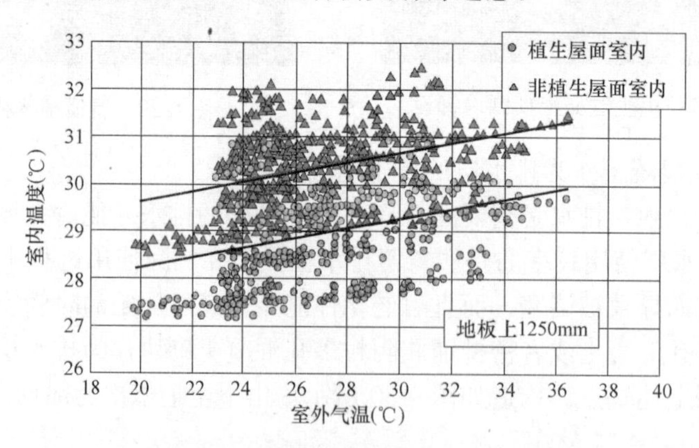

图 4-33　植生混凝土屋面对室内温度的影响

本 章 小 结

作为多孔混凝土一种生态应用形式的植生混凝土，是“海绵城市”工程的系列关键技术之一，其贯通的大孔结构不仅使其透气、透水，还给植物根系留下生长空间，用于护岸、护坡和停车场铺装等；用轻质骨料制备的植生混凝土可以应用于屋顶绿化和墙体绿化工程中，可以吸附尘埃，缓解城市“热岛效应”，改善空气质量，夏天还可以降低室内温度，具有良好的环境生态效益。

参考文献

1. 石云兴，张燕刚，刘伟等. 植生混凝土的性能与应用研究. 施工技术，2015，(24)
2. 张少彪，石云兴，屈铁军等 . 植生混凝土试验研究及工程试用. 混凝土，2012，(6)
3. 张少彪，石云兴，屈铁军等 . 护坡型植生混凝土制备及其性能试验研究. 中国硅酸盐学会混凝土与水泥制品分会第八届二次理事会议暨学术交流会，2011
4. 冯乃谦，张智峰，马骁 . 生态环境与混凝土技术. 混凝土，2005，(3)：3-7
5. 卫明 . 绿化混凝土的基本特性及其在河道工程中的应用 . 上海水务，2005，21 (4)：19-22
6. 湯浅幸久，国枝稔　ほか. ポーラスコンクリートの製造方法に関する基礎的研究. コンクリート工学年次論文報告集，1999，Vol. 21. 1，No. 1
7. 藤川陽平　ほか. 再生骨材を用いた保水性ポーラスコンクリートブロックの開発. 呉地域オープンカレッジネットワーク会議. 地域活性化研究助成事業実績報告書

第5章 预制透水混凝土地砖

5.1 概述

预制透水混凝土地砖（以下简称“透水砖”）采用自动化成型设备以加压振动工艺制成，具有透水性好，强度高，耐磨和抗冻性能好等特点，适用于公园、广场、人行道、停车场和住宅小区等场所的透水地面的铺设。

5.1.1 透水砖的特点

1. 质量稳定

透水砖采用工业化生产，计量准确，质量稳定，生产效率高。

2. 施工简便

透水砖现场铺装时，不需要大型施工机械，施工快，能在很短的时间内对行人和车辆开放。

3. 路面维修方便

对于透水砖路面，当局部发生破损时，可立即采用相同的砖替换修复，大大降低了地下管线埋设、更换以及路面维修的费用和工程量。

4. 装饰效果明显，形式多样

透水砖有不同的形状、颜色、厚度和强度，具有独特的质感，可根据工程实际需要，生产不同形状和色彩组合的制品，铺设后可增加环境美感。

5.1.2 透水砖的分类

按照生产用原材料可分为以下几类：

1. 普通透水砖

以普通砂、石作为骨料，水泥为胶结材料拌制混合料，经振动压制成型的透水砖，多用于街区人行步道、广场。

2. 仿石材纹理透水砖

由面层和本体层组成，本体层为普通透水混凝土，面层细骨料采用石英砂、洁净河砂等，并常加入颜料配制彩色混凝土，利用模具制成装饰性纹理面层。

3. 聚合物纤维混凝土透水砖

以碎石骨料、高强水泥和水泥聚合物增强剂、聚丙烯纤维等为原料，经搅拌后压制成型，主要用于市政重要工程和住宅小区的人行步道、广场、停车场等场地。

4. 彩石环氧通体透水砖

采用改性环氧树脂与天然彩石拌合，经特殊工艺加工成型，即可预制，又可现浇，并可拼出各种艺术图形和色彩线条，主要用于园林景观工程和高档别墅小区。

5.1.3 透水砖的选用

1. 按照透水砖的平面形式进行选用

由于透水砖的产品规格和品种非常多，可根据工程实际需要，设计成不同图案、不同花色的透水混凝土路面，用于人行道、步行街、广场、停车场等路面工程。图 5-1 是几种常用的透水砖的外形图样。

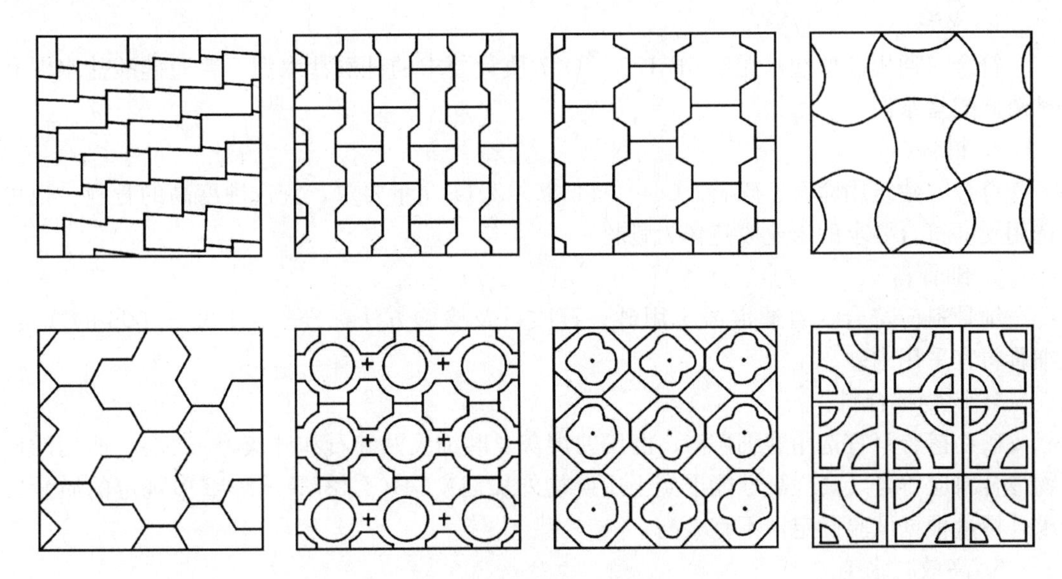

图 5-1 透水砖外形图样

2. 根据透水砖的美观要求进行选用

对透水砖色彩的选用，要与周围环境的色调相协调，同时利用视觉上的冷暖节奏变化以及轻重节奏的变化，避免色彩过于单调的枯燥感。例如，在活动区尤其是儿童游戏场，可使用色彩鲜艳的铺装，造成活泼、明快的气氛；在安静休息区域，可采用色彩柔和素淡的铺装，营造安宁、平静的气氛；在纪念场地等肃穆的场所，宜配合使用沉稳的色调[1],[2]。

3. 根据透水砖功能要求进行选用

根据道路不同的用途，不同区域的特点，选择不同产品规格和透水系数的透水砖。

（1）人行道的使用产品

为了降低工程成本，做到既符合道路的使用要求又经济的原则，人行道应选择规格在 300mm×300mm 范围内的产品。由于透水砖的表面都不够细腻，规格太小的产品会影响整体铺装的美观，最好选 300mm×300mm、300mm×150mm 或连锁式的砖进行铺装，厚度应选择 50～60mm，透水率可选择 5mm/s 以上，这样一般的中小雨可有即下即干的效果。

（2）车行道、停车场的使用产品

因为车行道、停车场荷载较重，使用面积大，应选择规格和厚度都大一些的产品，推荐选用 400mm×200mm、500mm×250mm、500mm×500mm 范围内的产品。厚度可根据行车、停车的种类不同选择 80～120mm 的产品。

5.2 普通透水砖的生产

透水砖生产线有两种方式：一种是采用静压成型工艺的生产线，一种是采用振动加压成型工艺的生产线[3]。

5.2.1 原材料质量

原材料在生产过程中直接影响透水砖的物理力学性能，因此必须严格把关。

1. 水泥

符合《通用硅酸盐水泥》GB 175—2007 质量要求的硅酸盐水泥、普通硅酸盐水泥和矿渣硅酸盐水泥。

2. 粗骨料

符合《建筑用卵石、碎石》GB/T 14685—2011 质量要求，宜选硬度高的骨料，也可选用硬度符合要求的工业废渣作为骨料。

3. 细骨料

细骨料应符合《普通混凝土用砂、石质量及检验方法标准》JGJ 52—2006 的规定，细骨料宜采用中砂。

4. 矿物掺合料

矿物掺合料宜选用磨细矿渣、磨细粉煤灰、磨细天然沸石和硅灰等[4]~[6]。所用的矿物掺合料应符合《高强高性能混凝土用矿物外加剂》GB/T 18736—2002 中规定的质量要求，掺量根据试验确定，不宜太高。

5. 高效减水剂

减水剂应符合《混凝土外加剂匀质性试验方法》GB/T 8077—2012 的有关规定，避免使用使透水砖表面“泛碱”的减水剂。

6. 颜料

颜料应符合《混凝土和砂浆用颜料及其试验方法》JC/T 539—1994 中规定的质量要求。

7. 拌合水

拌合水应符合《混凝土用水标准》JGJ 63—2006 的规定。

5.2.2 配合比设计

透水砖分为无砂透水砖和有砂透水砖，有砂的收缩小，黏性小；无砂的收缩大，粘结力强，具体选用根据工程的实际需求而定。

1. 配合比设计的基本要求

(1) 普通混凝土强度主要受水胶比影响，而透水混凝土强度主要取决于骨料间的点接触强度。依据强度等级不同，水泥用量一般为 300～400kg/m^3。为提高骨料间的点接触强度，应选择强度等级较高的水泥，并可适当掺加一定比例的高活性掺合料[4]。

(2) 骨料级配是决定透水砖质量的另一个重要因素（骨料粒径一般为 4～6mm)。若骨料级配不良，透水砖中的孔隙量偏大，其透水系数就大，而强度会偏低；反之，如果粗细骨料达到最佳配合，孔隙较小，强度必然高，而透水性会降低。此外，骨料的硬度对透水砖的强度有直接的影响，宜选用硬质骨料，也可选用符合要求的工业废渣。

(3) 外加剂和增强材料，两者的作用是在保持一定稠度或干湿度的前提下，提高颗粒间的粘结强度，进而提高制品的整体力学性能和耐磨性能。

(4) 透水砖采用机械振动压制成型，其拌合物为干硬性混合料。

2. 配合比设计计算方法[4]~[6]

透水混凝土配合比设计按式 (5-1) 计算

$$P=1-\frac{m_g}{\rho_g}-\frac{m_c}{\rho_c}-\frac{m_f}{\rho_f}-\frac{m_w}{\rho_w} \tag{5-1}$$

式中 m_g、m_c、m_f、m_w——分别为单位体积混凝土中粗骨料、水泥、掺合料、水的用量（kg/m^3）；

ρ_g、ρ_c、ρ_f、ρ_w——分别为粗骨料、水泥、掺合料、水的表观密度（kg/m^3）；

P——设计孔隙率（%）。

（1）设计孔隙率 P

根据工程特点及承载需求，透水混凝土的设计孔隙率一般为10%～15%。

（2）粗骨料

在进行配合比设计时，粗骨料用量

$$m_g=\rho_g'\times 1m^3 \tag{5-2}$$

式中 ρ_g'——粗骨料堆积密度。

（3）水灰比

粗骨料选择碎石、卵石、石英砂等硬骨料时，水灰比W/C宜为0.18～0.22；选择火山渣、高炉矿渣等轻骨料时，W/C宜为0.22～0.26。

（4）用水量

水的用量

$$m_w=W/C\times m_c \tag{5-3}$$

（5）掺合料及减水剂用量

掺合料用量

$$m_f=F/C\times m_c \tag{5-4}$$

减水剂用量

$$m_s=S/C\times m_c \tag{5-5}$$

（6）水泥用量

将式（5.2）～式（5.5）代入式（5.1）可得：

$$m_c=\frac{1-\frac{\rho_g'\times 1m^3}{\rho_g}-P}{\frac{1}{\rho_c}+\frac{F}{C\cdot\rho_f}+\frac{W}{C\cdot\rho_w}+\frac{S}{C\cdot\rho_s}} \tag{5-6}$$

（7）将式（5-6）分别代入式（5-3）～式（5-5）即可分别得出水、掺合料、减水剂用量。

3. 混凝土试配[7]～[10]

透水砖的配合比设计完成后，需进行试配，试件的制作采用振动液压成型工艺，振动频率50Hz，加压强度0.2MPa，一次加压成型。成型后带模在标准养护条件下养护48h拆模，此后放入水中再养护至28d，然后测试其孔隙率、抗压强度、抗折强度和透水系数。

5.2.3 设备及工艺流程

1. 设备选型

透水砖整条生产线由控制台、电子计量系统、搅拌机、送板机、布料机、模具、液压站、砌块成型机、出砖机、输送机和升降机等设备组成（图5-2）。生产线宜采用台振与模振全方位振动形式，以使地砖的强度更高。

2. 模具选择

透水砖的规格尺寸决定了模具的加工定型，常用模具见图5-3。

3. 工艺流程

透水砖生产工艺流程如图5-4所示。

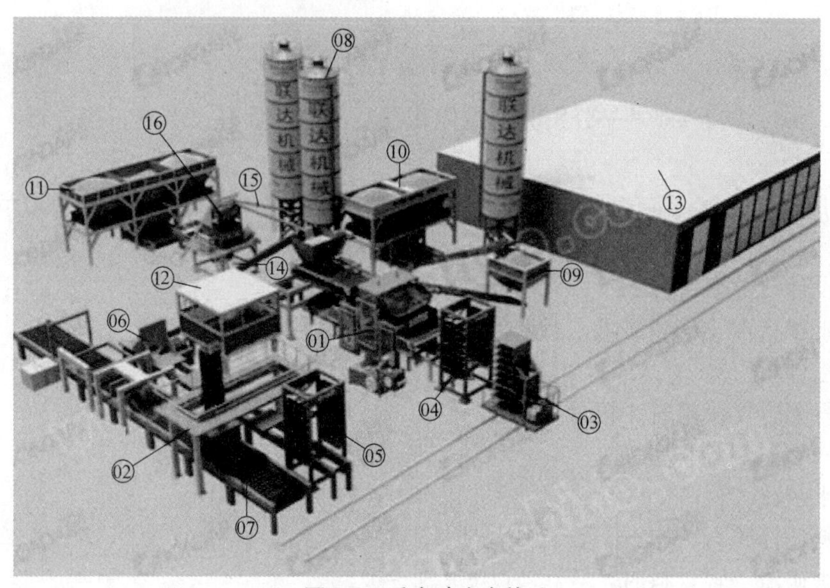

图 5-2 透水砖生产线

01—主机；02—高位码垛机；03—子母车；04—升板机；05—降板机；06—翻板机；07—勾板机；08—水泥仓；09—单斗配料机；10—PL800 配料机；11—1200 配料机；12—电控房；13—蒸养釜；14—水泥秤；15—螺旋输送机；16—搅拌机

图 5-3 透水砖模具

原材料准备 → 搅拌 → 布料、输送 → 压制成型 → 码垛 → 养护 → 检验 → 出厂

图 5-4 透水砖生产工艺

5.2.4 混凝土搅拌

1. 原材料计量

制备透水砖时，各种原材料的计量应精确，计量允许偏差：

水泥、矿物掺合料±2%，粗、细骨料±3%，水、外加剂±2%。

2. 搅拌设备

宜采用双卧轴搅拌机。

3. 投料顺序

混凝土搅拌必须严格控制投料顺序及时间，投料顺序宜采用水泥裹石法，减水剂采用后掺法，拌合物的搅拌时间比普通混凝土延长40～60s。

仿石材纹理透水混凝土拌合料搅拌时，胶结材、骨料等装入搅拌机后先加入一半的用水量，搅拌30s后加入外加剂，搅拌1min后加入剩余水量，总搅拌时间不少于2.5min。

4. 拌合物性能

（1）混凝土拌合物应适于摊铺的工作性，浆体均匀包裹粗骨料，无胶结材结块现象，坍落度应控制在5～10mm之间。

（2）混凝土拌合物应具有一定的黏性，维勃稠度以20～40s为宜。拌合物有干料或成团现象时严禁用于压制成型，适宜的混合料如图5-5所示。

图5-5 透水砖混合料性状

5.2.5 压制成型、养护

透水砖采用工业化生产，输料、布料、压制成型均由制砖机系统按设定流程进行。

制砖机参数如下：

（1）加压强度为0.15～0.21MPa；

（2）振动频率50～58Hz；

（3）振动加压时间3～6s；

（4）松铺系数为1.1～1.3。

制砖机参数直接影响透水砖的产品质量，需严格控制，生产过程见图5-6和图5-7。

图5-6 透水砖生产现场

图5-7 码垛、养护

脱模后的透水砖坯体应保持湿度。透水砖中含有孔隙，如果与普通混凝土路面砖一样露天放置，会造成较快失水，影响其力学性能和耐久性。

透水砖一般应使用塑料布覆盖养护（养护时间≥7d）。对于生产量较大的生产线，一般采用隧道窑养护（养护时间≥5h），温度40～60℃，湿度≥90%。

5.2.6 质量要求

透水砖的质量按《透水路面砖和透水路面板》GB/T 25993 的要求进行检验和评定，主要项目有强度、透水性、外观质量、耐久性、耐磨性和防滑性等[12]。

1. 透水砖强度

透水砖的劈裂抗拉强度应符合表 5-1 的规定，单块的线性破坏荷载应不小于200N/mm。

劈裂抗拉强度（MPa） **表 5-1**

劈裂抗拉强度等级	平均值	单块最小值
f_u3.0	≥3.0	≥2.4
f_u3.5	≥3.5	≥2.8
f_u4.0	≥4.0	≥3.2
f_u4.5	≥4.5	≥3.4

2. 透水系数

透水砖的透水系数应符合表 5-2 的规定。

透水系数（mm/s） **表 5-2**

透水等级	透水系数
A级	≥0.2
B级	≥0.1

3. 外观质量

透水砖的外观质量应符合表 5-3 的规定。

外观质量 **表 5-3**

<table>
<tr><th colspan="4">项　目</th><th>顶面</th><th>其他面</th></tr>
<tr><td rowspan="3">裂纹</td><td colspan="3">贯穿裂纹</td><td>不允许</td><td>不允许</td></tr>
<tr><td rowspan="2">非贯穿裂纹</td><td colspan="2">最大投影尺寸长度(mm)</td><td>≤10</td><td>≤15</td></tr>
<tr><td colspan="2">累计条数(投影尺寸长度≤2mm 不计)/条</td><td>≤1</td><td>≤2</td></tr>
<tr><td rowspan="3">缺棱掉角</td><td colspan="3">沿所在棱边垂直方向投影尺寸的最大值(mm)</td><td>≤3</td><td>10</td></tr>
<tr><td colspan="3">沿所在棱边方向投影尺寸的最大值(mm)</td><td>≤10</td><td>20</td></tr>
<tr><td colspan="3">累计个数(三个方向投影尺寸最大值≤2mm 不计)(个)</td><td>≤1</td><td>≤2</td></tr>
<tr><td rowspan="3">粘皮与缺损</td><td colspan="3">深度≥1mm 的最大投影尺寸(mm)</td><td>≤8</td><td>≤10</td></tr>
<tr><td colspan="2" rowspan="2">累计个数(投影尺寸长度≤2mm 不计)(个)</td><td>深度≥1mm、≤2.5mm</td><td>≤1</td><td>≤2</td></tr>
<tr><td>深度>2.5mm</td><td>不允许</td><td>不允许</td></tr>
</table>

注：1. 经两次加工和有特殊装饰要求的透水砖，不受此规定限制。
2. 生产制造过程中，设计尺寸的倒角不属于“缺棱掉角”。
3. 透水砖侧面的肋，不属于“粘皮”。

4. 尺寸偏差

透水砖的尺寸偏差应符合表 5-4 的规定。

尺寸偏差（mm） **表 5-4**

项目	要　求	项目	要　求
长度、宽度	±2.0	垂直度	≤1.5
厚度	±2.0	平整度	最大凸面≤1.5；最大凹面≤1.0
厚度差	≤2.0	直角度	≤1.0

5. 抗冻性

透水砖的抗冻性应符合表 5-5 的规定。

抗冻性 **表 5-5**

使用条件	抗冻指标	单块质量损失率	强度损失率（%）
夏热冬暖地区	D15	≤5% 冻后顶面缺损深度≤5mm	≤20
夏热冬冷地区	D25		
寒冷地区	D35		
严寒地区	D50		

6. 耐磨性和防滑性

透水砖顶面的耐磨性，应满足磨坑长度不大于 35mm 的要求。

透水砖顶面的防滑性应满足检测 BPN 值不小于 60。透水砖顶面具有凸起纹路、凹槽饰面等其他阻碍进行防滑性检测时，则认为产品防滑性能符合要求。

7. 色彩保持性

高品质的透水砖应具有良好的保色性能，所采用的颜料以氧化铁质无机颜料为宜。对于浅色系混凝土透水砖，除不得不使用白水泥为胶凝材料的情况外，应尽量采用灰水泥为基料。

5.3　仿石材纹理透水混凝土地砖的生产

普通透水砖的技术在国内日趋成熟，应用已相当广泛，但市场上的普通透水砖多是装饰效果不足。

中国建筑技术中心开发出仿石材纹理透水混凝土地砖（以下简称仿石材纹理透水砖）[2],[10]，可根据设计要求制备成各种色彩和纹理，满足装饰-透水一体化的需求。

5.3.1　原材料及配合比

仿石材纹理透水砖生产所需原材料的质量要求及配合比设计均与普通透水砖相同，在此不再赘述。

除常规材料外，火山渣、炉渣、煤气渣等工业废料均可作为骨料生产透水砖（图 5-8 和图 5-9）。使用工业废渣生产透水砖，在保护环境、废物利用的同时可以在一定程度上缓解砂石供应的压力；可以在一定程度上节约能源和资源，降低成本；在材料自身特点方面，上述材料具有天然的孔隙，与常规骨料相比，更容易满足透水性的要求；另一方面，与普通骨料相比，容重小，比强高，可降低运输成本，提高施工效率[8],[9]。

图 5-8　煤气渣

图 5-9　煤气渣透水砖

5.3.2　设备及工艺流程

1. 设备选型

与普通透水砖相比，仿石材纹理透水砖分为面层和本体层[2],[10]，搅拌系统应分别设置，且压制设备需增加二次布料系统（生产线见图 5-10）。根据不同的项目需求，面层厚度为 5～20mm。

图 5-10　液压全自动透水砖生产线

2. 模具设计

仿石材纹理透水砖生产所采用的模具属于压砖机的配套产品，均为钢模具，其仿石纹理需根据设计要求进行加工。透水面层的仿石材纹理为石材断裂与规则分隔带结合纹理、天然卵石纹理或石材断裂面阴阳拼装纹理等，见图 5-11。

3. 工艺流程

仿石材纹理透水砖生产流程如图 5-12 所示。

5.3.3　生产过程控制

1. 原材料计量

各种原材料的计量应精确，计量允许偏差：

（1）面层：水泥、矿物掺合料±1%，粗、细骨料±2%，水、外加剂±1%；

（2）基层：水泥、矿物掺合料±2%，粗、细骨料±3%，水、外加剂±2%。

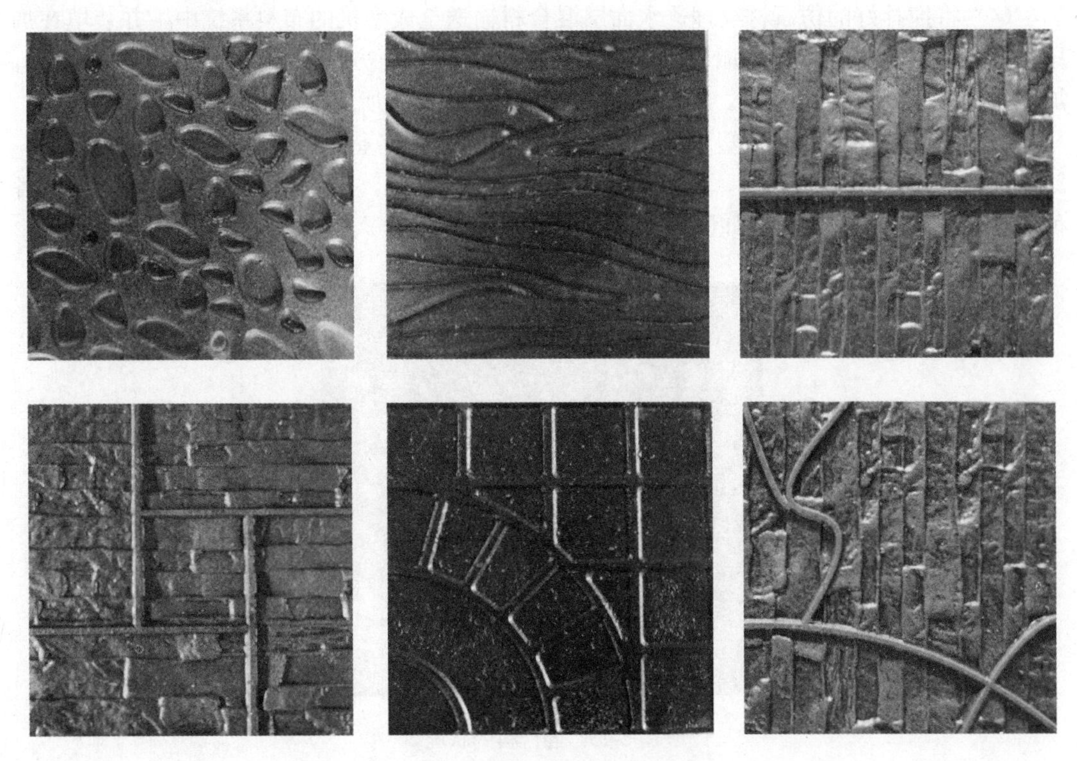
图 5-11　仿石材纹理透水砖钢模具

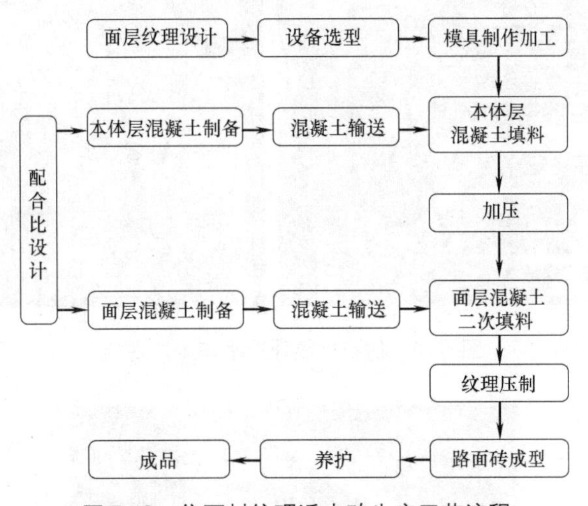

图 5-12　仿石材纹理透水砖生产工艺流程

2. 生产质量控制要点

（1）仿石材纹理透水面层和透水本体层混合料制备：两者混合料由不同搅拌机进行搅拌制备，水灰比控制在 0.28～0.35 之间，如图 5-13 所示。

（2）混凝土自加水搅拌至压制成型，时间不超过 20min。

（3）本体层混合料输送至成型机的布料系统中进行填料，采用成型机的液压系统进行压实，加压强度为 0.11～0.13MPa。

（4）将搅拌好的仿石材纹理透水面层混合料输送至成型机的布料系统中，并装填在加压后的本体层上，进行二次加压。二次加压采用振动加压方式，振动频率为 50～58Hz，加压强度为 0.15～0.21MPa，加压时间 3～6s，如图 5-14 所示。

（5）路面砖成型后采用塑料薄膜覆盖或隧道窑养护，待混凝土硬化后洒水养护 1～2d，优选 2d。然后进行码垛，码垛后继续洒水养护 5～7d，优选 5d，如图 5-15 所示。各种仿石材纹理透水混凝土砖如图 5-16 所示。

图 5-13　混合料的状况

图 5-14　仿石材纹理透水砖生产现场

图 5-15　养护

 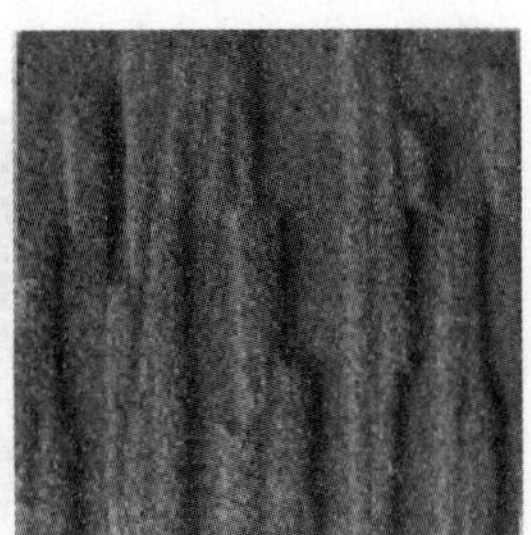 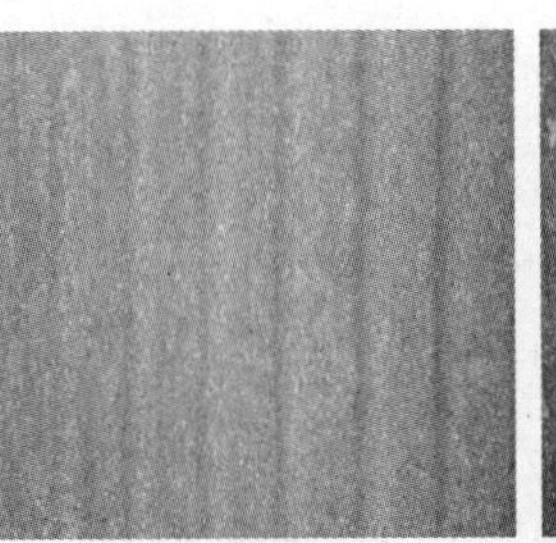 

图 5-16　仿石材纹理透水砖样品

5.4　透水混凝土砖的铺装施工

目前多数透水砖的铺装施工，延续了普通混凝土砖的方法，尤其是扫砂的施工工序，封堵了透水砖的大部分孔隙，施工完毕的路面透水效果很差，针对这一情况，中国建筑技术中心通过试验总结出一套适合透水砖的铺装施工方法[10]。

5.4.1　透水砖路面结构

透水砖路面结构一般由夯实土基、级配碎石基层、透水结构层、透水砂浆和透水砖等构成，如图 5-17 所示。

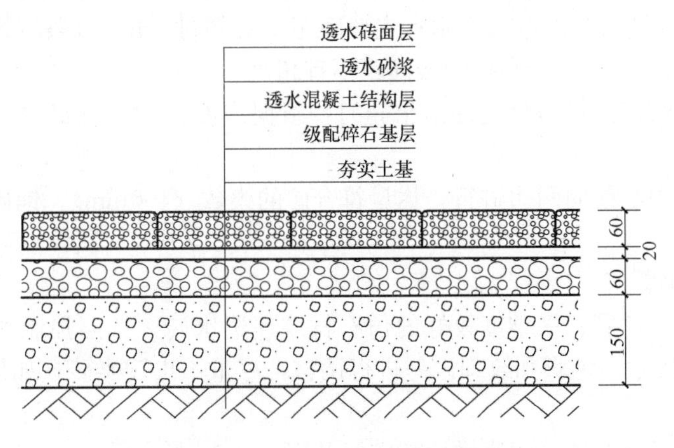

图 5-17　透水砖路面结构示意图

5.4.2　工艺流程

透水砖的铺装施工工艺流程如图 5-18 所示。

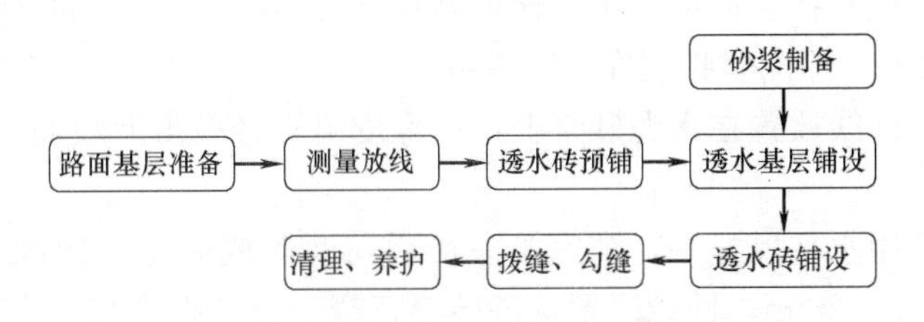

图 5-18　透水砖的铺装工艺流程

5.4.3　基层处理

基层处理主要涉及高程、平整度、横坡和压实度检查，以及各种管线、路沿阴井周边的碾压密实度检查，见图5-19和图5-20。

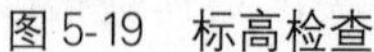

图5-19　标高检查

图5-20　基层压实

另外，为保证透水砖能达到应有的透水效果，应设计与之相配套的透水性基层，基层的特点之一是保证雨水能暂时储存，然后进一步排放，其次是保证基础的稳固性。因此，基层的厚度和结构应视路床的软硬及铺设的场所作相应的调整。

5.4.4　测量放样

1. 按照设计标准施放标高控制线、边线和地面十字线，以控制地面砖面层标高和分隔尺寸。为防止摊铺时基准钢线下垂，支架间距不宜超过5m，每条钢线张拉长度不宜超过150m，用紧线器拉紧；标高控制线间距不宜超过500mm。

2. 铺设拼装纹理的仿石材纹理透水砖时，根据表面纹理，宜每隔2块砖施放一道控制线。

3. 控制线由中心线向两边进行，尽量符合砖的模数（100mm），铺砌时按照弹线位置施工。

5.4.5　透水砖预铺

1. 挑选纹理、色彩、平整度较好的仿石材纹理透水砖，按照控制线和图纸要求进行预铺，对出现的尺寸、色彩和纹理误差进行调整，尽量不出现半砖，如果出现，应把半砖排到非正视面。

2. 预铺完毕后按照铺设顺序堆放整齐，备用。

5.4.6　透水砖铺设

1. 整平层

仿石材纹理透水砖铺设路面的找平层使用透水砂浆（图5-21），采用水泥与单一粒径的中砂1∶5（体积比）拌合而成，水灰比控制在0.3～0.35，砂浆的干硬程度以“手握成团，落地散开”为准。厚度宜控制在25～30mm。

2. 将透水砖按标线放置在水泥砂浆上，用橡皮锤轻轻敲击上表面（图5-22），至平整度达到要求。

3. 根据水平线用水平尺找平，铺完第一块后向两侧或后退方向顺序镶铺。砖缝无设计要求时一般为1.5～2mm，铺设时要保证砖缝宽窄一致，纵横在一条线上。

4. 透水砖铺设过程中，不得在新铺设的砖面上拌和砂浆或堆放材料。铺装砂浆摊铺宽度应大于铺装面50～100mm。

5. 透水砖铺设过程中，应随时检查其安装是否牢固与平整，及时进行修整，不得采

图 5-21　透水基层铺筑

图 5-22　透水砖施工

用向砖底部填塞砂浆或支垫等方法找平砖面。

6. 当铺设面积在 1000m^2 以上时，宜采取划分区格、铺定位带的做法：

（1）按大样图将铺设面积划分为 n 个单元格，在单元格内铺设控制带，最后在控制带内铺设剩余透水砖；

（2）单元格面积不宜过大，以一小时能铺设完成的砖量为准；

（3）注意单元格内和单元格之间的铺设顺序，不得踩踏已经铺好的透水砖。

7. 铺设时每块砖必须跟线，严格控制坡度、标高和平整度。

8. 在与管道和水井等基础设施相连接的部位采用非整砖铺设时，应先根据尺寸加工成型，方可进行铺设，保证铺设完整、美观。

9. 透水砖铺设完成后，由侧面及顶面敲实，保证砌块之间挤缝紧密。及时清除砖面上的杂物、碎屑，如面砖上有残留水泥砂浆，应更换面砖。

5.4.7　拨缝、灌缝

1. 铺完一个单元格，面层撒少量水，间隔 10min 后，用拍板和橡皮锤按顺序满砸一遍，边砸边移动拍板找平，砸平后按先竖后横的顺序调整缝隙，将缝隙调至通顺、均匀后，再砸平一次。

2. 铺完 24h 后，应对铺设路面的砖缝进行灌缝，普通透水砖采用中砂灌缝[11]，仿石材纹理透水砖采用与面层相同配比的干混砂浆灌缝，避免出现色差，如图 5-23 所示。

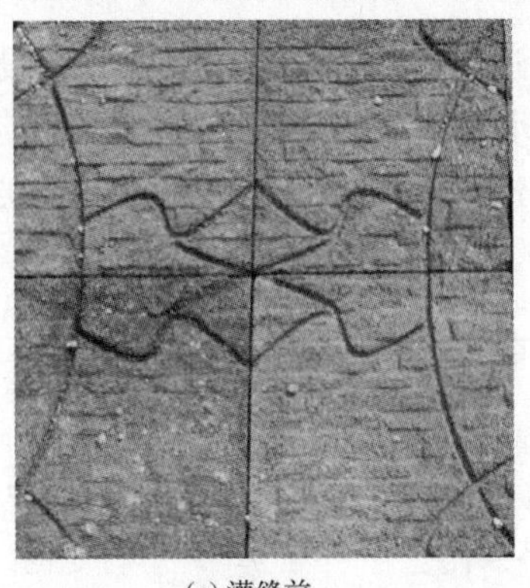

(*a*) 灌缝前

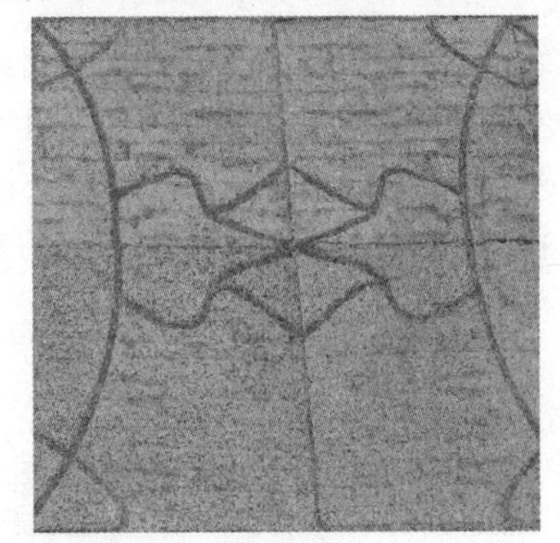

(*b*) 灌缝后

图 5-23　灌缝前后对比

图5-24　竣工实景图

3. 铺设完的透水砖接缝应缝宽均匀、平整、无色差（图5-24）。

5.4.8　养护

透水砖铺设完毕，需设置围挡以防止车辆进入，待勾缝砂浆终凝（大约24h）后，将地砖表面清扫干净，并撒水养护，养护时间不得少于7d。养护期间不得上人走动，不宜在面层上穿插其他作业。

5.4.9　清理铺面

一般情况下，用扫帚清扫铺面即可。根据工程需要，也可采用水基封闭材料喷涂表面，达到增进颜色、防止泛碱等效果，但是封闭剂喷涂较多时会影响透水效果。

5.4.10　质量控制

仿石材纹理透水砖铺设允许偏差与检测方法，建议参照表5-6。

仿石材纹理透水砖铺设允许偏差与检测方法　　表5-6

序号	检验项目	允许偏差(mm)	检验频率		检验方法
			范围	点数	
1	纵断高程(mm)	±15	20m	1	用水准仪测量
2	中线偏位(mm)	≤15	100m	1	用经纬仪测量
3	大面平整度(mm)	±10	5m	1	用水准仪测量
4	横坡(%)	±0.3%且不反坡	20m	1	用水准仪测量
5	相邻块高差(mm)	≤4	20m	1	用钢尺量
6	纵横缝直顺度(mm)	≤5	20m	1	用20m线和钢尺量
7	缝宽(mm)	+3 −2	20m	1	用钢尺量

本章小结

本章介绍了普通混凝土透水砖和仿石材纹理透水砖的适用范围、配合比设计、生产设备、生产工艺和质量要求等。此外，还介绍了透水砖路面的结构、铺装施工工艺和技术要点，为保证透水砖路面具有良好的透水性，除了透水砖本身的透水性外，基层施工必须满足透水性要求，本章对此进行了较为详细的表述。

参考文献

1. 李续业等. 道路工程常用混凝土实用技术手册. 北京：中国建筑工业出版社，2008
2. 石云兴. 宋中南，霍亮等. 仿石材纹理透水混凝土地面及其施工方法. 发明专利，ZL200810304856. 2，2010. 12
3. 王武祥. 透水性混凝土路面砖的种类和性能. 建筑砌块与砌块建筑，2003 (1)
4. 宋中南，石云兴等. 透水混凝土及其应用技术. 北京：中国建筑工业出版社，2011
5. 石云兴，霍亮，戢文占等. 奥运公园露骨料透水路面的混凝土施工技术. 混凝土，2008，(7)

6. 石云兴，宋中南，霍亮等. 透水混凝土试验研究及其在奥运工程中的应用. 全国特种混凝土技术及工程应用学术交流会暨2008年混凝土质量专业委员会年会论文集，2008. 9
7. 王海燕，孙南屏. 生态透水砖配合比设计方法初探. 广东建材，2011，(12)：83-85
8. 张燕刚，石云兴，屈铁军等. 火山渣透水混凝土与普通透水混凝土强度影响因素探讨. 2013年混凝土与水泥制品学术讨论会论文集，2013. 7
9. 张燕刚. 火山渣透水混凝土的制备及性能研究. 硕士论文，2011
10. 宋中南，张燕刚，石云兴等. 预制仿石材纹理透水砖生产与铺装施工工法. 中建总公司工法，2013
11. 北京市地方标准. 透水砖路面（地面）设计与施工技术规程 DBJ 13—104—2008
12. 国家标准. 透水路面砖和透水路面板 GB/T 25993—2010

第6章　再生资源骨料透水混凝土

透水混凝土是一种生态混凝土。透水混凝土不仅可以利用再生混凝土骨料进行制备，而且其本身做成的路面废弃后经过破碎、筛选可以回收再利用，既可以用作普通混凝土的骨料，也可以用作透水混凝土的结构层骨料，是一种节约型混凝土。此外，废旧砖瓦、工矿废渣也可以做成再生资源骨料，用以制备透水混凝土。

6.1　旧混凝土再生骨料透水混凝土

6.1.1　再生混凝土骨料的特征

再生混凝土骨料就是将废弃混凝土块破碎、清洗、分级后制成的骨料，可以部分或全部代替天然骨料使用，其应用的第一步是先将废混凝土块从建筑垃圾中分离出来，进而再进行破碎和再利用。

混凝土中骨料包括粒径较大的粗骨料和粒径较小的细骨料，其通常占混凝土总体积的75%以上，是混凝土的重要组成部分。骨料不仅构成了混凝土的骨架，而且在很大程度上决定着混凝土混合料的工作性能、硬化混凝土的力学性能与建筑物的耐久性能。将废旧混凝土破碎进行再生骨料，可形成再生细骨料和再生粗骨料，一般在透水混凝土中主要采用再生粗骨料。

再生粗骨料一般包括表面包裹有部分砂浆的石子、少部分与砂浆完全脱离的石子、一部分砂浆颗粒。再生粗骨料一般棱角较多，且表面较粗糙，其质量是不均匀的，因为在再生骨料再加工的过程中会形成一些片状颗粒，且其内部往往会产生大量的微裂缝，因此，其基本特性与天然骨料有较大差异。再生粗骨料中也常含有一些有害杂质，如黏土、淤泥、细屑等。它们会粘附在再生骨料的表面，妨碍水泥与再生骨料的粘结，降低混凝土强度；同时还增加再生骨料混凝土的用水量，从而加大再生骨料混凝土的收缩，降低抗冻性和抗渗性。所以，在使用前必须对再生粗骨料进行冲洗和过筛处理，将有害杂质清除。

再生粗骨料的表观密度一般小于天然骨料，相应值在2500～2600kg/m^{3}之间。影响再生骨料表观密度的因素很多，主要包括：原始混凝土骨料的密度、原始混凝土的砂率和水灰比、再生骨料的粒径和级配、再生骨料的颗粒组成和性状，再生骨料的含水状态等。

通常用于制备混凝土骨料的天然石材质地致密，孔隙率很低，吸水率一般低于3%。而对于再生骨料，其颗粒棱角多，表面粗糙，组分中包含相当数量的硬化水泥砂浆，砂浆体中水泥石本身孔隙比较大，且在破碎过程中，其内部往往会产生大量的微裂缝，因此，再生骨料的吸水率比天然骨料要大得多。另外，从旧建筑物拆除现场取得的再生骨料与天然骨料采集场的操作环境完全不同，经破碎后获得的再生骨料除非进行水洗处理，否则因含有较多的泥土和泥块，也会增加其含水率和吸水率。国内外对再生骨料的吸水性进行了大量的试验研究，当再生骨料的粒径在16～32mm时，再生骨料的吸水率仅为3.8%，而粒径4～8mm的再生骨料的吸水率则迅速上升为9.7%，可见再生骨料的吸水率随再生骨料的粒径减小而迅速增大。

粗骨料的强度特性取决于它的矿物组成、相对密度、吸水性、孔隙率及孔隙结构。如果粗骨料的吸水性较大或孔隙率较高，则其抗压强度也必然较差。一般情况下，再生粗骨料的坚固性低于天然粗骨料，强度太低的再生粗骨料不宜用来配制混凝土，而只能用作道路工程垫层和素混凝土垫层[1]~[5]。

6.1.2 再生骨料透水混凝土

将再生骨料应用于透水混凝土，不仅可以节约资源，而且保护了环境，真正实现了可持续发展。国外对再生透水混凝土的研究起步较早，欧美、日本等一些发达国家还将其应用于实际工程，取得了良好效果。在国内，虽然研究起步较晚，但随着越来越多研究人员的加入，该项研究正逐步进入快车道。同济大学的研究者对再生混凝土进行了系统的研究，结果表明废弃混凝土再生利用是可行的，这为再生骨料应用于透水混凝土奠定了理论基础。中国建筑技术中心的研究人员对透水混凝土及其应用技术进行了系统的研究，已经在北京奥运工程中成功运用，并取得了多项专利。华侨大学的研究者对利用再生骨料制备透水混凝土和透水路面砖进行了比较深入的研究，研究结果提高了人们对再生骨料和透水性混凝土的认识，推动了建筑垃圾再生骨料透水性混凝土在工程实践中的应用。近年来，江苏大学、常州大学等的一些研究者在再生骨料透水混凝土的研究中，通过试验得出诸多有价值的结论[5]~[8],[13],[14]。

与普通混凝土相比，再生骨料透水性混凝土实质上是一类非封闭性的多孔混凝土，它的内部具有大量的连通孔隙以保证水能够迅速透过，不论从外形还是内部结构，再生骨料透水性混凝土与其都具有明显的不同之处。不论两者的骨料粒径的大小，单从外观来看，混凝土表面就具有很多可见的孔隙，这与密实、平滑的普通混凝土外观是很不同的。

透水性混凝土的透水、透气性主要是由于其内部连通孔隙的存在。孔是混凝土微结构中重要的组成之一。微细孔主要存在于硬化胶凝材料、骨料及硬化胶凝材料与骨料的界面上，分原生孔隙和次生孔隙两类，后者多由前者发展而成，这些孔在混凝土中形成网络分布并受内外条件影响而变化。但是普通混凝土中的孔归根结底主要由凝胶孔和毛细孔组成，而要达到快速透水，仅靠这两种孔是远远不够的，因此，透水性混凝土就需要一些大尺寸的孔，这种大尺寸的孔用眼睛就可以看出。但具有大孔这个单一条件也不能说明混凝土的透水性好，混凝土的透水性与孔隙率相关，但两者之间并不是简单的函数关系，其透水性高低要取决于内部孔隙的连通状况及透水路径的曲折性，即孔结构的特征。要使其具有一定的强度，再生骨料与浆体之间、浆体与浆体之间必须有很好的粘结，并且被浆体包裹的再生骨料之间也应有较好的排列，在实际状态中，每个再生骨料与其他骨料间均有几个点的接触，接触点越多，强度越大，但实际透水性则下降，这与实际试验结果是一样的。随着粗骨料粒径的增大，骨料之间接触点减少，混凝土抗压强度降低，透水性上升。再生骨料透水性混凝土中，水泥浆体、界面和再生骨料三个环节的性质接近均匀。于是，每个个体位于空间网格的交点处，个体与个体之间由于外层水泥浆体的胶结形成再生骨料透水性混凝土的骨架，和处于界面处的大的连通孔隙一起构成整个再生骨料透水性混凝土填充于空间网格之中[9]~[18]。

再生混凝土骨料见图 6-1，再生骨料透水混凝土铺装见图 6-2。

图 6-1　再生混凝土骨料

图 6-2　再生骨料透水混凝土铺装

6.2　钢渣透水混凝土

6.2.1　钢渣骨料的特征

钢渣是炼钢过程中的副产物，其产量约为粗钢产量的 15%～20%，在工业废渣中占有较大比重。随着我国钢铁产量的逐年提高，钢渣的排出量也随之增加，大量积存的钢渣不但对钢铁企业的生产与发展造成巨大的压力，还成为城市的污染源，而且大量的钢渣每年都需要大面积土地来堆放，给土壤、水体、大气等都带来严重的污染，甚至对人们的健康构成威胁。

炼钢排出的渣，依炉型分为转炉渣、平炉渣、电炉渣。钢渣主要由钙、铁、硅、镁和少量铝、锰、磷等的氧化物组成。主要的矿物相为硅酸三钙、硅酸二钙、钙镁橄榄石、钙镁蔷薇辉石、铁铝酸钙以及硅、镁、铁、锰、磷的氧化物形成的固熔体，还含有少量游离氧化钙以及金属铁、氟磷灰石等。有的地区因矿石含钛和钒，钢渣中也稍含有这些成分。钢渣中各种成分的含量因炼钢炉型、钢种以及每炉钢冶炼阶段的不同，有较大的差异。有代表性的钢渣化学成分范围如表 6-1 所示，外观如图 6-3 所示。

有代表性的钢渣化学成分范围（%）　　表 6-1

CaO	MgO	SiO_2	Fe_2O_3	Al_2O_3	MnO	P_2O_5
35～45	5～18	10～25	5～20	2～6	2～10	0.1～0.2

钢渣在温度 1500～1700℃下形成，高温下呈液态，缓慢冷却后呈块状，一般为深灰、深褐色。有时因所含游离钙、镁氧化物与水或湿气反应转化为氢氧化物，致使渣块体积膨胀而碎裂；有时因所含大量硅酸二钙在冷却过程中（约为 675℃时）由 β 型转变为 γ 型而碎裂。如以适量水处理液体钢渣，能淬冷成粒。

图 6-3　钢渣骨料

大量研究实践表明，只要加以合适处理利用，钢渣即是一种资源。目前我国钢渣主要用于冶金工业、建材、公路建设、农业等方面，其利用率远远低于发达国家水平。钢渣具有高耐磨性、较高强度、高抗折能力及潜在的水硬活性等优良特性。目前，钢渣主要用于生产水泥原料、磨细成钢渣粉用作混凝土掺合料以及钢渣型砂和骨料用于制备道路混凝土，但由于钢渣成分波动大、稳定性差、活性低、难磨等原因，使得钢渣的应用处于较低的水平。根据现状，可以利用钢渣的优良特性，将钢渣替代碎石作为骨料制备透水混凝土，这样既能利用大量的钢渣资源，创造可观的经济效益，又可以治理环境，实现节能减排，产生很好的社会效益，钢渣骨料的物理力学性能如表 6-2 所示。采用钢渣作为骨料，充分发挥了钢渣硬度高、耐磨等优良的路用特性，拓宽了钢渣综合利用的途径，提高了钢渣资源化利用的附加值[9]~[11]，[19]~[21]。

钢渣物理力学性能 表 6-2

试样名称	粒径(mm)	表观密度(g/cm^3)	堆积密度(g/cm^3)	空隙率(%)	吸水率(%)	压碎值(%)
陈化钢渣	9.5～13.2	3.16	2.79	11.7	4.00	24.9
	4.75～9.5	3.18	2.72	14.5	5.03	—
	2.36～4.75	3.20	2.69	15.9	5.74	—

6.2.2 钢渣骨料透水混凝土

上海世博园区世博中心项目室外道路、C10 片区路面、江南广场景观道路以及企业联合馆室内地面都采用钢渣生态透水混凝土道路，该项目现场整浇生态透水道路总面积约 86000 多平方米，路面横向找坡为 2%，路面厚度按结构设计为 12～39cm 多种形式，面层透水混凝土颜色为深灰色，强度等级为 C25、C35[9]~[11]，工程统计情况及其钢渣透水混凝土性能如表 6-3、表 6-4 所示，工程竣工后的外景如图 6-4 所示。

图 6-4 钢渣骨料透水混凝土

世博园区钢渣透水混凝土路面工程统计 表 6-3

片区	项目名称	强度等级	使用面积(m^2)	颜色
浦西片区	江南广场	C25	21000	灰色
	企业联合馆	C25	4000	灰色
浦东片区	世博中心	C35	20000	黑色
	世博公园	C25	18000	黄、灰色
	C10 片区	C35	15000	黄、灰、绿色
	A13 广场	C25	12000	红、黑色
	波兰国家馆	C25	1000	黑色

世博园区钢渣透水混凝土性能检测结果 表 6-4

技术指标	性 能
相对密度(kg/m^3)	1.80～2.05
空隙率(%)	18～30
透水系数(mm/s)	3～10.0
28d 抗压强度(MPa)	26～32 (C25)
	37～45 (C35)

重庆交通大学等的研究者从钢渣的再生利用出发，以钢渣为骨料，研究钢渣透水混凝土的路用性能及性能影响因素，提出钢渣透水混凝土配合比设计方法；基于钢渣透水混凝土的性能，进行钢渣透水混凝土路面结构设计，并研究路面施工工艺，为钢渣透水混凝土路面的开发和利用提供依据。通过对钢渣透水混凝土性能研究表明，骨浆比是对混凝土强度和透水性起控制影响的因素，骨浆比越小则混凝土内部孔隙率越小，混凝土强度越高，透水系数越低，通过骨浆比可以控制混凝土内部孔隙率，从而设计不同力学性能和透水性能要求的混凝土。由于钢渣孔隙率较大，本身吸水较大，合适的水胶比可以使浆体既有一定的流动性又具有适当的黏度，推荐的水胶比范围为 0.38～0.42。通过对钢渣稳定性综合考虑，建议骨料粒径不超过 9.5mm[9]～[11],[19]～[21]。

6.3 火山渣骨料透水混凝土

6.3.1 火山渣骨料的特征

火山渣是含很多孔隙的火成岩，当含有很多空气的岩浆被喷出后，遇到比较低压的环境，所含气体膨胀逃逸，同时随着岩浆冷凝大量气体被封住，形成封闭孔，气体逃逸的部分则形成开放孔。火山渣外貌呈黑色、暗褐色，也有土红色，分布于火山口的周围。因火山渣是富含气体的岩石熔浆喷涌到空气中冷凝后的产物，气孔常为不规则状、圆形和长圆形，大小由数毫米至 10cm 不等。火山渣含有一些玻璃体，具有一定的火山灰活性。

图 6-5 火山渣

火山渣加工成骨料后，粒径一般为 4～32mm，是一种轻质骨料。面对大规模的建筑工程与基础设施建设，我国国内砂石资源的供应日趋紧张，而火山渣是一种未被充分利用的资源，充分开发利用火山渣，可以在一定程度上缓解砂石供应的压力。在材料本身特点方面，火山渣具有天然的孔隙（见图 6-5），与其他材料相比，更容易满足透水性的要求[12]～[16]。

火山渣与天然骨料密度对比 表 6-5

骨料种类	产地	粒径(mm)	堆积密度(kg/m^3)	表观密度(kg/m^3)
天然石材	北京	1.25～5	1333	2574
		5～10	1386	2733
Ⅰ号火山渣	张家口	1.25～5	928	1516
		5～10	970	1752
Ⅱ号火山渣	吉林	1.25～5	860	1583
		5～10	792	1542
		10～16	740	1508

6.3.2 火山渣骨料透水混凝土

中国建筑技术中心的研究人员对火山渣透水混凝土的配合比和制备工艺，以及火山渣透水混凝土的基本物理力学性能进行了较多的试验研究，得到诸多有实用价值的结论[12]~[16]。试验所用骨料的粒径和密度情况如表 6-5 所示。

1. 以天然石材和火山渣为骨料的透水混凝土的强度比较

(1) 配合比

本节以粒径为 5～10mm 的天然石材和Ⅰ号火山渣为骨料，研究了透水混凝土强度与水灰比的关系，配合比见表 6-6。

配合比　　表 6-6

配比编号	骨料	水灰比	目标孔隙率(%)	骨料(L)	水泥(kg)	水(kg)
1-1	火山渣	0.25	25	1000	349.27	87.36
1-2	火山渣	0.30	25	1000	321.27	96.36
1-3	火山渣	0.35	25	1000	297.36	104.09
1-4	天然石材	0.25	25	1000	333.45	83.36
1-5	天然石材	0.30	25	1000	306.64	92.00
1-6	天然石材	0.35	25	1000	283.82	99.36

(2) 试验结果

分别以天然石材和Ⅰ号火山渣为骨料制备的透水混凝土强度-水灰比试验结果如图 6-6 所示。

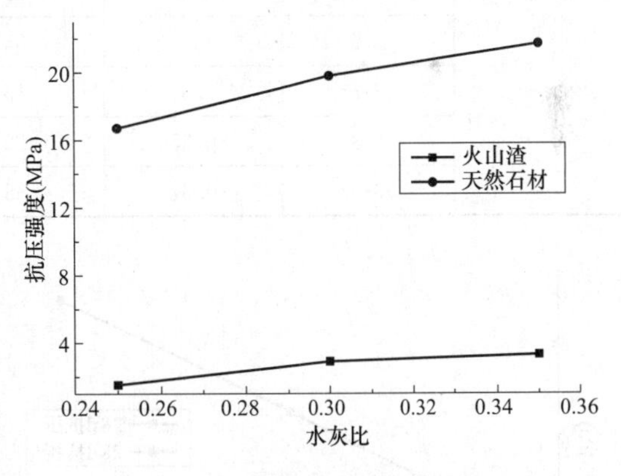

图 6-6　抗压强度-水灰比曲线

由图 6-6 可以看出：

孔隙率和水灰比相同时，天然石材透水混凝土的抗压强度远高于火山渣透水混凝土的抗压强度；目标孔隙率为 25%时，天然石材透水混凝土和火山渣透水混凝土的抗压强度随着水灰比的增加而增大，增大到一定程度，增幅减小；火山渣透水混凝土和天然石材透水混凝土的抗压强度随水灰比变化而变化的趋势相同，但增幅不同。

原因分析：

① 火山渣属于软骨料，筒压强度较低，试块承受荷载发生破坏时，骨料首先发生破坏，骨料连接点处的水泥浆随后破坏，而天然石材属于硬骨料，骨料连接点处的水泥浆先于骨料发生破坏。

② 目标孔隙率一定，水灰比较小时，水泥浆体的流动性较差，大部分浆体包裹在骨料表面，骨料连接点处的水泥浆体较少，随着水灰比的增大，浆体流动性增大，骨料连接点处的水泥浆体增多，同时，水灰比增大到一定数值时，骨料连接点处的水泥浆体增加量降低，故透水混凝土的抗压强度随着水灰比的增大而增大，增大到一定程

度，增幅减小。

③ 从利用天然石材和火山渣作为骨料制备的透水混凝土的强度数据可以看出，骨料的强度对透水混凝土的强度起着至关重要的作用。

2. 强度与水灰比的关系

（1）配合比

本节研究了Ⅱ号火山渣透水混凝土强度与水灰比的关系，配合比见表 6-7。

配合比 **表 6-7**

骨料粒径(mm)	配比编号	水灰比	目标孔隙率(%)	骨料(L)	水泥(kg)	水(kg)
10～16	2-1	0.25	25	1000	454.00	113.50
	2-2	0.3	15	1000	578.00	173.50
	2-3	0.3	25	1000	417.50	125.50
	2-4	0.3	35	1000	257.00	77.00
	2-5	0.35	25	1000	386.50	135.50
5～10	3-1	0.25	15	1000	593.67	148.33
	3-2	0.25	25	1000	419.00	104.67
	3-3	0.25	35	1000	244.67	61.00
	3-4	0.3	15	1000	546.00	164.00
	3-5	0.3	25	1000	385.33	115.67
	3-6	0.3	35	1000	225.00	67.67
	3-7	0.35	15	1000	506.67	177.33
	3-8	0.35	25	1000	358.00	125.33
	3-9	0.35	35	1000	209.00	73.00

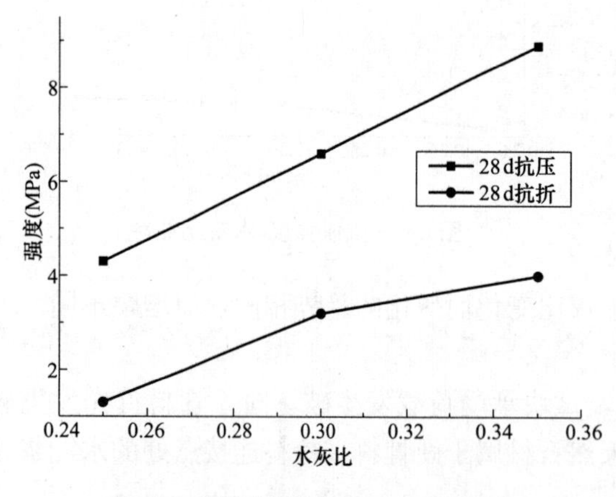

图 6-7 骨料粒径为 10～16mm 透水混凝土强度-水灰比曲线

（2）试验结论

以Ⅱ号火山渣为骨料（粒径 10～16mm）制备的透水混凝土强度-水灰比试验结果见图 6-7。

由图 6-7 可以看出：目标孔隙率为 25%，骨料粒径为 10～16mm 的火山渣透水混凝土的抗压强度和抗折强度均随着水灰比的增加而增大。

骨料粒径为 5～10mm，目标孔隙率分别为 15%、25%和 35%时，抗压强度-水灰比曲线见图 6-8，目标孔隙率-实测孔隙率关系见图 6-9。

从图 6-8 可以看出：当目标孔隙率分别为 15%、25%和 35%时，Ⅱ号火山渣透水混凝土的强度-水灰比曲线呈现不同的发展趋势。

初步分析：

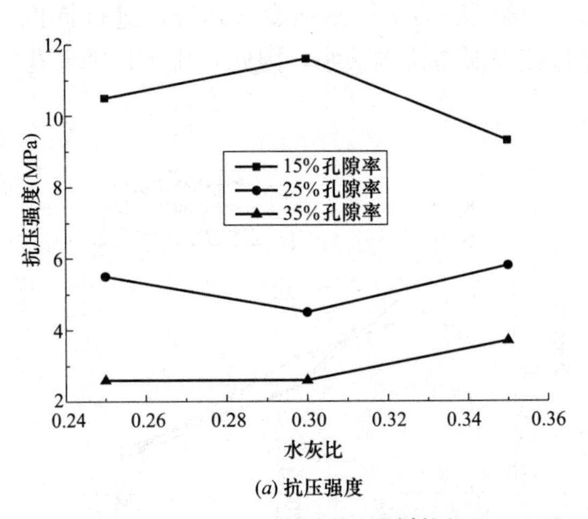

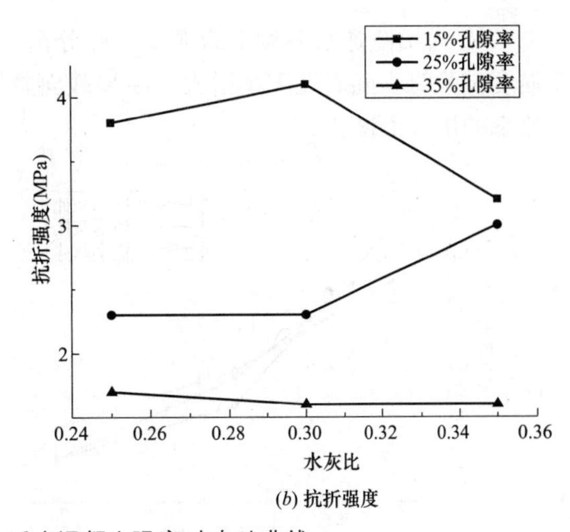

图 6-8　骨料粒径为 5～10mm 透水混凝土强度-水灰比曲线

透水混凝土的目标孔隙率相同，但由于成型振捣的问题，实测孔隙率并不相同。例如：目标孔隙率为 25%，水灰比为 0.3 的透水混凝土的实测孔隙率大于水灰比为 0.25 的透水混凝土的实测孔隙率，因而强度-水灰比关系出现与 6.3.2-1 节不同的结论，即目标孔隙率为 25%，火山渣透水混凝土的抗压强度随着水灰比的增大，呈现先减小、后增大的发展趋势。由此也可得出火山渣透水混凝土强度对孔隙率的敏感度大于对水灰比的敏感度。

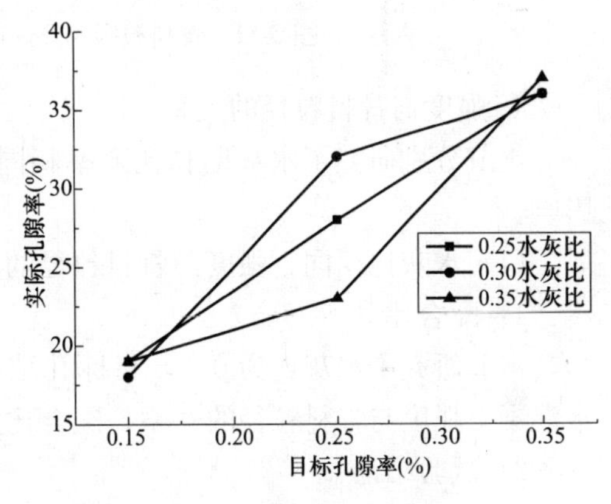

图 6-9　目标孔隙率-实测孔隙率关系

3. 强度与孔隙率的关系

(1) 配合比

本节研究了Ⅱ号火山渣透水混凝土强度与孔隙率的关系，配合比见表 6-7。

(2) 试验结论

Ⅱ号火山渣透水混凝土强度-孔隙率试验结果如图 6-10 和图 6-11 所示。

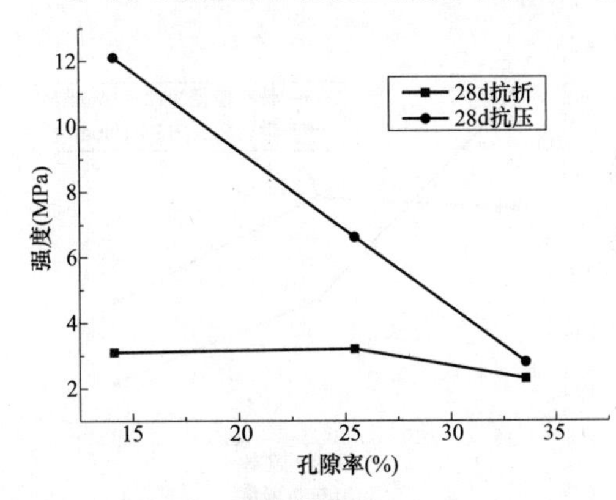

图 6-10　骨料粒径为 10～16mm 透水混凝土强度-孔隙率曲线

由图 6-10 和图 6-11 可知：

火山渣透水混凝土的抗压强度和抗折强度均随着孔隙率的增大而减小；骨料粒径为 5～10mm，水灰比分别为 0.25、0.30、0.35 时，火山渣透水混凝土的压折比随着孔隙率的增大而减小。

初步分析：

① 不论火山渣透水混凝土骨料粒径如何，随着孔隙率的增大，骨料连接点和节点处水泥浆体的数量均减少，因此，抗压强度和抗折强度均随孔隙率的增大而减小。

② 火山渣透水混凝土的强度大部分由骨料连接点处的水泥浆强度来体现，进行抗折强度试验时，随着孔隙率增大，断裂截面浆体连接点所占比例减小，因此，压折比随着孔隙率的增大而减小。

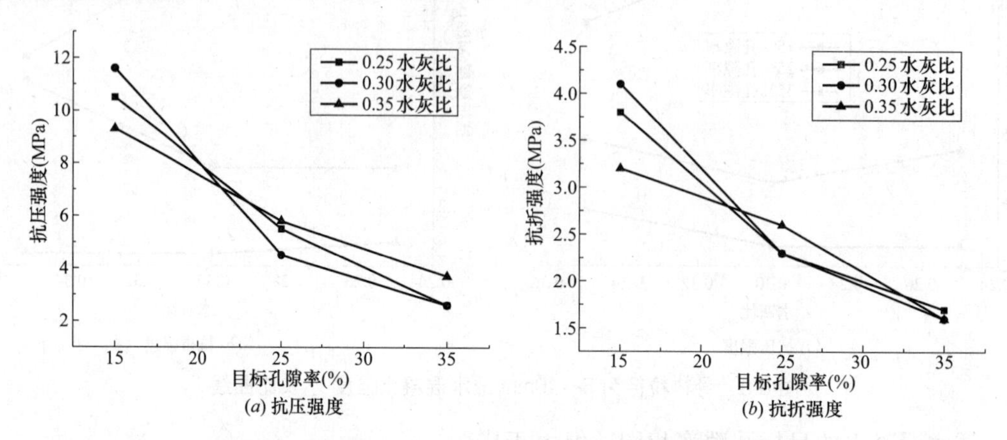

图 6-11　骨料粒径为 5～10mm 透水混凝土强度-孔隙率曲线

4. 强度与骨料粒径的关系

本节分别研究了水灰比和孔隙率相同时，骨料粒径对Ⅱ号火山渣透水混凝土强度的影响。

(1) 水灰比相同，强度与骨料粒径的关系

1) 配合比

本节研究了水灰比为 0.3，目标孔隙率分别为 15%、25%和 35%时，Ⅱ号火山渣透水混凝土强度与骨料粒径的关系，配合比见表 6-7。

2) 试验结论

Ⅱ号火山渣透水混凝土强度-目标孔隙率试验结果如图 6-12 所示，目标孔隙率-实测孔隙率曲线如图 6-13 所示。

从图 6-12 和图 6-13 可以看出：

① 不论粒径大小，火山渣透水混凝土抗压和抗折强度均随着目标孔隙率的增大而降低，且抗压强度的降低幅度大于抗折强度。

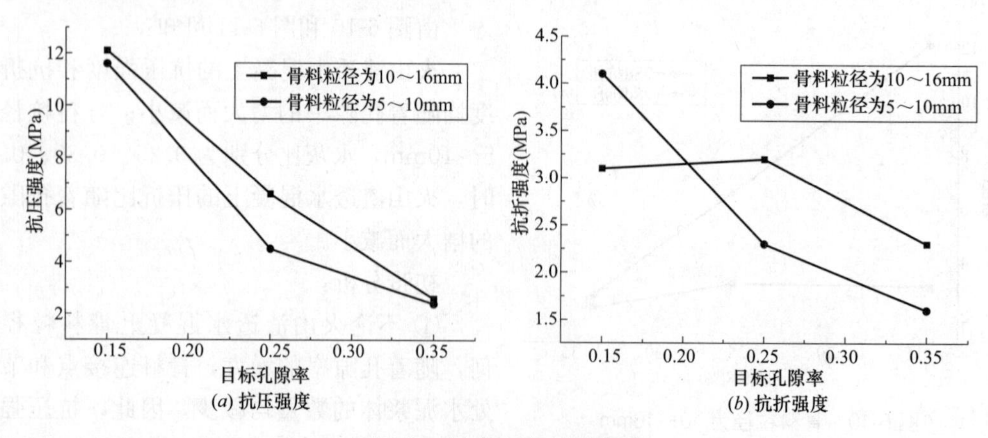

图 6-12　强度-目标孔隙率图

② 与骨料粒径为 5～10mm 的火山渣透水混凝土相比，骨料粒径为 10～16mm 的火山渣透水混凝土的抗压强度较高。

初步分析：

① 火山渣透水混凝土的抗压强度与目标孔隙率的关系与上节所得结论相同，不论粒径如何，抗压强度均随孔隙率减小而增大。

② 此次试验中，粒径较大的一组试块实测孔隙率较小，骨料在堆积状态下空隙率大，因此骨料粒径为 10～16mm 的火山渣透水混凝土水泥浆较多，故强度较高。

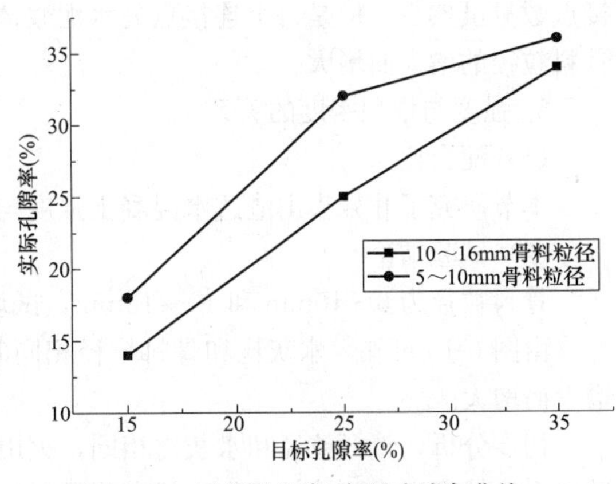

图 6-13 目标孔隙率-实测孔隙率曲线

(2) 目标孔隙率相同，强度与骨料粒径的关系

1) 配合比

本节研究了目标孔隙率为 25%，水灰比分别为 0.25、0.30 和 0.35 时，Ⅱ号火山渣透水混凝土强度与骨料粒径的关系，配合比见表 6-7。

2) 试验结论

Ⅱ号火山渣（粒径 5～10mm 和 10～16mm）透水混凝土强度-水灰比试验结果如图 6-14所示。

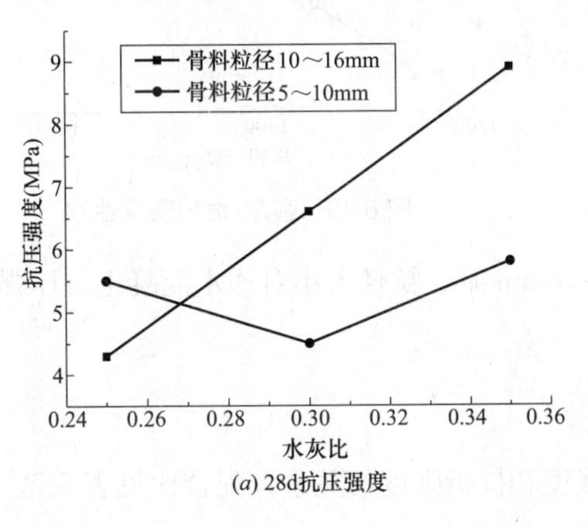

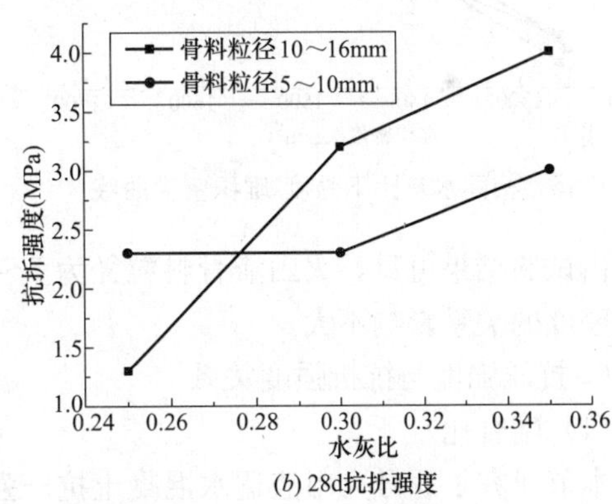

图 6-14 强度-水灰比

从图 6-14 可知：

当水灰比为 0.25 时，两种粒径的火山渣透水混凝土实测孔隙率相同，粒径较大时，强度较低；当水灰比为 0.3 和 0.35 时，大粒径火山渣透水混凝土的抗压强度和抗折强度均较高。

初步分析：

① 水灰比为 0.25 时，水泥浆体流动性不佳，大部分水泥浆包裹在骨料表面，与此同时，大粒径骨料透水混凝土的骨料连接点数量小于小粒径骨料透水混凝土，故粒径越大，强度越低。

② 水灰比为 0.3 和 0.35 时，水泥浆体流动性较好，大粒径骨料透水混凝土的骨料连

接点数量虽然少，但是每个连接点处水泥浆体的数量增大，故此时透水混凝土的强度随着骨料粒径的增大而增大。

5. 强度与堆积密度的关系

(1) 配合比

本节研究了Ⅱ号火山渣透水混凝土强度与堆积密度的关系，配合比见表 6-7。

(2) 试验结论

骨料粒径为 5～10mm 和 10～16mm，试块堆积密度与试块强度关系见图 6-15。

由图 6-15 可知，水灰比和骨料粒径相同时，透水混凝土的抗压强度随着堆积密度的增大而增大。

初步分析，骨料粒径和水灰比相同，火山渣透水混凝土试块的堆积密度越大，意味着试块振捣越密实或胶结材填充率越大，骨料连接点越多，因此，抗压强度越大。

在水灰比为 0.3 时，不考虑透水混凝土的粒径，其强度和堆积密度的关系见图 6-16。

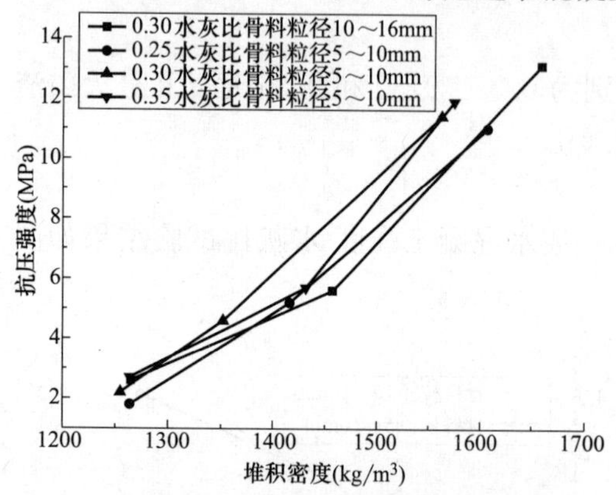

图 6-15 相同水灰比下强度-堆积密度曲线

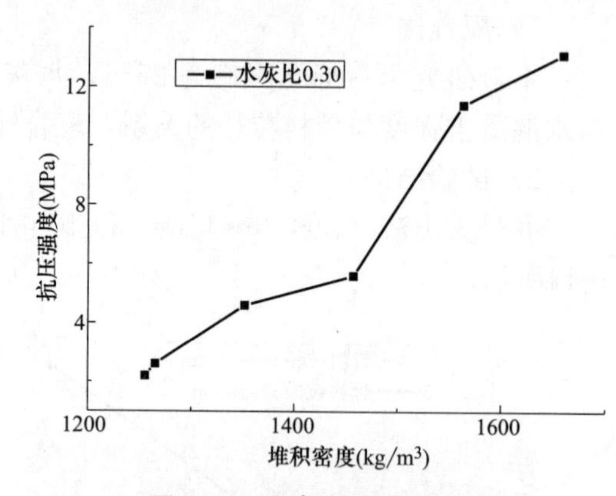

图 6-16 强度-堆积密度曲线

由试验结果可见，火山渣骨料粒径为 5～16mm 时，粒径大小对透水混凝土抗压强度-堆积密度的关系影响不大。

6. 抗压强度与抗折强度关系

(1) 配合比

本节研究了Ⅱ号火山渣透水混凝土抗压强度和抗折强度的关系，配合比见表 6-7。

(2) 试验结论

当实际孔隙率相同，骨料粒径为 5～10mm 时，抗压强度-抗折强度曲线见图 6-17。

从图 6-17 可以看出：当实际孔隙率为 19%时，抗折强度与抗压强度大致呈线性关系；当实际孔隙率为 36%，水灰比小于 0.3 时，抗折强度与抗压强度的变化趋势相同，水灰比大于 0.3 时，抗折强度与抗压强度的变化趋势相反。

初步分析：当火山渣透水混凝土实际孔隙率相同且数值较大时，断裂截面处水泥浆体连接点数量相对较少，破坏随机性较大，抗压强度和抗折强度两种关系不明确，有待进一步研究；当实测孔隙率相同且数值较小时，水泥浆体连接点数量较多且连接点处水泥浆包裹质量较高，破坏随机性较小，抗压强度与抗折强度大致呈线性关系。

7. 抗折试块的抗压强度和立方体抗压强度的比较

在火山渣透水混凝土抗折试验结束后，为充分利用资源，在其折断试块的上下表面均

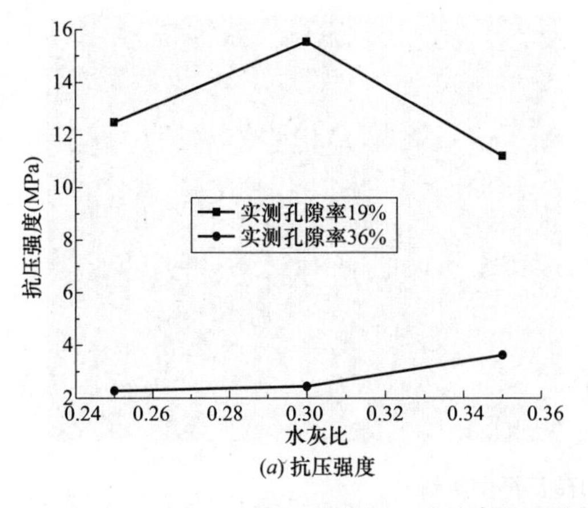

(a) 抗压强度

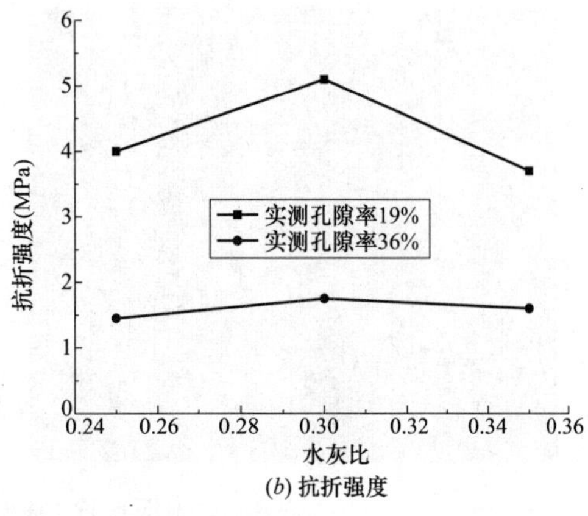

(b) 抗折强度

图 6-17　孔隙率相同的抗压强度-抗折强度曲线

垫 100mm×100mm 的垫板进行抗压强度试验，为验证这种强度合理性，特将其与立方体抗压强度进行对比，见图 6-18。

由图 6-18 可以看出：

（1）火山渣透水混凝土抗折强度试验完毕后，直接进行抗压强度试验所得数据普遍比立方体抗压强度试验所得数据偏大，可以认为是由边界约束条件引起的差异。

（2）火山渣透水混凝土抗折试验（100mm×100mm×300mm）后的试块可进行抗压试验，且和立方体抗压强度之间可以进行换算。

图 6-18　抗折试块的抗压强度和立方体抗压强度

6.4　旧砖瓦再生骨料透水混凝土

6.4.1　旧砖瓦再生骨料

黏土砖是历史悠久的建筑材料，废弃黏土砖在建筑垃圾中占有相当的比重。据统计，废弃的砖混结构旧民居建筑中，废旧砖瓦约占旧建筑物拆除垃圾的 80%。由于历史原因，在我国城镇化建设过程中产生大量废弃黏土砖，造成环境污染压力。保守估计，我国每年因旧建筑物拆除产生的废旧砖瓦达 1000 万 t。目前，绝大部分废旧砖瓦未经处理而直接运往郊外堆放或简易填埋[1],[2],[17],[18]。

由于建筑物拆除产生的旧砖瓦常与砂浆粘结在一起，粉碎成的大部分骨料亦粘有旧砂浆，有可能带来骨料质量的不均匀性；如将砂浆清理掉再粉碎或在粉碎过程中加以分离，会使骨料的匀质性更好，两种情况的再生骨料的外观如图 6-19 所示。

由于废旧砖瓦具有产生量大且无毒特点，近年来其资源化研究越来越受到相关管理部门和科研人员的重视，将废弃黏土砖变废为宝，符合可持续发展战略。目前，废弃黏土砖主要用作粗骨料生产耐热混凝土、轻骨料混凝土、铺路块料等。

废旧砖块的质量与砖块自身烧制温度有关，作为混凝土的骨料，800～850℃烧制的旧砖块的性能优于 850～870℃烧制的旧砖块，表 6-8 为不同烧制温度的废旧砖块的性能

图 6-19　废旧砖瓦再生骨料

比较[18]。

将废砖瓦破碎、粉磨，废砖粉在石灰、石膏或硅酸盐水泥熟料激发条件下，具有一定的强度活性。小于 3cm 的青砖颗粒密度 752kg/m^3，红砖颗粒密度 900kg/m^3，基本具备作为轻骨料的条件，再辅以密度较小的细骨料或粉体，用其制作成了具有承重、保温功能的结构轻骨料混凝土构件（板、砌块）、透气性便道砖及花格、小品等水泥制品。

将废弃黏土砖破碎、筛分后，作为再生骨料替代天然碎石，可以用于制备透水混凝土。用旧砖瓦骨料制备的透水混凝土路面材料，因骨料有较大的吸水性，在雨季吸收并保持水分，当环境干燥时，再散发水分，能有效调节地表温度和湿度。

不同烧制温度的废旧砖块的性能对比　　　表 6-8

烧制温度(℃)	压碎强度(MPa)	吸水率(%)	形状指数(%)	干密度(kg/m^3)
850～870	30.8	18.91	30	1805
800～850	27.3	15.81	16	1928

6.4.2　砖瓦再生骨料透水混凝土的制备及其性能特点

由于旧砖瓦再生骨料有吸水性大的特点，对混凝土工作性有不利的影响，制备混凝土时应增加用水量。当骨料掺量大时，一定程度上会降低混凝土透水性，因为一部分水被吸入骨料，特别是在水流通过的初始阶段。为避免其吸水性对混凝土工作性的不利影响，有研究者对其进行预强化处理[22]，即先将其表面冲洗，再以水泥浆裹浆强化，并加以养护，经强化处理的再生骨料物理性能如表 6-9 所示。强化后的骨料用来配制透水混凝土，单方混凝土骨料用量 1000～1100kg，水胶比 0.28～0.32，根据孔隙率选择水泥用量，混凝土搅拌时仍采用净浆裹石法。由试验得到的水灰比与强度、透水性的关系，骨料粒径与强度、透水性的关系如图 6-20～图 6-23 所示[22]。

再生砖瓦骨料的基本物理性能　　　表 6-9

骨料粒径(mm)	堆积密度(kg/m^3)	表观密度(kg/m^3)	吸水率(%)	含水率(%)	压碎指标(%)
9.5～13.5	1137	2246	14.13	2.15	38
13.5～16.5	1113	2253			
16.5～19.5	1074	2295			
19.5～26.5	1060	2304			
26.5～31.5	1054	2315			

旧砖瓦再生骨料透水混凝土的强度一般不高，而且离散性较大，孔隙率为 15%～20%的情况下，强度可以达到 15MPa，随着骨料粒径的减小，强度有提高的趋势。旧砖瓦再生骨料透水混凝土可用于铺装人行道等非车行透水路面。

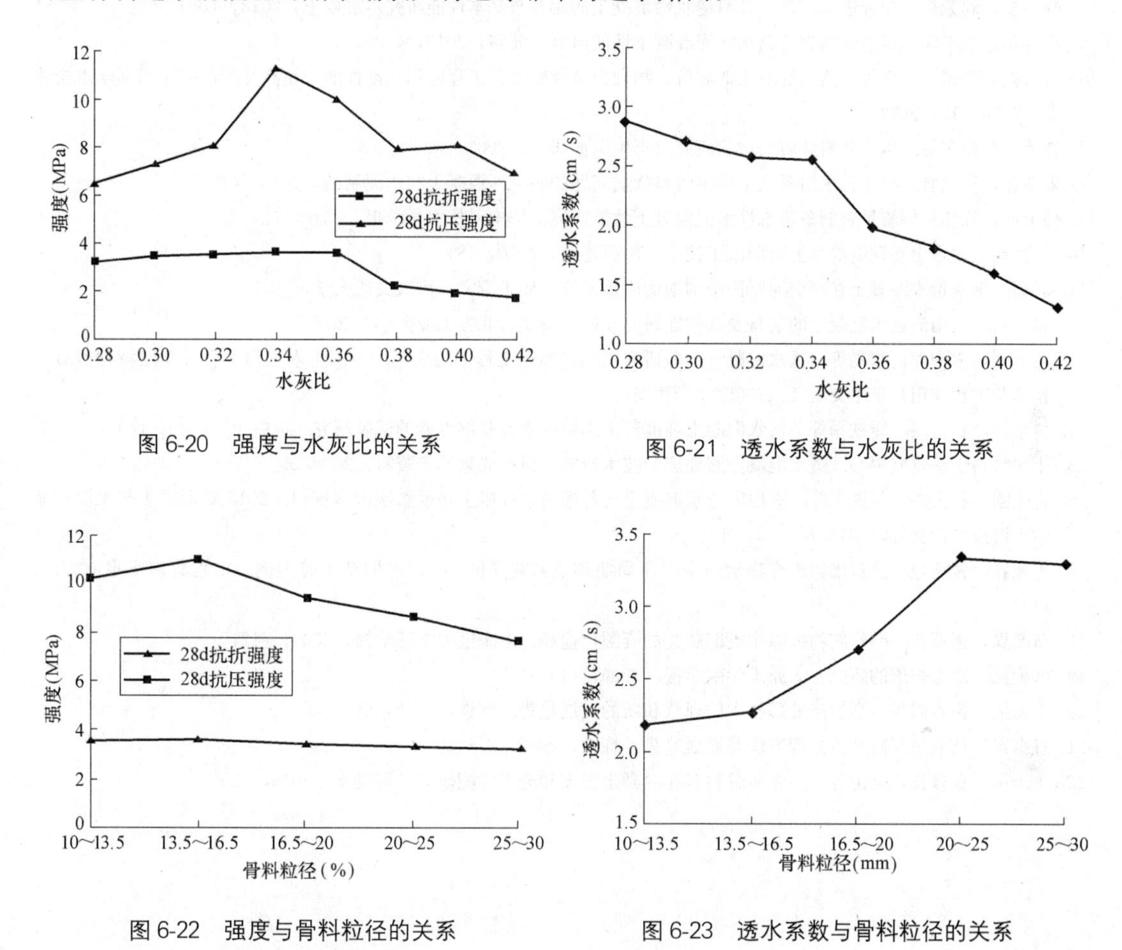

图 6-20　强度与水灰比的关系

图 6-21　透水系数与水灰比的关系

图 6-22　强度与骨料粒径的关系

图 6-23　透水系数与骨料粒径的关系

砖瓦再生骨料如用于植生混凝土，其吸水特性可以成为它的长处，因为可以使混凝土在较长的时间内保有一定水分，有利于植物的生长。

本 章 小 结

采用再生骨料、钢渣、火山渣骨料等再生资源制备透水混凝土，不仅可以促进建筑垃圾、工矿废渣等废弃物的资源化利用，而且对城市生态环境的改善具有重要意义。再生骨料力学性能与坚硬的天然骨料相比，普遍存在一定的差距，采用再生骨料生产透水混凝土时，通常应用在透水性铺装的下面层。钢渣透水混凝土用于道路面层，能发挥钢渣硬度高、耐磨性好的优点，具有广阔的应用前景。火山渣骨料具有孔隙，属于轻质骨料，因此采用火山渣骨料适宜制备中、低强度的透水混凝土或者用于制备透水砖等。

参 考 文 献

1. 杨静，冯乃谦. 21 世纪的混凝土材料——环保型混凝土. 混凝土与水泥制品，1999，(2)

2. 王琼，严捍东. 建筑垃圾再生骨料透水性混凝土试验研究. 合肥工业大学学报，2004，(6)
3. 戢文占，石云兴，张涛等. 再生集料透水混凝土强度的影响因素研究. 特种混凝土与沥青混凝土新技术及工程应用，2012，(8)
4. 薛冬杰，刘荣桂，徐荣进等. 再生骨料透水性混凝土的制备与基本性能研究. 混凝土，2013，(06)
5. 陈春萍，朱平华. 再生骨料制备透水水泥混凝土性能研究. 公路，2013，(10)
6. 石云兴，张涛，霍亮等. 透水混凝土的制备、物理力学性能及其工程应用. 高性能与超高性能混凝土国际学术交流会，2010. 10，深圳
7. 陈莹，严捍东等. 再生骨料性质的试验研究. 再生资源研究，2003，(6)
8. 朱金春，杨鼎宜. 再生透水混凝土中再生骨料掺量问题的研究. 混凝土与水泥制品，2014，(10)
9. 孙家瑛，陈伟. 钢渣集料制备透水性水泥混凝土性能研究. 华中科技大学学报，2010，(2)
10. 王群星. 透水生态钢渣混凝土路面施工技术. 山西建筑，2010，(8)
11. 郭鹏. 钢渣透水混凝土在轻交通路面结构中的应用研究. 硕士论文，重庆交通大学，2010
12. 张燕刚. 火山渣透水混凝土的制备及其性能研究. 硕士论文，北方工业大学，2011
13. 石云兴，宋中南，霍亮等. 透水混凝土试验研究及其在奥运工程中的应用. 中国土木工程学会《全国特种混凝土技术及工程应用》学术交流会，2008. 9，西安
14. 付培江，石云兴，屈铁军等. 透水混凝土强度若干影响因素及收缩性能的试验研究. 混凝土，2009，(8)
15. 中建材料工程研究中心. 透水混凝土路面成套技术研究. 科技成果鉴定资料，2008.11
16. 张燕刚，石云兴，屈铁军等. 火山渣透水混凝土与普通透水混凝土强度影响因素探讨. 2013年混凝土与水泥制品学术讨论会论文集，2013.7
17. 王地春，张智慧. 建筑固体废弃物治理全生命周期环境影响评价——以废旧粘土砖为例. 工程管理学报，2013，(4)
18. 苗毓恩，王罗春. 旧建筑物拆除中废旧砖瓦的资源化途径. 上海电力学院学报，2009，(12)
19. 韩配温. 冶金炉渣的研究. 太原工学院学报，1996，(1)
20. 王海风，张春霞等. 高炉渣处理技术的现状和新的发展趋势. 钢铁，2007，(6)
21. 谷卓奇，何春平. 高炉渣处理方法及发展趋势. 炼铁，2002，21 (10)
22. 王玉军，翟爱良，高涛等. 再生砖骨料多孔混凝土强度和透水性能研究. 混凝土，2016，(2)

第7章　透水沥青混凝土

透水沥青混凝土（Porous Asphalt Concrete-PAC）属于透水有机胶结材混凝土的一种，透水有机胶结材混凝土是指采用具有胶结作用的有机材料将开级配的粗骨料胶结起来形成的多孔整体结构，可用于铺装具有透水、透气性路面的材料。透水有机胶结材混凝土有透水沥青混凝土、透水合成树脂混凝土、透水合成橡胶乳液混凝土等，本章述及的主要是透水沥青混凝土。

7.1　透水沥青混凝土概念

PAC多采用高黏度沥青将骨料颗粒包裹起来，在骨料表面形成约0.2mm的沥青膜，依靠沥青膜之间的粘结力将骨料粘结成一个多孔整体结构，孔隙占体积的15%～25%，PAC路面的外观和断面形貌如图7-1所示。PAC的原材料，除了作为胶结材料的沥青以外，还有粗、细骨料和矿物粉料等，必要时还可采用改性剂和纤维等。其中开级配粗骨料（主要是减少2.36mm以下的颗粒）用量约占骨料总质量的85%，细骨料约占10%，合理的配合比能保证形成稳定的多孔骨架结构和适当厚度的沥青膜，并尽可能多地保留贯通孔隙，以满足透水性和结构稳定性要求[1],[2]。

像透水水泥混凝土路面一样，PAC路面除了路用功能外，还有透气、透水、防滑、降噪、防眩光和缓解城市“热岛效应”的功能。

(a) PAC路面的外观

(b) PAC的断面形貌

图7-1　PAC路面的外观和断面形貌

7.2　透水沥青混凝土的原材料与配合比

7.2.1　骨料

PAC主要通过开级配粗骨料和适量沥青来保证其孔隙率，因碎石与沥青之间的粘附力较高，所以PAC应选用碎石作为粗骨料，其技术性能应符合表7-1的规定；用于面层的PAC除了使用细粒的粗骨料外，还要使用部分细骨料，细骨料宜采用机制砂，因其多棱角，表面粗糙，与沥青的粘结性好，其技术性能应符合《透水沥青路面技术规程》CJJ/T 190—2012 的规定[3]。

粗骨料的技术要求 **表 7-1**

技术性能	用于层次	
	表面层	其他层
压碎值(%)	≤26	≤28
洛杉矶磨耗损失(%)	≤28	≤30
表观密度	≥2.6	≥2.5
吸水率(%)	≤2	
坚固性(%)	≤8	≤10
针片状含量(%)	≤10	≤15
水洗法<0.075mm 颗粒含量(%)	≤1	
软石含量(%)	≤3	≤5

如前所述，PAC 的组成材料除沥青外有粗、细骨料和矿物粉料等，它们被统称为矿料，矿料的级配应符合表 7-2 的要求，表中 PAC-20、PAC-16、PAC-13 和 PAC-10 粗骨料的公称最大粒径依次减小，下层多选择中粒式（有时相对细粒式也称其为粗粒式），面层多选择细粒式。

PAC 混合料的矿料级配范围 **表 7-2**

级配类型		通过下列筛孔(mm)的质量百分率(%)											
		26.5	19.0	16.0	13.2	9.5	4.75	2.36	1.18	0.6	0.3	0.15	0.075
中粒式	PAC-20	100	95～100	—	64～84	—	10～31	10～20	—	—	—	—	3～7
	PAC-16	—	100	90～100	70～90	45～70	12～30	10～22	6～18	4～15	3～12	3～8	2～6
细粒式	PAC-13	—	—	100	90～100	50～80	12～30	10～22	6～18	4～15	3～12	3～8	2～6
	PAC-10	—	—	—	100	90～100	50～70	10～22	6～18	4～15	3～12	3～8	2～6

由表 7-2 可见，要提高路面的孔隙率，主要应减少 2.36mm 以下的颗粒。

7.2.2 沥青

用于 PAC 铺装面层的沥青为高黏度改性沥青，其性能指标如表 7-3 所示，下层可采用高黏度改性沥青、改性沥青或普通道路石油沥青。

高黏度改性沥青的技术性能 **表 7-3**

技术性能	指标	技术性能	指标
25℃针入度(0.1mm)	≥40	60℃动力黏度(Pa·s)	≥20000
软化点(℃)	≥80	黏韧性(N·m)	≥20
15℃延度(mm)	≥80	韧性(N·m)	≥15
5℃延度(mm)	≥30	薄膜加热质量损失(%)	≤0.6
闪点(℃)	≥260	薄膜加热针入度比(%)	≥65

7.2.3 改性材料

用于PAC的改性材料主要有：矿粉、消石灰粉、橡胶粉和纤维等。由于沥青含有一定酸性成分，与碱性矿物界面吸附力强，矿粉宜选用石灰石粉等偏碱性的矿粉，其细度为0.075mm筛孔的通过率不低于85%；有研究和应用表明，消石灰粉能改善PAC的长期抗水损害能力，一般用量为1%～1.5%，并取代部分矿粉，近年也有以粉煤灰代替矿粉作为改性材料的试验和应用，粉煤灰部分取代矿粉，除能满足技术性能外，还可减少0.2%～0.3%的沥青用量，并能降低材料总成本[4]。橡胶粉也是沥青混凝土的常用改性剂，可取代1%左右的矿粉，在PAC中湿法使用橡胶粉可提高其高温稳定性和低温抗裂性；掺入纤维可提高PAC的热稳定性和低温抗裂性，常用纤维有矿物纤维、有机纤维或改性木纤维，长度一般为6mm左右，掺量约占沥青体积的0.3%～0.4%。

7.3 透水沥青混合料的基本性能

用于PAC路面的混合料的性能应符合表7-4所示的指标要求，以使PAC路面能满足热稳定性、克服低温冷脆性、水稳定性、抗车辙和透水性要求等。

PAC混合料的技术性能　　表7-4

技术性能	指标	技术性能	指标
马歇尔试件击实次数(次)	两面击实50次	析漏损失(%)	<0.3
孔隙率(%)	18～25	飞散损失(%)	<15
连通孔隙率(%)	≥14%	透水系数(mL/15s)	800
马歇尔稳定度(kN)	≥5	动稳定度(次/mm)	≥3500
流值(mm)	2～4	冻融劈裂强度比(%)	≥85

偏大的胶材/骨料比虽然能够提高路面的耐疲劳性，但降低了孔隙率，同时易发生沥青竖向流淌而堵塞孔隙，造成竖向孔隙分布的不均匀性；偏小的胶材/骨料比增大了孔隙，但降低了其耐疲劳性能，胶材/骨料比一般在5%左右，最佳配合比通过试验确定。

为防止PAC混合料在生产和铺装施工过程中发生沥青流坠和与骨料分离，以及高温时流坠、低温时脆化的现象，配合比中常加入橡胶粉、树脂改性剂和矿物纤维、有机纤维或改性木纤维，会有比较好的效果。

7.4 透水沥青混凝土路面的结构

PAC路面的结构除应满足抗车辙、抗裂、抗疲劳和稳定性等路用性能外，还应满足透水性要求，它分为Ⅰ型、Ⅱ型和Ⅲ型结构，Ⅰ型结构是仅面层透水，降水透过面层后就进入排水设施，类似于第10章所述的透水水泥混凝土路面的导渗型结构，此不赘述；Ⅱ型结构是在透水面层之下还有透水基层，透水基层不仅有透水功能，同时有滞水（亦称容水）作用，有助于减少表面径流，降水透过面层和基层后就进入排水设施，结构如图7-2（*a*）所示；Ⅲ型结构是降水直渗型结构，降水透过面层、基层和透水垫层后渗入路基，结构如图7-2（*b*）所示。

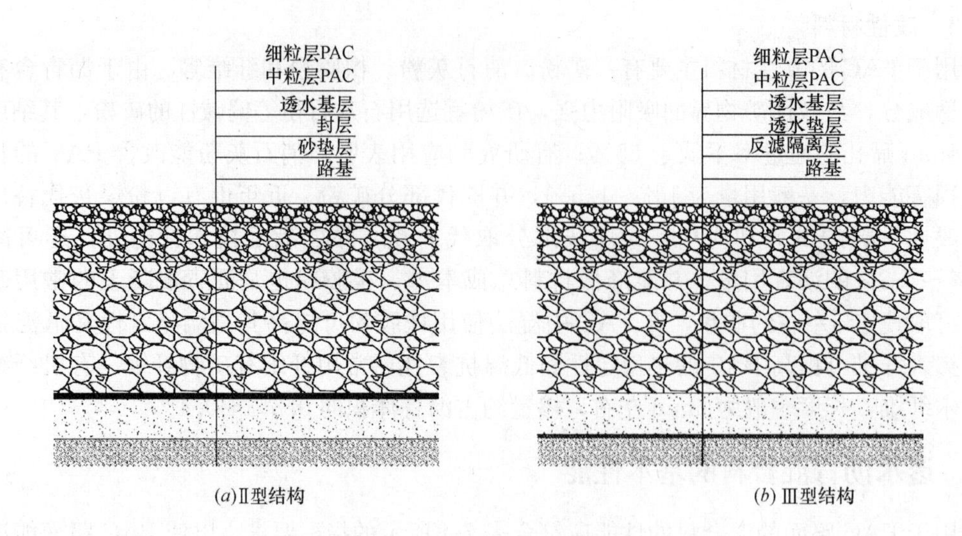

图 7-2 PAC 路面结构示意图

Ⅰ型结构主要用于有减少降水表面径流、降低环境噪声要求的改建和新建道路；Ⅱ型结构主要用于缓解城市降雨高峰时段排水压力需求的市政道路和场所；当路基土渗透系数不低于 7×10^{-5}cm/s 的公园、小区道路、停车场广场和中、轻交通荷载的道路，可选用Ⅲ型。

对于 PAC 路面结构的厚度目前还主要是根据经验的方法来确定，透水面层和透水基层的厚度设置视荷载和路基的情况而异，荷载情况以等效单轴荷载（Equivalent Single Axle Load-ESAL)，路基的情况以加州承载比（California Bearing Ratio-CBR）来评价，以此确定道路结构的厚度，表 7-5 和表 7-6 是美国业内根据经验确定的路面结构最小厚度推荐值，表 7-5 所对应的条件是透水基层下的土基未经过压实处理，加州承载比值只有 2；而表 7-6 对应的条件是透水基层下的土基经过了压实处理，其加州承载比值在 6 以上[1]。

PAC 路面结构最小厚度推荐值（土基 CBR：2）　　表 7-5

交通荷载类型	每天平均 ESAL	最小铺装厚度(mm)	
		PAC 面层	级配骨料透水基层
轻交通(停车场、居住区街道)	1	102	153
	10	102	305
中等交通(城市商业街)	20	115	330
	50	127	356
	100	127	406
重交通(高速路)	1000	153	508
	5000	178	559

PAC 路面结构最小厚度推荐值（土基 CBR：6 以上）　　表 7-6

交通荷载类型	(透水基层+PAC 面层)总厚度最小值(mm)		
	土基 CBR:6～9	土基 CBR:10～14	土基 CBR≥15
轻交通(每天 ESAL 不超过 5)	230	180	130

续表

交通荷载类型	（透水基层＋PAC 面层）总厚度最小值（mm）		
	土基 CBR：6～9	土基 CBR：10～14	土基 CBR≥15
中等交通（每天 ESAL 不超过 6～20）	280	205	153
重交通（每天 ESAL 不超过 21～75）	305	230	180

表 7-5 和表 7-6 只是根据经验的推荐值，提供给实际作为参考，在实际工程应用时还应考虑具体情况，很可能要做必要的修正。

7.5 PAC 路面的施工要点

PAC 路面应事先做长度为 100～200m 试验路段来确定施工工艺参数；正式摊铺前应确认基层已符合要求；PAC 混合料的施工温度应符合表 7-7 的要求。PAC 混合料在运输过程中应根据季节和运距采取相应保温措施，到达施工现场的温度不应低于 175℃，摊铺时的温度不低于 170℃；松铺系数要通过试验路段来确定。

PAC 路面随着摊铺进行碾压施工，分初压、复压和终压，初压温度不低于 160℃，复压紧接着初压进行，复压时的温度不低于 130℃，终压温度不低于 90℃。

PAC 路面与不透水沥青路面的接缝处应做好封水与防水处理。

施工工艺参数如压路机的吨位、碾压遍数和碾压速度等应按相应行业标准和试验路段的实测数据来确定。

PAC 混合料的施工温度 **表 7-7**

混合料生产工序	规定值（℃）	允许偏差（℃）
沥青加热温度	165	±5
骨料加热温度	195	±5
混合料出厂温度	180	±5
混合料摊铺	≥170	
开放交通	≤50	

7.6 PAC 路面的基本问题

PAC 路面除了像普通沥青透水路面一样易出现颗粒飞散、车辙、开裂等劣化现象外，还易出现孔隙堵塞。由于沥青不能够像水泥一样硬化，所以 PAC 路面实际上是一个半柔性的结构。在夏季，由于沥青路面的吸热，使得沥青软化发生流淌，软化的沥青由于重力的作用流到下一层至较冷的层面为止，对孔隙产生堵塞作用，同时面层的混凝土发生骨料与沥青的分离，骨料逐渐裸露出来，而在距表面 15mm 以下的沥青混凝土发生团聚现象，进而影响到了路面的路用性能和透水功能。

另外，由于 PAC 路面的多孔状态，与水的接触面积大，特别是当有些孔隙堵塞时，水滞留时间长，与普通沥青混凝土路面比起来，水的影响更大。水可以使沥青中的可溶性物质溶解并将其冲走，水中若含有易溶盐会对沥青产生乳化作用，从而会使溶蚀作用加剧；PAC 路面内部孔隙长时间有水滞留后会发生膨胀，导致其强度降低，因此水稳定性也是 PAC 的一项基本要求，试验中通过浸水前后力学性能的变化来评价 PAC 抗水损害能力，例如马歇尔稳定度试验等。但也有研究者认为，PAC路面保持透水性良好的情况下，水损害会比普通沥青路面小。

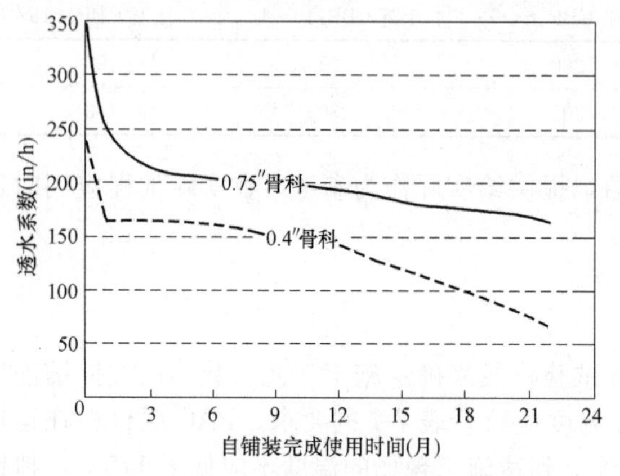

图7-3　PAC路面的透水性随时间下降的实例

另一个问题是，由于PAC路面结构的特点和车载的作用，路面在使用过程中易发生孔隙率降低，与之伴随发生的是路面的透水性降低，图7-3是英国的一重载交通PAC路面在完成铺装后的使用过程中发生的透水性降低情况。由图可见，在最初的3个月内，透水性迅速下降，随后下降速度逐渐平稳，到22个月时，0.4（in）和0.75（in）骨料PAC路面的透水系数分别下降到原来的20%和50%。

7.7　PAC路面的表面强化修饰

PAC路面在车轮反复碾压下容易发生颗粒飞散，同时由于孔隙较大，粉粒状物容易进入内部而导致透水性变差。以环氧树脂或其他树脂为有机胶结材拌制成透水砂浆，填于PAC的面层孔隙内，形成一个透水的砂浆层，称为路面强化，对防止PAC路面的孔隙堵塞和行车时的颗粒飞溅等现象的发生十分有效，其结构如图7-4（*a*）所示。

透水树脂砂浆的细骨料可以采用石英砂、彩砂或烧结彩色陶瓷细骨料等，采用彩色骨料除了具有上述功能外，还增加了装饰效果，两实例的外观如图7-4（*b*）所示。

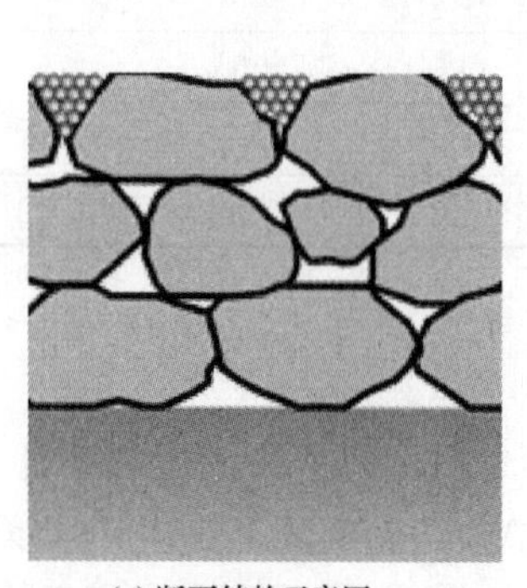

(*a*) 断面结构示意图

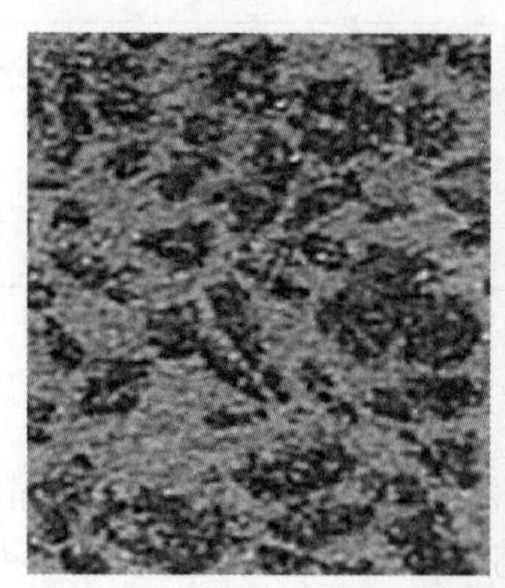

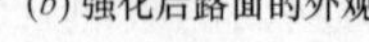

(*b*) 强化后路面的外观

图7-4　透水树脂砂浆强化路面

本章小结

本章主要表述PAC路面原材料的基本要求、混合料的性能、透水沥青路面的结构和摊铺施工要点等。PAC路面除了具有透水、排水、防眩光、防滑、降噪和缓解热岛效应外，还具有柔性结构的特点，提高了车行和步行的舒适感，但经一定时间的使用后可能出现沥青竖向流淌而堵塞部分孔隙，造成竖向孔隙分布不均匀性，影响其透水性；此外，水稳定性、抗车辙、抗飞散等也是其重要性能。实际应用时可以通过采用改性剂、优选原材料和优化配合比以及施工措施来扬长避短。

参考文献

1. Bruce K. Ferguson. Porous pavement. CRC Press，2005
2. 宋中南，石云兴等. 透水混凝土及其应用技术. 北京：中国建筑工业出版社，2011
3. 长安大学等主编，透水沥青路面技术规程 CJJ/T 190—2012. 北京：中国建筑工业出版社，2012
4. 柴田敏計. 石炭灰のアスファルトフィラー材への適用検討. 技術開発ニュース，2008.7

第8章　透水混凝土的试验方法与相关研究

由于透水混凝土为骨料之间点接触的多孔结构，诸多方面与普通混凝土不同，可是目前还没有专门针对透水混凝土的比较系统的试验和测试方法，由此影响到对其性能进行准确的测试和评价。可见，针对其特点，研究透水混凝土的试验和测试方法有重要意义。

8.1　透水混凝土拌合物工作性的检测

透水混凝土的工作性对其铺装施工的质量有着关键性的影响，透水混凝土的工作性是包括流动性、黏聚性和可塑性（容易整平）的综合性能，工作性好的混合料胶结材浆体紧密包裹骨料，骨料之间在接触点有充分的浆体液桥连接，经振动整平工艺形成均匀的多孔结构。流动性是其中重要的指标之一，过小的流动性会增加施工时的工作量，严重的会使相邻石子表面浆体不能很好地粘结，从而导致混凝土的整体强度降低；过大的流动性带来的问题是浆体与骨料分离，发生沉浆现象，即浆体受重力作用而下沉，使下层变得密实，混凝土透水性降低，而上层颗粒由于缺少浆体，颗粒之间不能很好地粘结，也会导致整体混凝土的强度降低。因此，对透水混凝土工作性的检测和评价十分重要。然而，目前透水混凝土还没有专门的试验方法对其工作性进行检测和评价。

根据《普通混凝土拌合物性能试验方法标准》GB/T 50080—2002，一般情况下，普通混凝土的流动性通常由坍落度表征，对于坍落度大于220mm的混凝土通常可采用坍落扩展度表征。此外，还可以采用维勃稠度法表征，特别是对于坍落度小于50mm或者干硬性的混凝土可采用维勃稠度法结合增实因数进行表征。尽管透水混凝土拌合物属于干硬性的混凝土，但是采用传统的维勃稠度法却存在与实际施工相关性差的问题。

维勃稠度法的振动器位于混凝土的下方，实践表明在下方对透水混凝土拌合物进行振动时，受振动强弱和重力的影响，包裹骨料的浆体有明显的向下流动趋势，造成浆体在透水混凝土的底部汇集，混凝土透水性降低。而在透水混凝土实际施工时，与一般混凝土振动器插入混凝土内部振动不同，其振动辊碾压、平板振动器振动或磨光机整平过程中是从混凝土的上方施加振动力，包裹骨料的浆体有向上流动的趋势，在重力使浆体具有向下流动趋势的共同作用下，混凝土结构整体均匀。因此，传统的维勃稠度法不能恰当反映透水混凝土在实际应用时的工作性。

中国建筑技术中心的研究人员根据透水混凝土实际施工经验，参考普通混凝土的维勃稠度法，提出了一种新的试验方法[1]，采用在透水混凝土混合料上方放置振动器，对拌合物进行振动成型，以混凝土达到规定状态所需要的时间作为评价混合料的工作性指标。

8.1.1　测试设备

测试设备由底板、成型筒、坍落度筒、喂料斗、专用平板振动器、专用刮板等部件组成，见图 8-1。其中坍落度筒是由薄钢板或其他金属制成的圆台形筒，其符合标准《混凝土坍落度仪》JG/T 248—2009 的相关规定。成型筒的规格为内径 240mm、高 200mm。成型筒、底板和专用平板振动器的振动板为无色透明有机玻璃制成，便于观察透水混凝土的表面状态。喂料斗由金属或塑料制成。

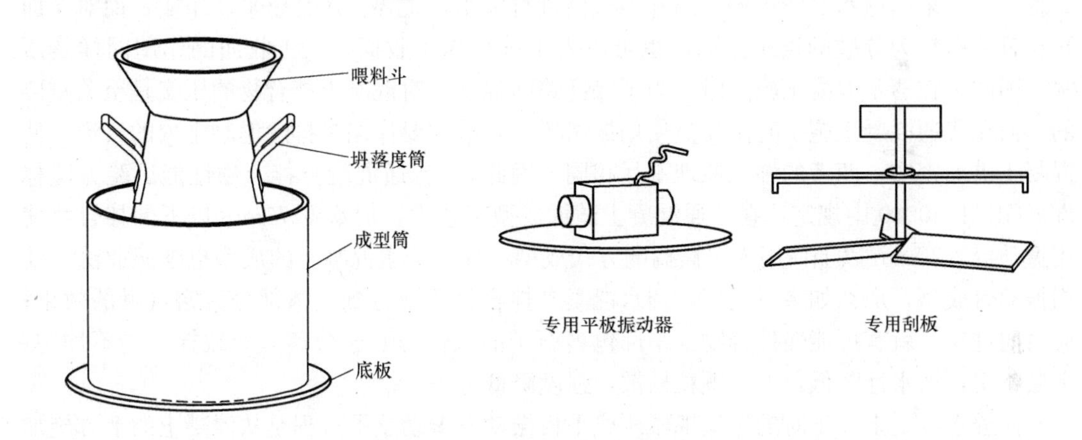

图 8-1　透水混凝土工作性测试设备

8.1.2　测试方法

透水混凝土混合料的工作性测定按照以下试验步骤进行：

（1）把测试设备放置在坚实水平的地面上，用湿布把底板、成型筒、坍落度筒、喂料斗内壁及其他用具表面润湿。

（2）坍落度筒放置在底板中间，用手压住坍落度筒，保持坍落度筒在装料时位置固定。

（3）把按要求拌合好的透水混凝土试样用小铲分三层均匀地装入筒内，每层高度约为筒高的三分之一左右，每层用捣棒插捣 25 次，插捣应沿螺旋方向由外向中心进行，各次插捣应在截面上均匀分布，插捣底层时捣棒应贯穿整个深度，插捣第二层和顶层时，捣棒应插透本层至下一层的上表面。浇至顶层时，混凝土应灌到高出筒口，插捣过程中，如混凝土沉落到低于筒口，则应随时添加，顶层插捣完后，刮去多余的混凝土，禁止将高出筒口的混凝土拍打压入坍落度筒内。

（4）清除成型筒内底板上的混凝土后，垂直平稳地提起坍落度筒。坍落度筒的提离过程应在 10s 内完成。

（5）记录坍落值，单位 mm。

（6）采用专用的刮平板，将透水混凝土均匀地平铺在成型筒内。

（7）采用专用的平板振动器放置在混凝土上方开始振动，同时开启秒表记录时间，振动过程中禁止手扶振动器，到混凝土振平按下秒表，记录时间秒数 s，作为工作性稠度指标。

（8）脱去成型筒，观察记录混凝土表面、侧壁和底面的状态，记录混凝土的成型高度 h。

（9）待混凝土硬化后测定其透水系数，测定方法如本章 8.3.2 节所述。

8.2 力学性能的试验

8.2.1 试件的成型方法

透水混凝土属于硬性混凝土，在实际施工中不能使用振捣棒，对于大面积的透水路面工程，一般采用透水混凝土的专用施工机械进行施工，主要作用是整平、压实；而对于面积小且分布较为分散的透水路面，也可由人工进行抹平收面，人工收面的作用同样是压实，因此，在透水混凝土施工时，为了保证路面强度，对混凝土拌合物的压实是至关重要的。而在普通混凝土施工时主要是使用振捣棒，它的主要作用是排除混凝土内的气泡，使混凝土更加密实，两者的施工原理不尽相同。因此，《普通混凝土拌合物性能试验方法标准》GB/T 50080 中规定，在普通混凝土试件成型工艺中，坍落度 70mm 以下的拌合物使用振动台，70mm 以上使用人工插捣的方式成型。如果透水混凝土的成型也参照此法，使用振动台成型，那么如果时间短，透水混凝土拌合物无法达到实体部分紧密接触的效果；而时间过长，就有可能使拌合物上半部包裹石子的浆体与石子分离，导致拌合物不均匀，下层密实，透水性降低，上层颗粒松散，强度降低。

而透水混凝土施工时的振动辊碾压或平板振动器振动整平过程是从混凝土的上方施加振动力，包裹骨料的净浆或砂浆有向上流动的趋势，混凝土结构整体均匀，因此振动台既不适合透水混凝土试件的成型，也与摊铺施工时振动整平原理不同。

国内一些研究院所和高校采用静压法来成型透水混凝土试件，使用压力试验机对试模内的拌合物施加压力，从而达到密实的效果。静压法得到的试件虽然密实，但操作时施加的压力大小不易控制，压力过大会导致成型过程中对粗骨料产生破坏，压力过小达不到密实的结果，而且混凝土拌合物根据配合比的不同，成型时所需的压力也不相同，这更增加了静压法在实际操作中的困难。

中国建筑技术中心的研究人员提出的采用平板振动器由上面振动的试验方法[2],[3]，既能模拟透水混凝土路面的施工工艺，又能真实反映道路施工的实际效果。

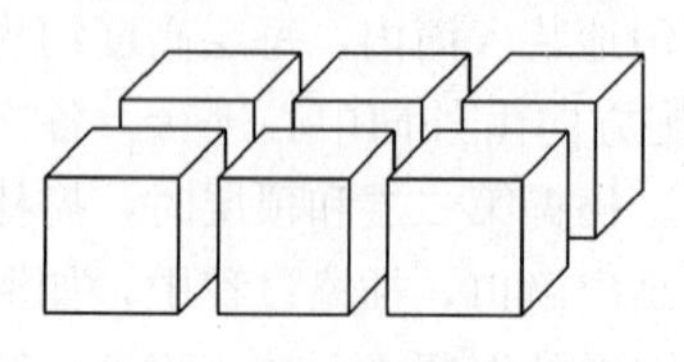

图 8-2 边长 100mm 试件摆放位置示意图

试验主要过程如下：为保证各试块均匀一致，首先按要求的孔隙率称出每条（或每块）试模应装的混合物重量，然后分两层人工插捣装料（插捣部位和次数都有明确规定），并对表面进行处理，拌合物略高于试模。按图 8-2～图 8-4 所示平放在地面，压上木板，在规定时间内用平板振捣器对其进行加压振动，最后将试块抹平，进行养护。

按图 8-2～图 8-4 摆放目的是为了使受振面积基本相同，尽可能保证同一混合料成型的试块具有相同的孔隙率。

8.2.2 关于成型方法的研究

透水混凝土试块成型不适合于像普通混凝土一样在振动台上成型，而适合采用从成型面振动的成型方法，国外已有些相关研究，日本研究者对从上面振动成型的方法进行了试验研究[4]，得出冲击能量与混凝土密实度和抗压强度的量化关系，很有参考价值。

试验装置如图 8-5 所示，对混凝土的冲击装置由底板、竖杆和夯锤组成，对混凝土的振动是由一个自由下落的夯锤的冲击来施加的，通过夯锤下落的不同高度，来对混凝土施加不同的能量。

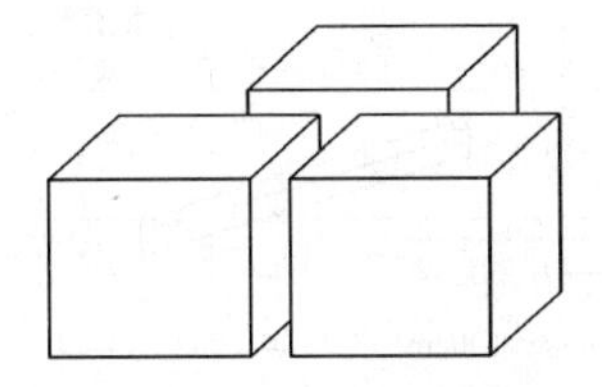

图 8-3　边长 150mm 试件摆放位置示意图

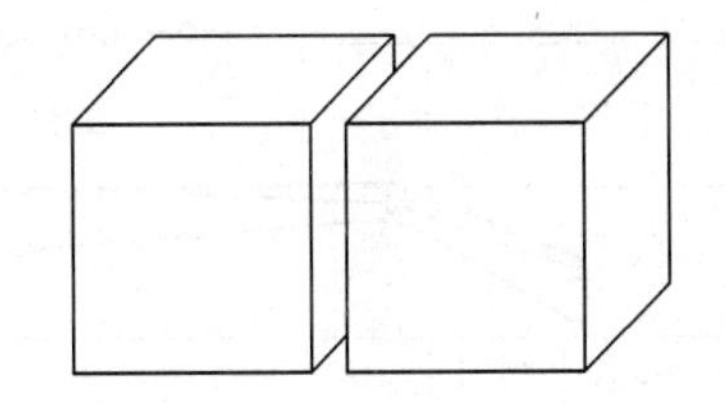

图 8-4　边长 200mm 试件摆放位置示意图

表 8-1 是利用本装置进行试验研究一实例的技术条件。

夯锤下落的次数和高度对孔隙率与强度的影响见图 8-6 和图 8-7，随着夯锤下落的高度增大，孔隙率减小，但下落高度到了 140cm 的时候，6 次与 12 次基本孔隙率已无明显差别，100cm 和 140cm 高度的各夯击次数的孔隙率相差不多，而且三种高度在 12 次后的孔隙率约在 26%～28%，这说明基本达到了本配合比的极限低孔隙率，即粗骨料之间达到了堆积状态点接触的极限状态。图 8-7 是夯击次数和下落高度对强度的影响，夯击次数由 3 次到 6 次时，强度增加，此后再增加夯击次数对强度影响不大。

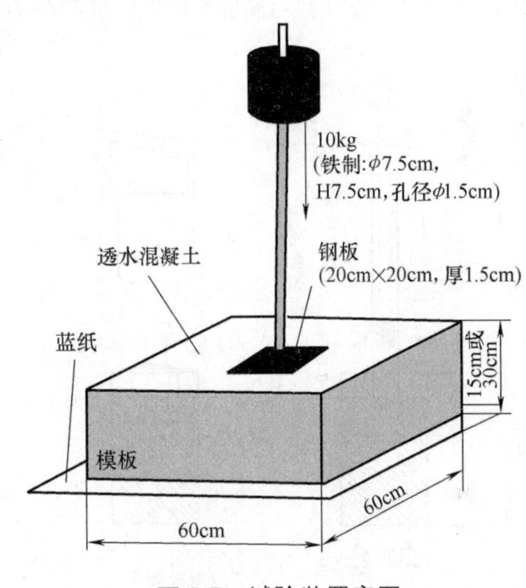

图 8-5　试验装置意图

夯锤不同下落高度和夯击 6 次的条件下，浇筑厚度与抗压强度的关系如图 8-8 所示。由图中的数据可见，随厚度增加，强度明显下降，反映了在夯击 6 次的情况下，30cm 厚的混凝土与 15cm 厚的混凝土密实度相差较大。

这一成型方法可将混凝土振实程度量化，通过夯锤一定的下落高度和次数的控制，便于控制混凝土的孔隙率和各试块的质量均匀性，避免了采用振动台成型易发生离析的情况。此外，通过对不同浇筑厚度的混凝土施以不同能量的冲击试验，得到不同密实度的混凝土，可为施工提供参考。

试验条件　　表 8-1

因素	参数
试件厚度	15cm、30cm
夯锤下落高度	50cm、100cm、140cm
下落次数	3 次、6 次、12 次

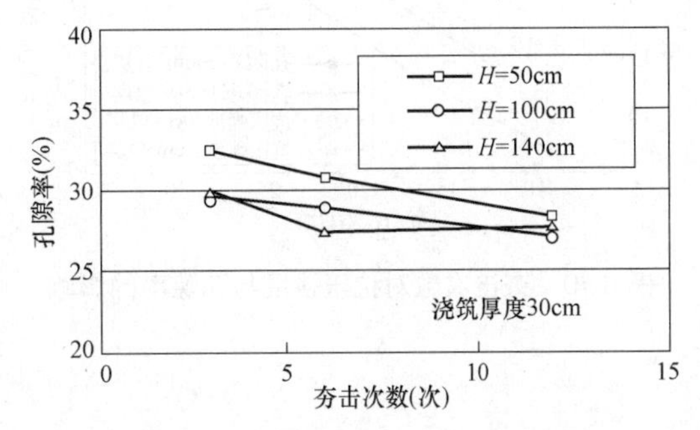

图 8-6　夯锤下落次数与高度对孔隙率的影响

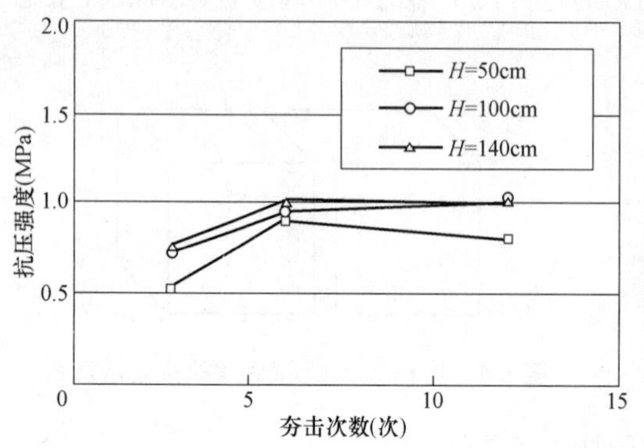

图 8-7 夯锤下落回数与高度对抗压强度的影响

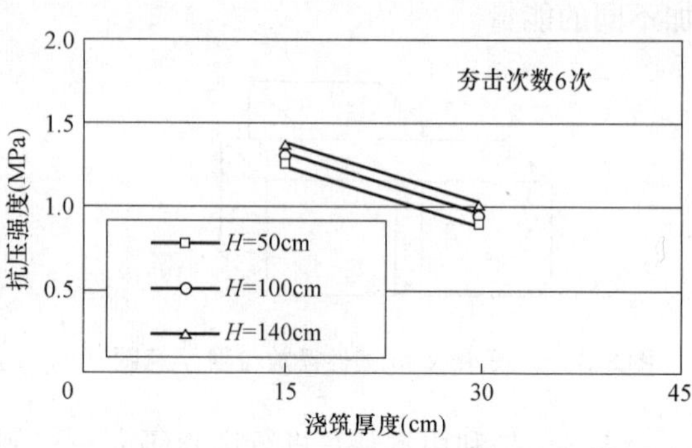

图 8-8 不同成型条件下浇筑厚度与抗压强度的关系

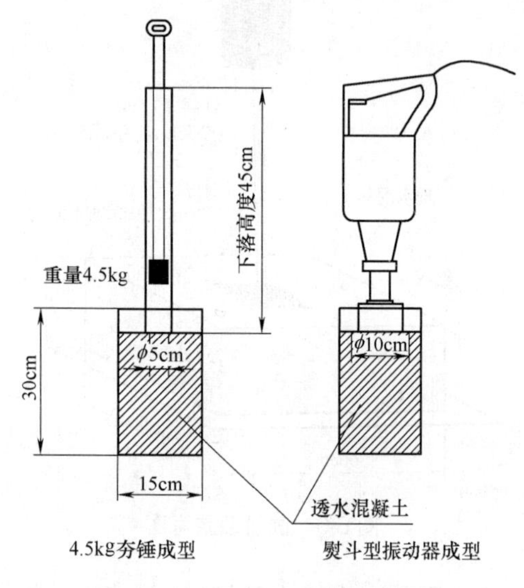

图 8-9 表面振动成型装置示意图

还有日本学者研究的与此类似的由浇筑面振动的其他试验方法[5]，如图 8-9 所示，其一是落锤夯击的方法，另一是熨斗型电动振动器振动的方法。分别采用两种方法获得的透水混凝土性能的规律性相近，如图 8-10 和图 8-11 所示。

图 8-10 是用落锤法测得的结果，图 8-11 是用电动振动器法测得的结果，两种方法测得结果的规律性基本一致，但用电动振动器法的结果孔隙率较小，抗压强度较大。

8.2.3 抗压强度的测定

目前国际上对透水混凝土抗压强度的测定均采用普通混凝土的测定方法，我国按照《普通混凝土力学性能试验方法标准》GB/T 50081—2002 的规定执行，按式（8-1）计算：

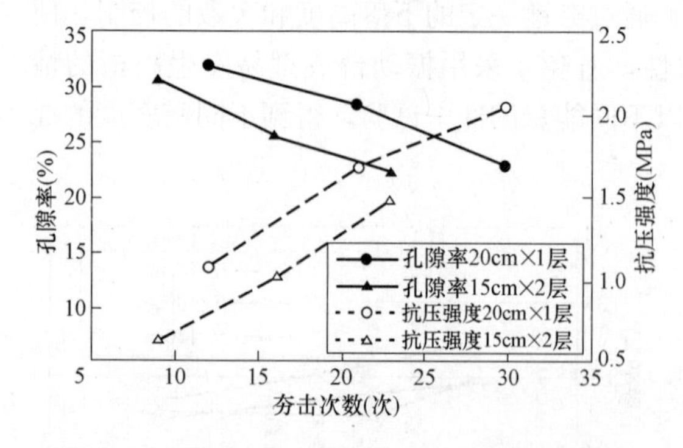

图 8-10 夯击次数对抗压强度与孔隙率的影响

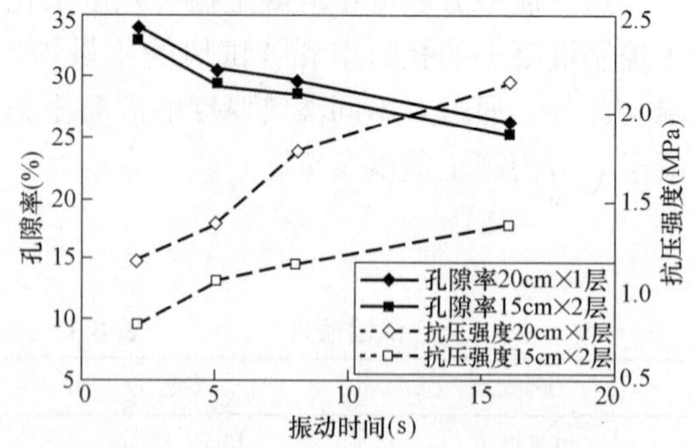

图 8-11 振动时间对抗压强度与孔隙率的影响

$$f_{cc}=\frac{F}{A} \tag{8-1}$$

式中 f_{cc}——混凝土立方体试件抗压强度（MPa）；

F——试件破坏荷载（N）；

A——试件承压面积（mm^2）。

透水混凝土试件的承压面积与普通混凝土有所不同，普通混凝土的承压面积就是试件的外形尺寸，而透水混凝土表面有很多孔隙，孔隙部分并没有承受压力，因此，透水混凝土的承压面积应该是去除孔隙部分所占的面积。承压面积的确定可参照本章表面密实度的测定方法，用试件外形面积与表面密实度的乘积来表示。中国建筑工程总公司企业标准《透水混凝土试验方法》中把试件的破坏荷载除以实际承压面积所得的结果称为"实材抗压强度"，其值按式（8-2）计算。

$$f=\frac{F}{A\cdot A'} \tag{8-2}$$

式中　f——试件的实材抗压强度（MPa）；

F——试件破坏荷载（N）；

A——试件承压外形面积（mm^2）；

A'——试件表面密实度（%）。

实材抗压强度是为表征透水混凝土实体部分的强度而提出的一个新指标，并进行了一定的试验研究，与其他性能的相关性还有待进行更深入的探讨。

8.2.4　抗折强度的试验方法研究

1. 试验条件的影响

对于普通混凝土材料来说，受试件尺寸、加荷方式等试验条件的影响，混凝土的固有强度和测得的强度值未必总是一致，对于透水混凝土也有类似的现象，其中试件尺寸的影响称为"尺寸效应"。本节主要介绍国内和日本研究者的相关研究结果。

（1）试件高度和长度以及加荷方向对抗折强度的影响

日本的研究者采用不同长度和不同跨度棱柱体试件，研究了试件尺寸和加荷方式对抗折强度的影响，并用解析方法进行了推定，而且与试验结果进行了对比分析[6]。

1）试验条件

表 8-2 是试件的尺寸和编号，如表中所示，试件分为 A、B、C 三组试件，以 A 组 10cm×10cm×40cm 的试件为基准，试件高度和长度分别为基准的 2 倍、3 倍各一组（B、C 组）。

各组试件的尺寸　　　　**表 8-2**

试件系列	试件编号	宽×高×跨[长](cm)
A	A-10	10×10×30[40]
B	B-10	10×10×30[40]
	B-20	10×20×60[80]
	B-30	10×30×90[120]
C	C-10	10×10×30[40]
	C-20	10×20×60[80]
	C-30	10×30×90[120]

表 8-3 为 A、B、C 三组试件的混凝土配合比，A 组不使用减水剂；B 组使用减水剂，并减水至浆体与骨料不分离的程度，保证混凝土内部为贯通孔隙；C 组进一步降低水胶比，以提高混凝土强度；三组的孔隙率不同，为贯通孔隙率。

混凝土配合比 **表 8-3**

试件系列	W/C(%)	孔隙率(%)	配合比(kg/m³)			
			W	C	G	Ad
A	30	20.3	94	309	1572	—
B	23	28.8	32	159	1625	4.76
C	19	22.8	47	289	1624	8.67

图 8-12 为加荷示意图，采用三分点加载，将试件支点之间的距离进行三等分，在中间两点加线性荷载，为研究加荷方向的影响，C-10 组采用在浇筑方向和垂直浇筑方向分别加荷试验。

2）试验结果

由试验结果得到的 B 组、C 组试件的不同高度与抗折强度的关系如图 8-13 所示。试件高度分别为 10cm、20cm 时，抗折强度基本相同，当高度为 30cm 时，抗折强度约降低 10%，可见透水混凝土抗折强度存在尺寸效应。该研究还进行了不同方向的加荷试验，以 C-10 试件试验其不同加荷方向的结果表明，从浇筑面和浇筑面的垂直面加荷，荷载-变形曲线无明显差别。

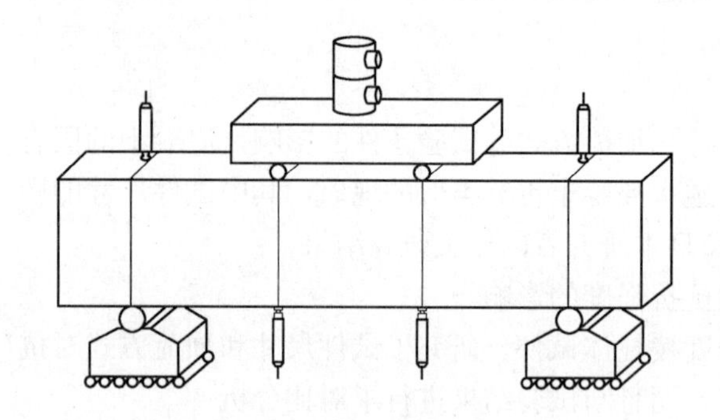

图 8-12　抗折强度加荷示意图

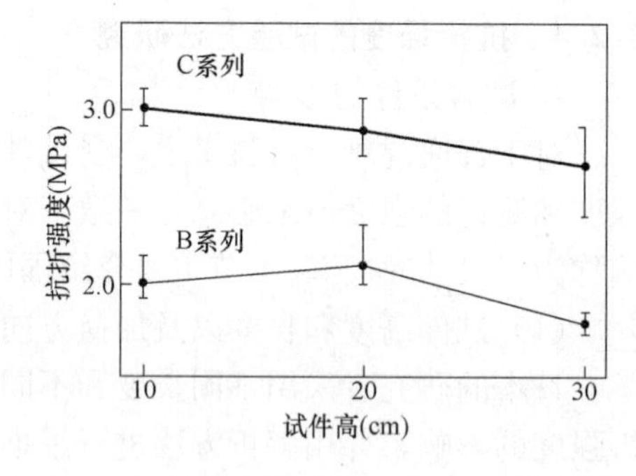

图 8-13　抗折强度与梁（试件）高的关系

图 8-14～图 8-16 是各组不同尺寸试件的试件开裂后，随着裂缝扩展应力急速降低以至完全断裂，各组不同尺寸试件的拉伸应力与裂缝宽度的曲线。

各曲线的趋势大体相同，C-20 和 C-30 的曲线在软化后，有稍稍恢复的一个阶段。比较各曲线可见，试件尺寸增大，至裂缝时的应力值并未增大，但试件尺寸越大，裂缝开始至完全断裂的过程延长，即承受的裂缝宽度越大。

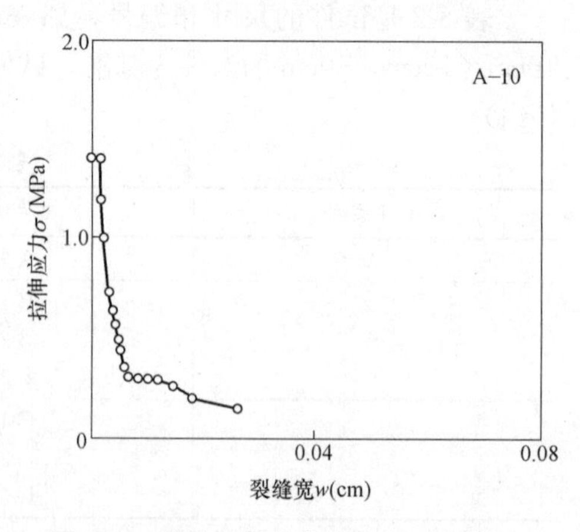

图 8-14　试件开裂软化曲线（A 系列）

（2）试件长度和宽度以及跨距对抗折强度的影响

日本的学者[7]试验研究了试件的长度和宽度以及不同跨距对抗折强度的影响，获得了很多基础性的数据。

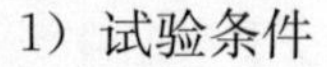

1）试验条件

试验用混凝土配合比如表 8-4 所示，试件尺寸、加荷条件和试验程序分别如表 8-5 和图 8-17 所示。

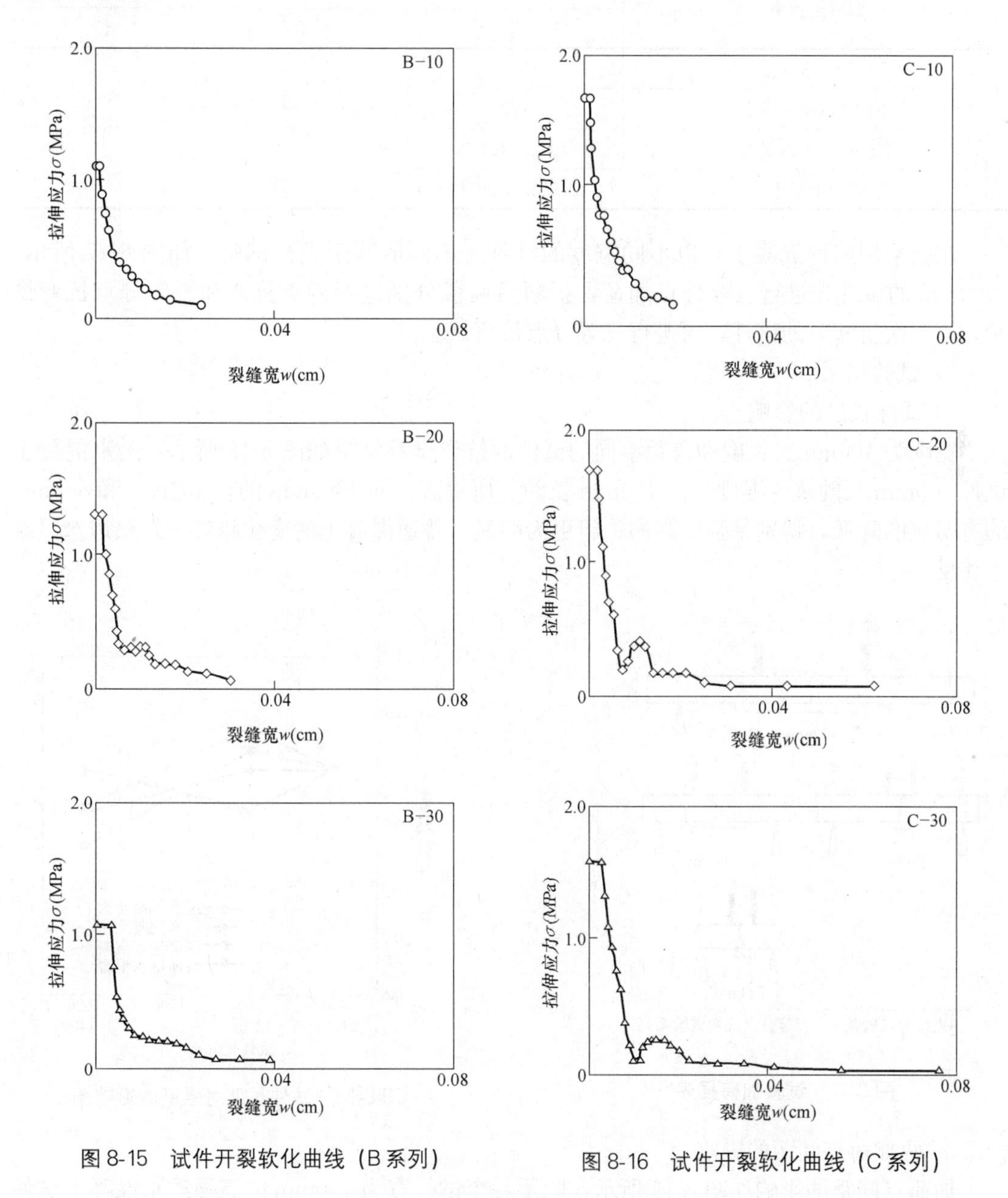

图 8-15　试件开裂软化曲线（B 系列）

图 8-16　试件开裂软化曲线（C 系列）

混凝土配合比　　表 8-4

混凝土类型	粗骨料粒径(mm)	目标孔隙率(%)	W/C(%)	配合比(kg/m³)				
				W	C	S	G	Ad
大粒径透水混凝土	13～20	20.2	30	89.1	297	0	1609	0
小粒径透水混凝土	5～13	20.8	30	88.3	294	0	1583	0
高强度透水混凝土	5～13	16.8	23	71.0	316	131	1563	6.32
普通混凝土	5～13	—	63	184	293	722	1035	1.17

试件的尺寸 **表 8-5**

混凝土类型	试件尺寸(mm)		
	宽	高	长
大粒径透水混凝土	100	100	1600
小粒径透水混凝土	100		
高强度透水混凝土	100、200、400		
普通混凝土	100、200、400		

试验采用四种混凝土，以不同宽度的试件、不同的跨距进行试验。如图 8-17 所示，1600mm 的试件先进行三等分点加荷，折断后两段分别进行四点抗弯和三等分点抗弯试验，第二次折断后的试件，再进行三等分点抗弯试验。

2）试验结果

① 试件长度的影响

宽度为 100mm、长度和跨距不同的试件的抗弯试验结果如图 8-18 所示，透水混凝土试件 800mm 长的抗弯强度，较 400mm 长的有所提高；而 1600mm 的较 400mm 和 800mm 的有明显的降低，特别是强度高的一组更为明显。普通混凝土的变化趋势正好跟透水混凝土相反。

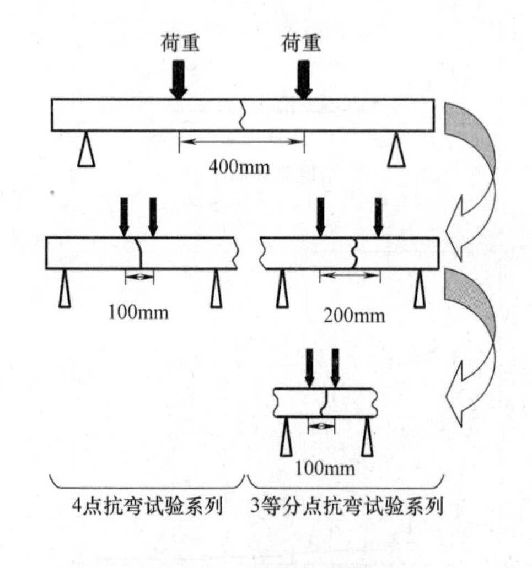

图 8-17 试验加荷程序

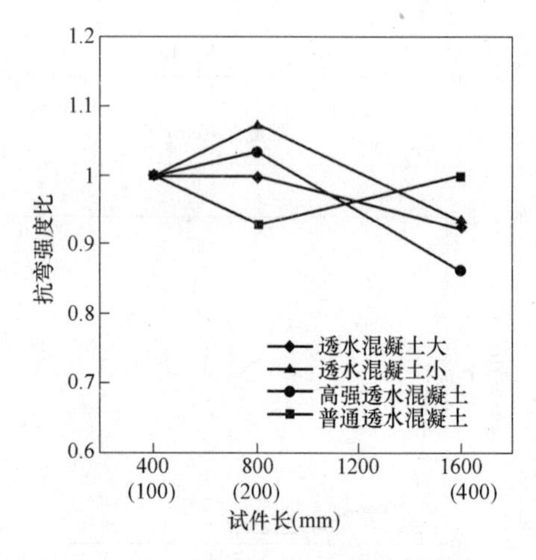

图 8-18 试件长度对强度的影响图

② 两加荷点间距的影响

加荷点间距的影响如图 8-19 所示，除了一个试件宽为 100mm 的高强透水混凝土试件外，其他加荷间距为 100mm 的试件的抗折强度均比三分点的高，显示出加荷间距减小会使测得的强度值增大，这也是一种尺寸效应。而前者的强度降低，研究者认为是由于测试数据的离散性所至。

③ 试件宽度的影响

试验测得不同宽度试件的强度值如图 8-20 所示，由图中数据可见，尽管混凝土的种类和加荷方式不同，随着试件宽度增加，抗折强度都呈降低趋势，这被认为是由于试件宽度增加，缺陷的机率增加的缘故。

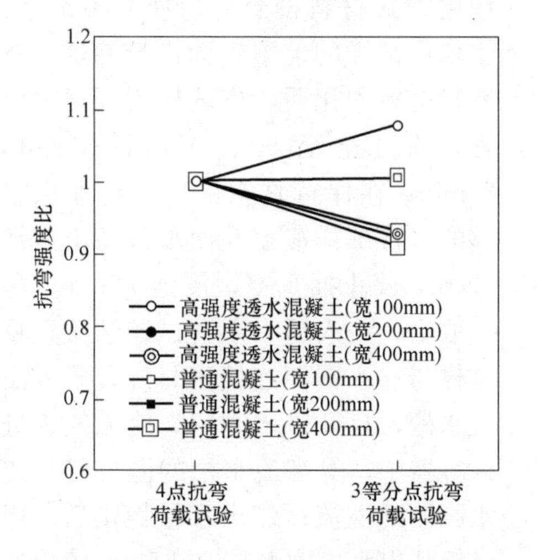

图 8-19　加荷点间距对强度的影响

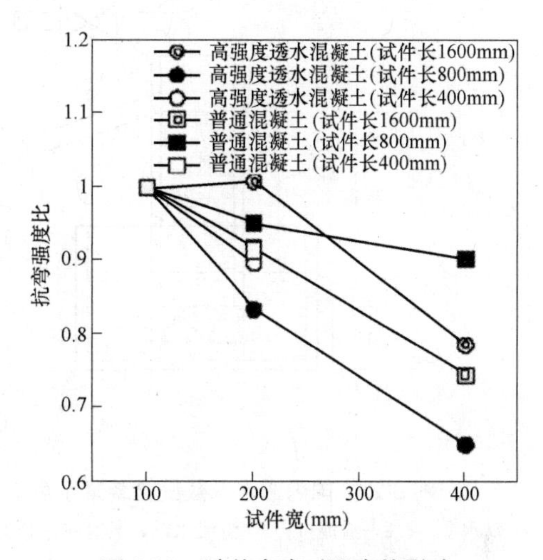

图 8-20　试件宽度对强度的影响

2. 透水混凝土抗压强度的尺寸效应

中国建筑技术中心的研究人员采用 100mm、150mm 和 200mm 立方体透水混凝土试块，研究了抗压强度的尺寸效应[8]，如图 8-21 所示。

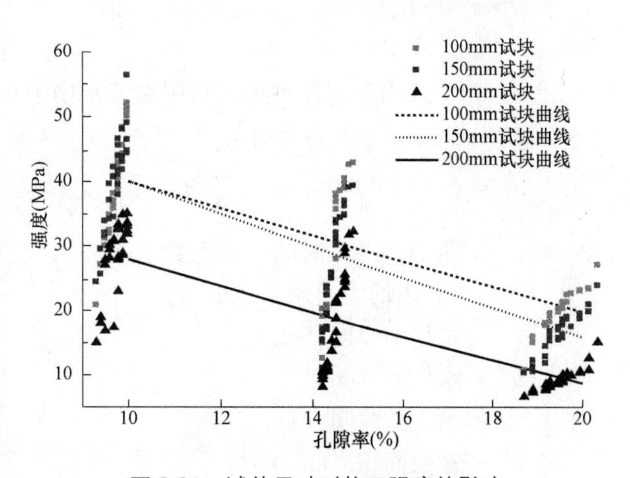

图 8-21　试件尺寸对抗压强度的影响

从三种尺寸试块的强度数据总的规律性来看，抗压强度有明显的尺寸效应，不同配合比的混凝土均表现出随着尺寸的增大，强度值降低。和 100mm 试块比较，150mm 试块在孔隙率较低时的尺寸效应不明显，从当时的试验条件来看，应该属于成型条件导致的离散性。

8.3　透水系数的试验

透水系数是透水混凝土最重要的指标之一，目前，对透水系数的测定方法大致分为两大类：即定水头法和落水头法。

8.3.1　定水头法

国内透水砖的标准中要求测量透水砖的透水系数采用定水头法，也称作常水头法。定水头法即保持固定的水压不变，通过一定时间内透过试件的水量来计算出透水系数。图 8-22 为试验装置示意图[9]。

试样为圆柱体试样，试验的主要步骤如下：

首先测量圆柱体试样的直径（D）和厚度（L），分别测量两次，取平均值。计算试样

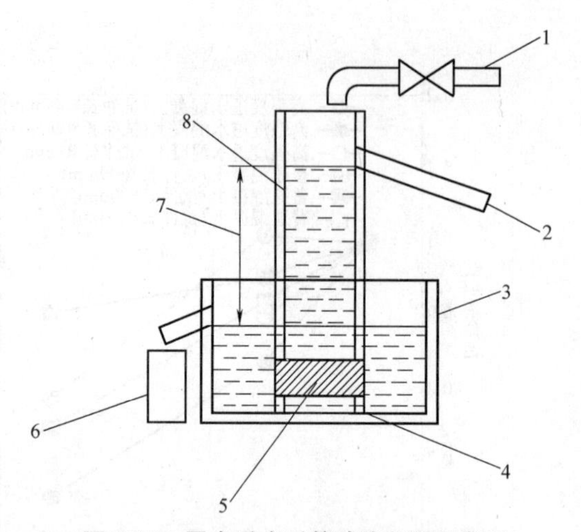

图 8-22　国内透水系数试验装置示意图

1—供水系统；2—溢流口；3—溢流水槽，具有排水口并保持一定水位的水槽；4—支架；5—试样；6—量筒；7—水位差；8—水圆筒，具有溢流口并能保持一定的水位的圆筒

的上表面面积（A），然后将试样的四周用密封材料密封好，使其不漏水，水仅从试样的上下表面进行渗透，待密封材料固化后，将试样放入真空装置，抽真空至 90 ± 1kPa，并保持30min。在保持真空的同时，加入足够的水将试样覆盖并使水位高出试样10cm，停止抽真空，浸泡 20min，将其取出，装入透水系数试验装置，将试样与透水圆筒连接密封好。放入溢流水槽，打开供水阀门，使无气水进入容器中，等溢流水槽的溢流口和透水圆筒的溢流口流出水量稳定后，用量筒从出水口接水，记录 5min 流出的水量（Q），测量三次取平均值。用钢直尺测量透水圆筒的水位与溢流水槽水位之差（H），并用温度计测量试验中溢流水槽中水的温度（T）。

试验结果按式（8-3）进行计算。

$$K_T=\frac{L}{H}\times\frac{Q}{A\cdot t} \tag{8-3}$$

式中　K_T——水温为 T℃时的透水系数（cm/s）；

Q——t 秒内的渗出水量（mL）；

L——试件的厚度（cm）；

H——水位差（cm）；

t——测定的时间（s）；

A——截面面积（cm^2）。

日本学者对透水混凝土的研究起步较早，他们主要采用定水头法来测定透水系数，并且已经发明了相关的实验仪器，并制定了国家标准。试验装置原理如图 8-23 所示。

由图可见，浮球阀可以实现定水头的效果，同时也能够对定水头进行调节，因而可以测定不同水头下的透水系数。圆柱体试件侧面要密封，避免水从试件和仪器间通过。根据测得的数据，同样按照式（8-3）计算透水系数。

8.3.2　落水头法

使用路面透水仪对透水路面进行透水系数的测定，水头随着时间的变化而减小，因此得名落水头法，也称作变水头法。落水头法对实际路面透水性的检测比较方便，透水仪如图 8-24 所示，上部由标有刻度的透明有机玻璃量筒组成，容积 1200mL，在 100mL 及 1100mL 处有粗标线。其下方通过直径 10mm 的细管与底座相接，细管中部有一球阀开关。量筒通过支架连接底座，仪器附配四个内径 160mm、重 2.5kg 的铁圈。

试验的主要步骤为：首先用密封材料将透水仪和路面之间的空隙密封，密封材料圈的内径与底座内径相同，约为 150mm。然后在有机玻璃量筒内注满红色液体，开启球阀，读取时间，如图 8-25 所示。最后按式（8-4）计算透水系数。

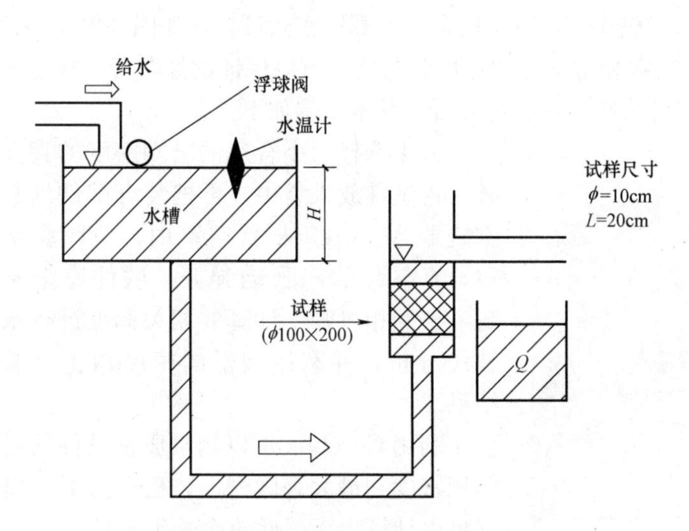

图 8-23　日本透水系数试验装置原理图

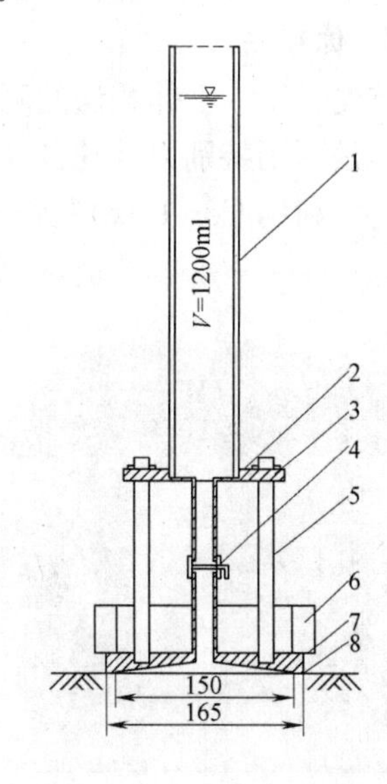

图 8-24　透水仪结构图

1—有机玻璃筒；2—螺纹连接；3—顶板；4—球阀；5—支杆；6—配重块；7—底座；8—密封材料

$$P=\frac{V_2-V_1}{t} \quad (8\text{-}4)$$

式中　P——路面透水系数（mL/s），（精确至 0．1mL/s）；

V_1——第一次读数时的水量（mL），通常为 100mL；

V_2——第二次读数时的水量（mL），通常为 1100mL；

t——水面从刻度 100mL 下降至 1100mL 的时间间隔（s）。

图 8-25　透水性现场测试

本书中定水头法和落水头法测定的透水系数定义不同，前者的定义是在单位时间透过单位面积的水量，而后者的定义是在单位时间透过的水量。

8.4　孔隙率的测定

透水混凝土的孔隙包括连通孔隙和封闭孔隙，对透水起作用的只是连通孔隙，目前对孔隙率的测定也只是对连通及半封闭孔隙进行测定，国内外尚没有可以对封闭孔隙进行测定的方法。

测定孔隙率的方法按原理分为两种：一种为体积法，一种为重量法。体积法的测定使用美国 CoreLok 真空密度仪，此种方法测定结果准确，但操作过程较复杂；重量法采用电子天平，此种方法操作简便快捷，一般用于对透水混凝土孔隙率的快速测定。

8.4.1 体积法

首先介绍一下体积法的测定，美国 CoreLok 仪是一个真空密封设备，如图 8-26 所示，其原理是利用特别设计的自动真空室和防刺穿的弹性塑料袋，可以保证试件在真空状态下被密封，利用 CoreLok 仪真空密封试件然后进行分析的基本步骤如下：

图 8-26 CoreLok 真空密度仪

首先选择大小合适的已知密度的真空袋，将试件放入袋中，再把装有试件的真空袋放入 CoreLok 真空室内，关闭真空室，真空泵的门自动弹开，试件完全密封，按照相对密度计算的相关标准进行水替代分析，并利用袋子的密度纠正试验结果。

利用 CoreLok 可以测量压密试件的毛体积密度和最大表观密度，根据这 2 个密度可以计算出该试件的连通孔隙率。

体积法计算压密试件的连通孔隙率没有做任何假定，首先计算经过真空密封的试件连同密封袋的密度 ρ_1，在水下剪开该试件外面包裹的密封袋，计算得到其水中密度 ρ_2，由于在水下剪开密封袋之前，试件处于完全的真空状态，ρ_2 相当于压密试件的表观密度，包含不连通孔隙的体积，则连通孔隙率 P（%）可以根据 ρ_1 和 ρ_2 按照式（8-5）计算得到。

$$P=\frac{\rho_1-\rho_2}{\rho_2}\times 100\% \tag{8-5}$$

8.4.2 重量法

重量法对孔隙率的测定是使用电子天平，分别称量试件烘干后的重量和在水中的重量，两者之差即为试件因孔隙被水所填充而实际受到的浮力，假定试件无孔隙，用理论上所应受到的浮力减去实际受到的浮力就可得到孔隙率 P 的公式，如式（8-6）所示，此孔隙率包括连通孔隙和试件每个表面的半连通孔隙，不包括封闭孔隙。

$$P=\left[1-\frac{m_2-m_1}{\rho_{\mathrm{w}}V}\right]\times 100\% \tag{8-6}$$

式中 P——孔隙率（%）；

m_1——试件在水中的重量（g）；

m_2——试件在烘箱中烘 24h 后的重量（g）；

ρ_{w}——水的密度（$\mathrm{g/cm^3}$）；

V——试件体积（$\mathrm{cm^3}$）。

8.5 表面密实度的试验

透水混凝土表面密实度是表面实体部分占表面总面积的比率。表面密实度对评定透水混凝土表面效果具有很大的意义，应用于实际工程检测中还有待进一步的研究。

透水混凝土表面不像普通混凝土那样密实，而是有很多的孔隙，这种结构造成了透水混凝土特殊的表面效果，孔的多少及大小是随着不同的透水性要求和孔隙率大小而变的。迄今为止国际上还没有针对透水混凝土路面表面效果的检测方法，中国建筑技术中心的研究人员提出了表面密实度的概念，即表面实体面积占表面总面积的比例，并且设计开发了相关软件用于表面密实度的测定。通过测定表面密实度，可以对透水混凝土路面的表面效果进行定量分析，为工程质量量化评定提供依据。表面密实度还可以间接地反映透水混凝土的主要性能，对透水混凝土的研究有重要的意义。

在施工过程中，混凝土配合比设计不合理、搅拌过程质量控制不严格或施工工艺不当等因素都会影响施工质量，导致混凝土强度和透水系数不符合要求。通过测定表面密实度，可以间接地检验透水混凝土的强度和透水系数等是否符合要求。

试验主要过程如下：首先用毛刷将墨汁涂刷在路面上，涂刷面积略大于标准A4纸。然后将A4纸覆盖在涂有墨汁的路面上，用毛辊滚压数遍。最后将已拓印好的纸样扫描进电脑，形成图像文件，用专用软件处理并读取表面密实度，如图8-27～图8-30所示。

图8-27　表面涂墨

图8-28　毛辊在纸表面拓印

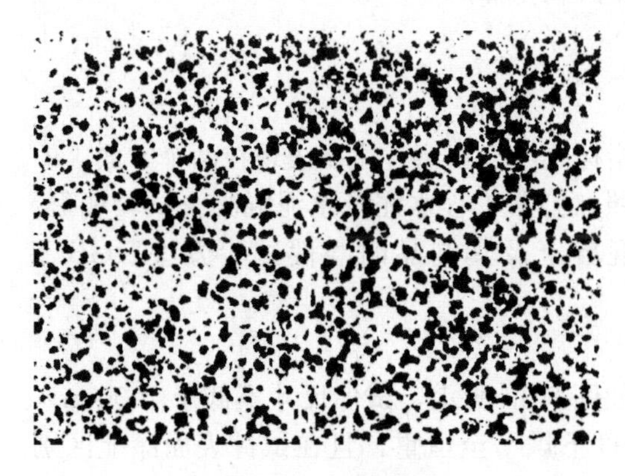

图8-29　拓印结果

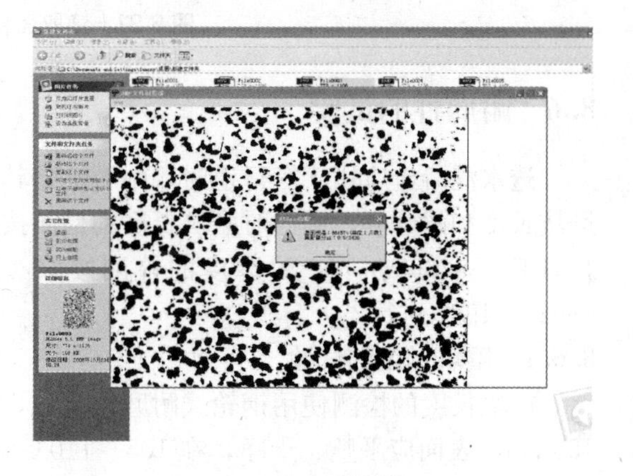

图8-30　电脑读取面积

日本研究者采用数码相机将透水混凝土的浇筑面、模板接触面和断面照相，然后在电脑上进行二值化处理并计算，求出空隙面积比，即我们称的表面或断面孔隙率。通过这种方法，研究骨料粒径和试件尺寸对孔隙形成的影响、混凝土的力学性能和孔隙（日本研究者称“空隙”）的关系等[9]。

图 8-31 是断面照片在电脑上进行二值化处理后，以同一中心点选取的不同尺寸的面积，用于研究模板的“壁效应”，即模板对接触面孔隙形成的影响。图 8-32 是孔隙率处理结果。

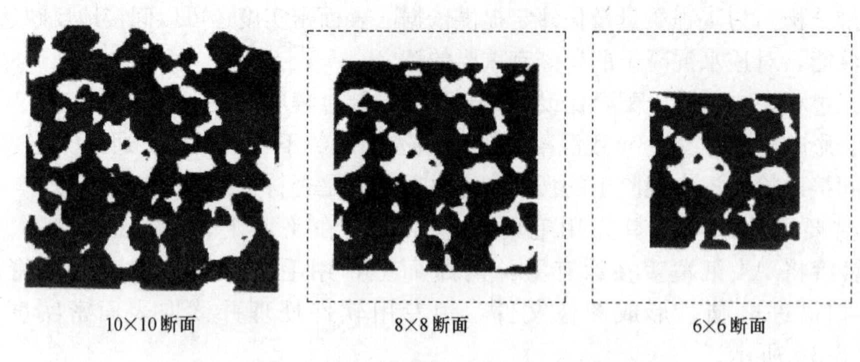

图 8-31　透水混凝土断面照片二值化处理结果

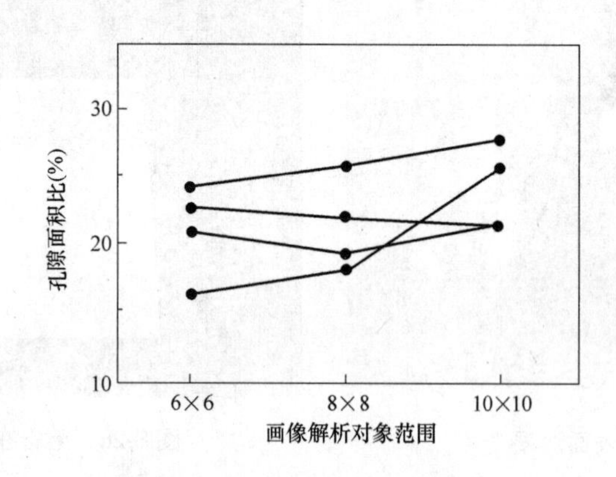

图 8-32　读取面积的不同孔隙率

8.6　耐磨性的试验

透水混凝土应用于车行道时，耐磨性是其指标之一。耐磨性主要表现在两个方面，即磨坑长度和耐磨度。国内对磨坑长度的检测按照《公路工程水泥及水泥混凝土试验规程》JTG E30—2005 进行，耐磨度的检测按照《混凝土及其制品耐磨性试验方法》GB/T 16925—1997 进行。

8.6.1　磨坑长度的试验

磨坑长度的检测使用钢轮式耐磨试验机，如图 8-33 所示，试件尺寸不低于 100mm×150mm，表面应平整、干净，在 105～110℃温度下烘干至恒重，且在试件表面涂上区别于试件颜色的水彩涂料，每 5 个试件为一组。试验步骤如下：

将标准砂装入磨料料斗，试件固定在试件托架上，使试件表面平行于摩擦钢轮的轴线，且垂直于托架底座，启动电动机，使钢轮以 75r/min 的速度转动，调节节流阀，使磨料至少以 1L/min 的速度均匀落下，立即将试件与摩擦钢轮接触并计时，至 1min 时关闭电动机，取下试件，用游标卡尺测量磨坑两边缘和中间的长度，精确至 0.1mm，取其平均值，每块试件应在其表面上相互垂直的两个不同部位进行两次试验。磨坑长度按图8-34进行测量[10]。

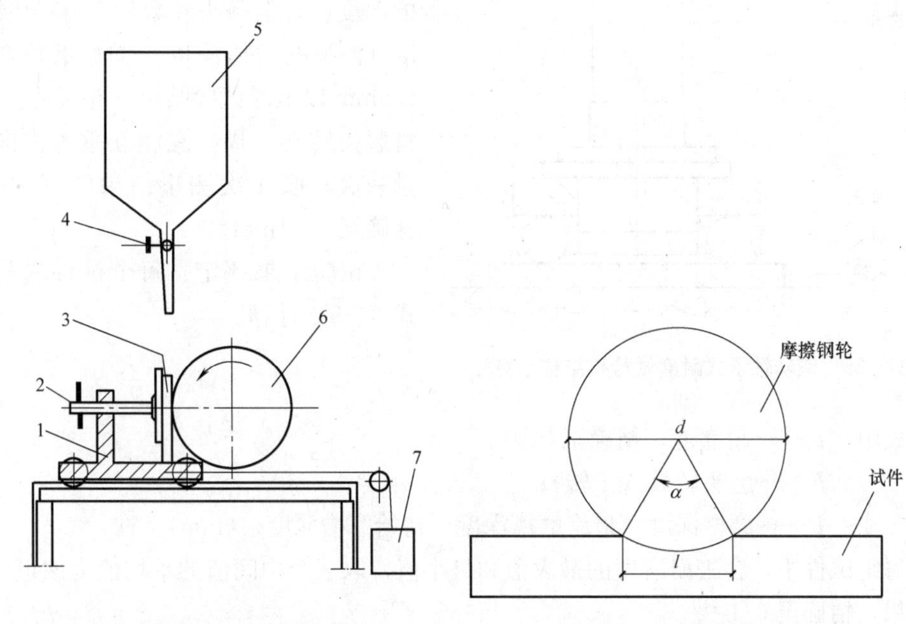

图 8-33 钢轮式摩擦试验机示意图

1—试件托架；2—紧固螺栓；3—试件；4—可调节流阀；
5—磨料料斗；6—摩擦钢轮；7—配重砣

图 8-34 磨坑的测量

试验结果的评定：以 5 块试件的 10 次试验的平均磨坑长度进行评定，必要时，也可用磨坑体积进行评定，长度精确至 0.1mm，体积精确至 1mm³。如试验结果以体积表示时，磨坑体积按式（8-7）计算。

$$V=\left(\frac{\pi \cdot \alpha}{180}-\sin\alpha\right)\frac{bd^2}{8} \tag{8-7}$$

$$\sin\frac{\alpha}{2}=\frac{l}{d} \tag{8-8}$$

式中 d——摩擦钢轮直径（mm）；

b——摩擦钢轮宽度（mm）；

α——磨坑长度所对之圆心角（°）；

l——磨坑长度（mm）。

8.6.2 耐磨度的试验

耐磨度的检测使用滚珠轴承式试验机，如图 8-35 所示，本方法是以滚珠轴承为磨头，通过滚珠在额定负荷下回转滚动时，摩擦湿试件表面，在受磨面上磨成环形磨槽，通过测量磨槽的深度和磨头的研磨转数，计算耐磨度。试件受磨面应平整，每 5 个试件为一组，试验步骤如下：

将试件受磨面朝上放置于夹具内，调平后夹紧，将磨头放在试件受磨面上，使中空转轴下端的滚道正好压在磨头上，开启水源，使水从中空转轴内连续流向试件受磨面，并应

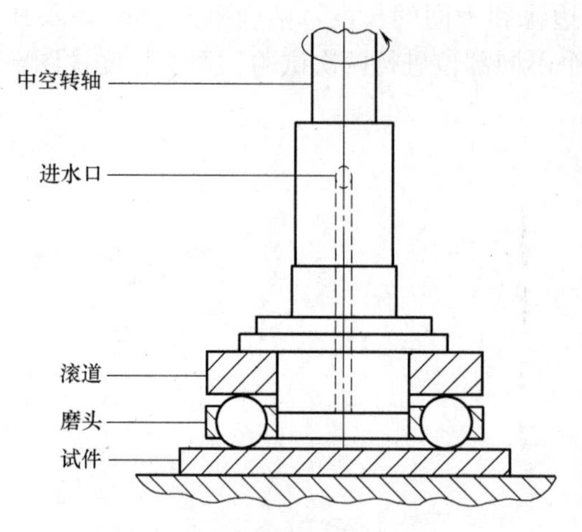

图 8-35 滚珠轴承式耐磨试验机结构示意图

足以冲去试验过程中磨下的碎末。启动电机，当磨头预磨 30 转后停机，测量初始磨槽深度，然后磨头每转 1000 转测量一次磨槽深度，直至磨头转数达 5000 转或磨槽深度（测得的磨槽深度－初始磨槽深度）达 1.5mm 以上时试验结束，并用百分表测量，将磨头转动一周，在相互垂直方向上各测量一次，取 4 次测量结果的算术平均值，精确至 0.01mm。

试验结果评定：每个试件的耐磨度按式（8-9）计算。

$$I_a=\frac{\sqrt{R}}{P} \tag{8-9}$$

式中 I_a——耐磨度，精确至 0.01；

R——磨头转数（千转）；

P——磨槽深度（最终磨槽深度－初始磨槽深度）（mm）。

每组试件中，舍去耐磨度的最大值和最小值，取三个中间值的平均值为该组试件的试验结果，精确至 0.1[11]。

8.6.3 透水混凝土路面的耐磨性

有人认为，透水混凝土路面的耐磨性没有普通混凝土路面好，因为透水路面的大孔隙减少了路面表层骨料与周围浆体的接触面积，从而降低了强度，因此耐磨性相对较差。实际上这种观点是片面的，通过抗压强度等级相同的普通混凝土和透水混凝土试样进行的耐磨性试验表明，透水混凝土路面的耐磨性是非常好的。

普通混凝土路面的磨损首先是表面薄弱的砂浆层，磨损速度较快，继而是对混凝土基体的磨损，由于粗骨料是承受磨损的主要对象，使磨损的速度相对较慢，但经过反复的过程，粗骨料和砂浆的过度界面区逐渐出现损伤，最终导致路面的破坏。

在强度等级相同的条件下，透水混凝土的胶结材强度要明显高于普通混凝土，因此表面浆体强度较高，初期磨损速度较慢；因为粗骨料比较坚硬，而且透水混凝土的制备工艺和胶结材的高强度决定了粗骨料和胶结材的界面过渡区较之普通混凝土强度更高，因此透水混凝土路面的磨损速度较慢[12]。

透水混凝土路面在整个磨损的过程中，整体上比较平稳，没有体现出明显的薄弱区，因此透水混凝土的耐磨性优于普通混凝土。但在实际施工过程中，透水混凝土路面的质量控制难度较大，应注意提高施工的管理水平，做好施工组织设计，并严格按照相关规定实施。

8.7 耐久性的试验

耐久性是混凝土最重要的评价指标之一，对于普通混凝土来说，耐久性是一个综合的评价，包括抗冻性能、抗渗性能、抗碳化性能、钢筋锈蚀、疲劳性能等。由于透水混凝土结构的特殊性，普通混凝土耐久性评价的某些指标对透水混凝土并不适合。目前国际上主要以抗冻性能的检测对透水混凝土耐久性进行评价，而其疲劳性能国内有一些研究，但尚未形成工程上的检测标准。

8.7.1 抗冻性能试验

抗冻性能的检测一般使用普通混凝土的慢冻法进行试验，试件尺寸为100mm×100mm×100mm，冻融设备要求能够保持温度在－20～20℃，试件为七组，其中五组进行冻融试验，另外两组作为对比试件，对比试件始终采用标准养护。冻融试验的步骤如下：

（1）将养护至龄期24d的试件放置于20±2℃的水中浸泡，水面应高出试件顶面20～30mm，浸泡至龄期28d时取出进行冻融试验；

（2）取出水中试件后用湿布擦除表面水分，分别对试件进行编号、称重后放入冻融试验机的试件架内，试件之间至少间距20mm；

（3）冷冻温度为－20～－18℃，融化温度为18～20℃，冷冻和融化时间均不应小于4h，每25次循环对冻融试件进行一次外观检查，当出现严重破坏时，应立即进行称重，当一组试件的平均质量损失率超过5％时，可停止试验；

（4）当达到要求的循环次数后，对试件进行称重及外观检查，并记录下来，然后与对比试件同时进行抗压强度试验；

（5）试件的抗冻等级以抗压强度损失率不超过25％且质量损失率不超过5％时的最大冻融循环次数确定。

冻融试验后质量损失率按式（8-10）计算：

$$\Delta W=\frac{W-W_{\mathrm{D}}}{W}\times 100\% \tag{8-10}$$

式中 ΔW——冻融试验后的质量损失率（％）；

W——冻融试验前试件的质量标准值（g）；

W_{D}——冻融试验后试件的质量标准值（g）。

结果计算精确至0.01。

冻融试验后抗压强度损失率按式（8-11）计算：

$$\Delta R=\frac{R-R_{\mathrm{D}}}{R}\times 100\% \tag{8-11}$$

式中 ΔR——冻融循环后的抗压强度损失率（％）；

R——标准养护下试件的抗压强度标准值（MPa）；

R_{D}——冻融试验后试件的抗压强度标准值（MPa）。

结果计算精确至0.1。

透水混凝土本身具有大孔隙和大孔隙率，多为贯通孔，在透水良好的情况下，抵抗冻融的能力不会比普通混凝土差，但在孔隙堵塞的情况下受到的冻融危害较大，因此，在较为寒冷的北方地区对透水混凝土做冻融试验是必要的。对国内的一些透水混凝土路面项目的调查表明，在实际路面的使用过程中，确实时有发生冻融破坏的情况。

8.7.2 疲劳性能研究

透水混凝土作为路面面层，其疲劳性能研究较少。但作为路面的基层，和面层一起受到车辆荷载和温度的反复作用，透水混凝土疲劳性能有一定的研究。目前，各国进行的疲劳试验主要有两种类型：一是测试实际路面在真实汽车荷载作用下的疲劳性能；二是室内小型试件材料的疲劳试验。第一类方法能较好地反映路面的实际疲劳性能，但耗资巨大、周期长，且试验结果受到当地环境及所用路面结构影响较大。因此，使用较多的还是室内小型试件材料的疲劳试验。长安大学的研究者采用室内小梁弯拉疲劳试验[13]，得出多孔混凝土的疲劳方程为：$\lg S=\lg\left(\frac{\sigma_{\max}}{f_{\mathrm{r}}}\right)=\lg a-b(1-R)\lg N$。其中失效概率为50%的疲劳方程为：$\lg S=\lg 1.11532-0.04332\lg N$，式中：$a$、$b$ 为疲劳试验待定系数；f_{r} 为透水性混凝土的弯拉强度。

为了对透水混凝土的疲劳性有一个直观的了解，同时制备相同水泥含量的普通混凝土、等强度混凝土试件进行疲劳试验，将其试验数据进行回归分析，建立疲劳方程并与透水混凝土疲劳性进行对比。

水泥含量相同的普通混凝土、等强度混凝土其失效概率为50%的疲劳方程分别为：

$$\lg S=\lg 1.0041-0.04191\lg N$$

$$\lg S=\lg 1.01976-0.04685\lg N$$

长安大学的研究者提出的多孔混凝土失效概率为50%的疲劳方程为：

$$\lg S=\lg 1.0493-0.04861\lg N$$

将上述失效概率为50%的疲劳方程绘于图 8-36 中。

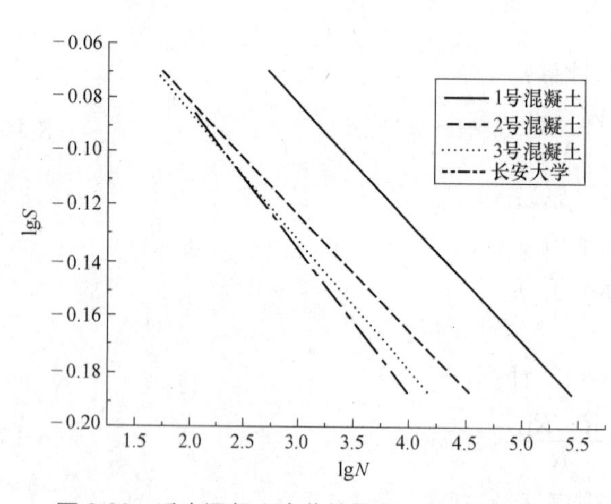

图 8-36 透水混凝土疲劳性能与其他材料的比较

从图 8-36 中可以看出四种材料的疲劳方程斜率相当，但是相同应力水平下对应的疲劳寿命以加入添加剂的透水混凝土为最大，普通混凝土次之，等强度混凝土更小一些，长安大学研究者提供的多孔混凝土疲劳寿命最小。

1. 影响疲劳寿命变异性的主要因素及降低措施

加载频率及加载强度是影响疲劳寿命变异性的主要因素。已有试验采用以下措施来减小疲劳寿命的变异性：（1）加大静载测试试件的数量。这样可以更为接近所要进行疲劳试验试件的平均极限强度，减小应力比确定时的偏差。（2）选用较低频率。在高应力水平时，疲劳试验的离散性变大。（3）反算极限强度。利用疲劳试验后梁试件的断块进行抗压试验。（4）测试动态强度。

2. 疲劳应力系数

利用得出的疲劳方程，建立了透水性混凝土作为水泥混凝土路面下面层（即透水结构层）荷载应力计算的疲劳应力系数：$k_{\mathrm{f}}=\frac{1}{1.3515}N_{\mathrm{e}}^{0.0486}$。

为便于应用，取 a 为 1.35，b 为 0.049，即：

$$k_{\mathrm{f}}=\frac{1}{1.35}N_{\mathrm{e}}^{0.049}$$

3. 弯拉强度结构系数

弯拉强度结构系数是在疲劳回归方程的基础上，考虑了荷载横向分布、不利季节天数等因素而提出的：$K_{\mathrm{s}}=0.74N_{\mathrm{e}}^{0.049}$，若考虑公路等级不同的影响，透水性混凝土的弯拉强度结构系数可表示为下列一般表达式，其中 A_{e} 为道路等级系数。

$$K_{\mathrm{s}}=\frac{0.74}{A_{\mathrm{e}}}N_{\mathrm{e}}^{0.049}$$

8.8 吸声率的试验

透水混凝土含有大量的连通孔隙，具有吸声降噪的功能。其吸声机理是当声波入射到透水混凝土表面时，大部分声波将通过孔隙传播到材料内部，激发材料孔隙内的空气分子及筋络的振动。由于空气与筋络之间，不断发生热交换，使相当部分的声能转化为热能而消耗掉。

多孔材料的吸声效果一般用吸声系数来表示，吸声系数是材料表面吸收的声能与入射的声能的比值。

透水混凝土有优良的降噪功能，主要是因为它有较强的吸声能力，科研和生产中常要对其吸声性能进行测定评价。日本研究者多采用 JISA1405 中规定的管内吸声率测定装置来测定，装置的原理如图 8-37 所示[14],[15]。它是通过纯声发振器、功率放大器到扬声器将声音发射到一端装置了透水混凝土的管内，经透水混凝土吸收后的声音由插在管内的麦克风传至精密噪声计加以测量。

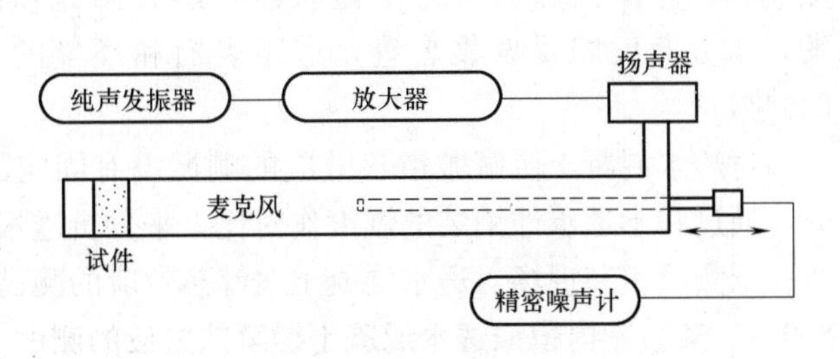

图 8-37　管内吸声率测定装置

在日本进行相关研究的人员分别研究了以石灰石和火山渣为骨料的透水混凝土的吸地声特性，图 8-38 是不同孔隙率透水混凝土（以火山渣作为轻骨料）试件的吸声峰频率与试件厚度的关系。由图可见，随着试件厚度的增大和孔隙率的减小，吸声峰向低频率移动。

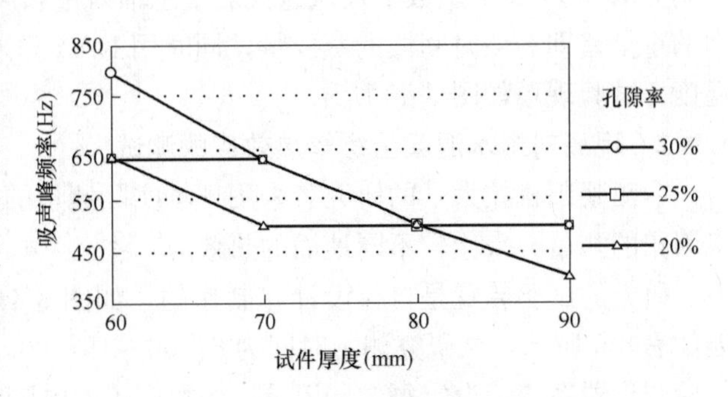

图 8-38　试件厚度与吸声峰频率的关系

图 8-39 是骨料种类与吸声峰频率的关系，每一测试样品由两层透水混凝土板重叠而成，前面一层厚度为 30mm，后面一层的厚度分别为 30mm、40mm、50mm 和 60mm。

由图中数据可见，火山渣轻骨料透水混凝土的吸声范围主要是低频音，石灰石骨料透水混凝土的吸声频率较高一些，在适当厚度组合下，吸声峰值的频率可提高到 1000Hz。

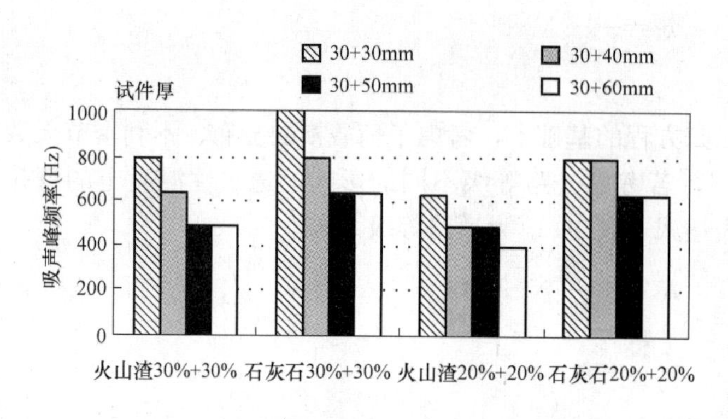

图 8-39　骨料种类与吸声峰频率的关系

本试验研究也得出结论，单独测试粒径为 5～10mm 的火山渣骨料，吸声率的峰值达到 1.0，频率为 1500Hz，但制成混凝土后峰值向低频移动，与石灰石为骨料的混凝土差别不大，这主要是因为水泥浆堵塞了火山渣的孔隙，采用混凝土片材中间留空气夹层的方法，可以提高吸收高频音的效果。

8.9　缓解热效应的测试

透水混凝土含有很多连通孔隙，雨水通过这些孔隙排到基层或被收集再利用，因此连通孔隙的内部通常是潮湿状态，随着阳光在路面的照射，孔隙内的水分逐渐蒸发，水分蒸发需要吸收热量，道路表面和环境的温度就会有所降低，从而缓解城市的热效应。

对透水混凝土缓解城市热效应的测试没有固定的方法，一般靠研究人员自行设计研究，通过和不透水性铺装的温度作对比，来分析透水混凝土对缓解热效应的作用。下面介绍一下实验室和现场对透水混凝土缓解热效应的测试。

8.9.1　实验室内模拟透水混凝土缓解热效应的测试

东南大学的研究者在实验室模拟透水混凝土铺装进行了缓解热效应的模拟测试[16]。为了能够模拟实际地面，将混凝土试样底面和侧面密封，只留表面作为蒸发面，首先将试样在水中浸泡 24h，使水分充分进入试样内部，利用两盏 1000W 的碘钨灯照射模拟热辐射，距试样表面 45cm，用立式风扇模拟自然风，并分别用太阳总辐射测定仪 DFY2 和清华同方 RHAT-301 型数字式风速仪测量总辐射量和风速。试样每隔 1h 进行称量，相邻时间的重量差即为该时间段的蒸发量，同时用 RAYTEK 非接触式红外测温仪测定试样表面温度。试验现场如图 8-40 所示。

8.9.2　现场对透水混凝土缓解热效应的测试

台湾朝阳科技大学的研究者采用现场实际测量的方式，通过对多种地面的各项温热环境因子的测量，来比较不同地面的热效应[17]。

研究的试验装置是自行设计并制作的，如图 8-41 所示。此装置所包含的仪器以及功能如表 8-6 所示。该研究测定时间为 6：00～18：00，可以同时监测 3～4 种地面，通过室外检测仪器系统，设定每 30s 记录一次数据，由电脑自动保存。

现场测量地面热效应的装置仪器说明　　表 8-6

名称	测量功能	测量范围	单位	距地面高度(m)
风速计	风速	0.1～20	m/s	1.5
黑球温度计	辐射量	0～120	℃	1.2
太阳能感应器	水平日射量	0～1400	W/m²	1.2

续表

名称	测量功能	测量范围	单位	距地面高度(m)
太阳能感应器	水平反射量	0～1400	W/m²	1.1
热偶线	空气温度	—	℃	1.0
热偶线	空气温度	—	℃	0.75
热偶线	空气温度	—	℃	0.5
热偶线	空气温度	—	℃	0.25
热通量	热通量	−425～600°F	W/m²	0
热偶线	表面温度	—	℃	0
热偶线	土壤温度	—	℃	−0.1
温湿度计	温度及湿度	−10～60	℃	1.0
土壤水分计	土壤含水率	—	%	−0.1

注：−0.1 即为地面以下 0.1m。

图 8-40　东南大学对透水混凝土缓解热效应的测试

图 8-41　现场测量地面热效应的装置

该方法采用多种高精度仪器设备，长时间对地面进行监测，数据采集频率高，很大程度减小了因车行和行人造成的影响，并且对普通混凝土路面、沥青混凝土路面、植草砖地面、透水地面、草地等多种地面进行了数据采集和比较，试验结果具有很大的实用价值。

8.10　多孔路面透水时效性与相关试验

沙尘、杂物等对孔隙的堵塞是透水混凝土在应用过程中最突出的问题之一，会使透水混凝土的透水性能变差，堵塞严重的甚至直接导致路面不透水。我国气象特点为南方多雨、北方少雨多风沙，因此透水混凝土在南方应用时，经常有雨水渗透冲洗，路面透水性受泥沙封堵影响较小，而在北方春秋季节沙尘较多，雨水少，对路面的透水性影响大。中国建筑技术中心的研究人员按照北京的风沙状况，在北京大兴区某透水混凝土路面对沙尘透水性能的影响进行了模拟测试。

2006年北京市经历最大的一次沙尘暴为20g/m²，以北京市每年经受5次最强沙尘暴为例，分别以使用时间为3年、5年、10年、20年模拟沙尘量对路面透水性的影响，如表8-7所示。

沙尘对路面封堵的测试结果 **表8-7**

使用时间(年)	0	3	5	10	20	恢复
透水系数(mL/s)	68	54	40	24	18	48
损失率(%)	100	21	41	65	74	29

从结果中可以看出，随着路面使用时间的增加，透水性能逐渐下降，到20年时透水性能损失74%。模拟20年的泥沙封堵试验后，采用高压水冲洗的方法，对透水混凝土透水性进行恢复，透水性能恢复到初始透水性能的71%。

山东大学的研究者[18]针对传统的透水混凝土路面透水测试装置不能对堵塞的过程实时监测的弱点，发明了一种新型的透水混凝土孔隙堵塞模拟装置，通过测试透水混凝土的透水系数以及透水混凝土在饱水条件下电阻率的变化，可以对透水混凝土堵塞进行全过程模拟，其装置图如图8-42所示。

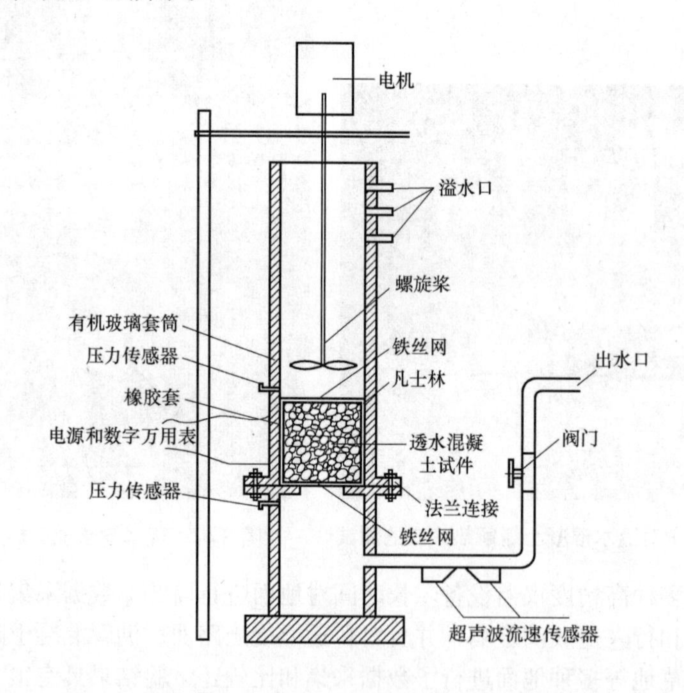

图8-42 透水混凝土路面堵塞模拟试验装置主体结构示意图

透水混凝土路面堵塞模拟试验装置由三部分组成，分别为螺旋桨部分、套筒部分和排水管。其中螺旋桨是用来搅拌掺有堵塞材料（如砂等）的水，以此来模拟降雨时透水混凝土路面地表洪流水的流动，可以通过调节螺旋桨的转速来模拟不同水流速度下透水混凝土的堵塞情况。套筒部分主要用作安装透水混凝土试件，在试件安装位置处的套筒壁上，与试件两个端面平行的位置处设置了压力传感器预留孔，试验时可安装压力传感器来测量试件上下两个端面的压力差。排水管用于控制排水，在排水管上安装超声波流速传感器来测量排水管内水的流速，从而获得流量。

装置的工作原理如下：

1. 控制水头高度

通过控制溢水口高度来模拟地表洪流深度。

2. 测定透水混凝土的孔隙率

透水混凝土时间的孔隙率采用体积法测定，通过式（8-12）计算得出：

$$n_c=\left(1-\frac{m_2-m_1}{V\rho_w}\right)\times100\% \tag{8-12}$$

式中 n_c——透水混凝土试件的孔隙率（%）；

m_1——透水混凝土试件浸水24h后在水中测得的质量（g）；

m_2——透水混凝土试件从水中取出后在60℃烘箱内烘24h后的质量（g）；

V——透水混凝土试件的体积（cm^3）；

ρ——水的密度（g/cm^3）。

3. 确定透水混凝土的透水系数

由于对透水混凝土试件侧表面进行了凡士林防水涂抹，因此试件的透水横截面有效面积将变小，按式（8－13）计算横截面有效面积：

$$A_{ef}=A-\frac{V_v}{L} \tag{8-13}$$

式中 A_{ef}——透水混凝土试件的横截面有效面积（mm^2）；

A——透水混凝土试件的横截面面积（mm^2）；

V_v——涂抹的凡士林体积（mm^3）；

L——透水混凝土试件的高度（mm）。

为了实时记录堵塞过程中渗透系数的变化，在试验装置上安装了两个电子水压力传感器和一个超声波流速传感器，所有传感器通过模数转换器接电脑。在进行透水混凝土堵塞模拟试验时，通过压力传感器对透水混凝土试件上表面和下表面的压力进行了实时在线记录，可得到试件上下表面的水头损失，然后由式（8-14）确定水头梯度。

$$i=\frac{h_w}{L}=\frac{h_1-h_2}{L} \tag{8-14}$$

式中 i——水头梯度；

h_w——水流经透水混凝土试件后的水头损失；

L——透水混凝土试件的高度；

h_1、h_2——透水混凝土试件上、下两个端面上的压力。

通过渗流出水管上的超声波流速传感器实时在线记录出水管内水的流速 v_2，可以得出透水混凝土试件内水的流速 v_1。根据式（8-15）求出的水力坡度和达西定律可以得到透水混凝土试件的透水系数 k：

$$k=\frac{v_1}{i}=\frac{A_{ou}L}{A_{ef}h_w}v_2 \tag{8-15}$$

式中 k——透水系数（mm/s）；

v_1——试件内的水流速（mm/s）；

v_2——出水管的水流速（mm/s）；

i——水头梯度；

h_w——水头损失（mm）；

A_{ef}——透水混凝土试件有效截面积（mm^3）；

A_{ou}——出水管的内截面积（mm^3）；

L——透水混凝土试件的高度（mm）。

4. 确定电阻率

通过观测透水混凝土饱水试件中贯通性孔隙的电阻率变化过程，可以判定透水混凝土试件的堵塞情况。测得的电阻率越高时，表明透水混凝土试件的贯通性孔隙越少，进而说明堵塞于透水混凝土试件孔隙内的堵塞物越多，试件堵塞就越严重。

为了测得透水混凝土试件的电阻率变化过程，在进行透水混凝土堵塞模拟试验时，加入可导电的 NaCl 溶液，并在透水混凝土试件的上下两端各加一张铁丝网，连接电源和可以测量有效功率和视在功率的数字万用表。在试验过程中，给透水混凝土试件上下表面通交流电压，利用数字万用表可测得试件的功率 W 和通过透水混凝土试件的电流 I，最终利用式（8-16）可求得试件电阻 R。

$$R=\frac{W}{I^2} \tag{8-16}$$

式中 R——透水混凝土试件的电阻；

W——透水混凝土试件的功率；

I——通过透水混凝土试件的电流。

在求得电阻 R 后，可利用电阻率计算公式（8-17）得到试件的电阻率 λ。

$$\lambda=\frac{RA}{L} \tag{8-17}$$

式中 λ——透水混凝土试件的电阻率；

A——透水混凝土试件的有效面积（mm^2）；

L——透水混凝土试件的高度（mm）。

此种方法可以根据透水混凝土路面的实际构造情况进行模拟测试，以便在短时间内得到直观的结果，但与实际路面长时间缓慢积累的淤堵的相关性值得进一步的探索。

本章小结

本章表述了透水混凝土的各种试验方法和国内外相关研究。透水混凝土由于其在结构、性能以及施工工艺上与普通混凝土有显著差异，因而应该有一套相应的试验与测试方法。目前我国在这些方面的研究尚不充分，也没有形成系统的和标准化试验与测试方法，本章介绍的方法有的比较成熟，也有一些还需进一步改进，旨在通过研讨，促进这些方法的进步和完善。

参考文献

1. 宋中南，石云兴等，透水混凝土及其应用技术．北京：中国建筑工业出版社，2011

2. 石云兴，倪坤，刘伟等．一种透水混凝土工作性测定装置和测试方法. 国家发明专利，专利受理号201610156319.2，国家知识产权局，2016.3

3. 中国建筑股份有限公司主编．透水混凝土路面技术规程 DB 11/775—2010. 2010.12

4. 柳橋邦生，米澤敏男，安藤慎一郎　ほか. ポーラスコンクリートの締固め方法に関する研究. コンクリート工学年次論文報告集，1998，Vol. 20，No. 2
5. 岡田正美，米澤敏男　ほか. ポーラスコンクリートの振動締固め方法に関する研究. コンクリート工学年次論文報告集，1999，Vol. 21，No. 1
6. 吉田知弘，国枝稔　ほか. 試験体形状に依存したポーラスコンクリートの曲げ強度. コンクリート工学年次論文報告集，2003，Vol. 25，No. 1
7. 安藤貴宏，栗原哲彦，内田裕市　ほか. ポーラスコンクリートの曲げ破壊性状. コンクリート工学年次論文報告集，1995，Vol. 17，No. 1
8. 曾伟，石云兴，彭小芹等. 透水混凝土尺寸效应的试验研究. 混凝土，2007，(5)
9. 黄大炜，魏姗姗等. 透水混凝土孔隙率快速检测方法. 建材发展导向，2014，(24)
10. 中华人民共和国国家标准. 无机地面材料耐磨性试验方法. GB/T 12988—91
11. 中华人民共和国国家标准. 混凝土及其制品耐磨性试验方法. GB/T 16925—1997
12. 陈瑜. 公路隧道高性能多孔水泥混凝土路面研究. 博士学位论文，中南大学，2007
13. 郑木莲，王秉纲等. 多孔混凝土疲劳性能的研究，中国公路学报，2004，(1)
14. 松尾伸二，丸山久一，清水敬二　ほか. 透水コンクリートの透水・透湿・吸声特性. コンクリート工学年次論文報告集，1993，Vol. 15，No. 1
15. 張雪梅，中澤隆雄　ほか. ポーラスコンクリートの吸音特性に関する検討. コンクリート工学年次論文報告集，2002，Vol. 24，No. 1
16. 王波，城市广场生态物理环境与透水性铺装的研究与应用. 博士学位论文，东南大学，2004
17. 黄宇松，户外铺面对建筑外部热环境影响之研究. 硕士论文，朝阳科技大学建筑及都市设计研究所，2005
18. 张娜. 透水混凝土堵塞机理试验研究. 硕士学位论文，山东大学，2014

第9章 透水混凝土铺装的生态环境友好性

9.1 透水与容水功能

多孔混凝土内部具有连通孔隙，具有优异的透水、透气性能。采用多孔混凝土的透水性路面铺装，除具透水、透气性外，还具有良好的过滤灰尘、耐压、耐磨、融雪、防滑等特性。

透水铺装的透水基层对于地表水可以起到过滤的作用，部分地表污染源渗入土壤中能够得到及时的吸收或降解，同时多孔透水材料利用自身的多孔结构在水中可形成适合水生动植物生长的良好空间环境，这些水生动植物也可有效地净化污水；雨雪通过透水性基层直接渗透到土壤中，大大减少了地表径流[1]~[6]。

同时，透水性混凝土路面工程能广泛适用于不同的地域及气候环境，很好地解决了雨水收集问题、噪声污染问题和资源再生利用问题，对地表水的排放也能起到很好的分流作用，同时还可缓解城市管网老化而引起的路面积水现象。

如果透水性铺装下面的基层属于透水性很差或者是不透水的，那么透水混凝土的多孔性使其成为一个容水层，一般透水性铺装的孔隙率在15%～35%，在雨天，能够将大量雨水存储在其中，逐步下渗补给地下水或者蒸发。

9.1.1 透水混凝土透水原理

透水混凝土是由水、水泥、粗骨料（或含一定量细骨料）等组成的，多采用单粒级或间断粒级粗骨料作为骨架，水泥净浆或加入少量细骨料的砂浆薄层包裹在粗骨料颗粒的表面，作为骨料颗粒之间的胶结层，骨料颗粒通过硬化的水泥浆薄层胶结形成多孔的堆积结构，因此混凝土内部存在着大量的连通孔隙，且多为直径超过1mm的大孔。透水混凝土多采用相对单一粒径骨料，从而在混凝土内部形成较多的孔隙。

透水混凝土的孔隙是指混凝土总体积扣除实体部分后的剩余部分，它由三部分组成：连通孔隙、半连通孔隙和封闭孔隙。连通孔隙是相互连通的孔隙；封闭孔隙是和其他孔隙不连通、孤立的那部分孔隙；半连通孔隙也称死孔隙，它有一端与其他孔隙连通，另一端封闭。从排水的角度，孔隙又分为有效孔隙和无效孔隙。有效孔隙是指能通过水、排出水的孔隙。从水流动的角度讲，只有相互连通、不为水所占据的孔隙才是有效的。半贯通孔隙中的水是相对停滞的，但是排水时又起到缓存的作用，所以它也是有效的。因此有效孔隙由连通孔隙和半连通孔隙两部分组成，封闭孔隙则是无效孔隙。

9.1.2 透水混凝土的透水能力

透水混凝土的透水能力通常用透水系数来衡量。在水头差的作用下，透水速度 v 与水力坡度 i 成正比，其比例系数 k 称为透水系数，它是表征水在多孔材料中流动难易程度的指标。按达西定律表示为：

$$v=k\cdot i \tag{9-1}$$

$$q=k\cdot i\cdot a \tag{9-2}$$

式中 k——透水系数；

q——单位时间的流量；

a——水流通过断面的面积。

透水系数的测定方法都是基于上式进行的，按照测试水位状况可分为常水位法和变水位法。但目前国内外对透水系数的测定方法并不统一，也没有相应的标准。实验室里测试，两类方法均可以采用，而在现场测试，变水位法更简便易行，见本书第8章。

透水性铺装的透水系数，主要取决于透水混凝土内部孔隙状态以及孔隙率；对于相同孔隙率，孔隙大且连通性好则透水系数大。另一方面，孔隙率直接影响透水混凝土的强度，通常孔隙率高会导致强度下降。因此，在透水性铺装中，承载力与透水性之间存在一定的矛盾。一般来讲，由单一粒径骨料和水泥浆体混合并经水化作用形成的具有连通孔隙结构的混凝土，孔隙率可达15%～35%，可使雨水顺畅透过路面，透水率大于0.5～1mm/s。

9.1.3 透水混凝土对城市的防涝作用

我国大部分地区多雨季节集中在夏季，当夏季地表温度高且透水时，初期降雨一是因地面和空气燥热使一部分水分蒸发掉，二是地表具有孔隙，降水可能渗入到地下或只是润湿地表。前一过程以及润湿草和树叶的过程称为截留，降雨可能会停留在泥坑里直到蒸发掉，或一直到泥坑被填满后再溢流出去。第三种情况是降雨可能直接流入最近的河流或湖泊形成地表水[3]。这些减小了直接径流流量的四项因素（蒸发、入渗、截留和填洼），称为消减。图9-1所示为地表径流产生过程示意图。

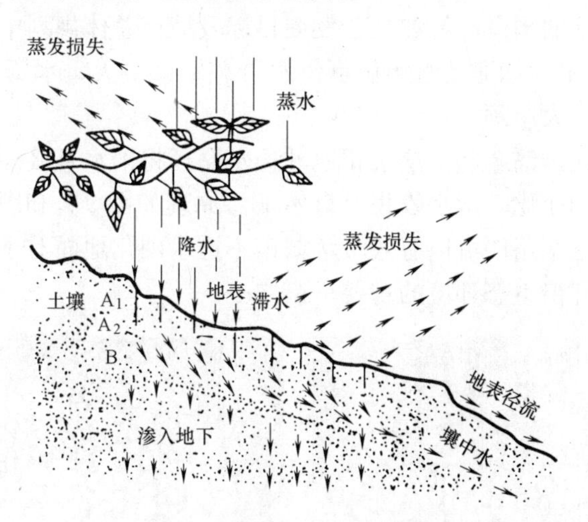

图9-1 地表径流产生示意图

城市化程度低的郊区，大气中的降水除去被植物枝叶及建筑物所截留和吸收的水分外，落到地面的部分，由于土壤的可渗透性而不断渗透到土壤中去，其渗透率随土壤性质而异，也随土壤中的水分增加而变小。当土壤中的水容量饱和时，或当降水率超过土壤渗透率时，多余的水分就会积累在地面，这些地表积水沿着地面斜坡逐渐形成大片分布而漫流入江河。地面漫流的水量就称为地表径流，郊区植被多，土壤疏松，雨水储存的空间比城市市区大得多。

城市化的重要特征之一，就是原有的天然植被不断被建筑物及非透水性硬化路面所取代，从而改变了自然土壤植被及下垫层的天然可渗透性，城市硬化地面占整个城市区域面积相当大的比例，因而其渗水性能直接影响城市排水和防洪。

城市防洪主要是针对多雨季节集中降雨所产生的过量地表径流的危害。城市洪峰径流量主要依地表性质及流域面积等而异。由于地表传统的不透水铺装片面强调硬化地面的防水防渗性能，此种路面将自然降雨完全与路面下部土层及地下水阻断。不透水铺装降雨时雨水是通过地面的排水坡度或地表明沟排入下水道，雨水在进入下水道前要经过较长距离的地表径流过程才能进入城市地下排水系统，雨水在地表停留的时间较长，降雨只能通过城市排水系统管网排入江、河、湖、海等地表水源中[4]~[8]。

9.1.4 透水性铺装对水资源的保护作用

中国水资源人均占有量仅相当于世界人均占有量的1/4，美国的1/6，日本的1/8，被联合国列为13个水资源贫乏的国家之一。

尤其是在我国北方的广大地区，缺水情况十分严重。例如北京地处于水资源匮乏的海河流域，是我国水资源严重短缺的地区之一，其人均水资源占有量不足300m³，只有全国人均水资源占有量的1/8，世界人均水资源占有量的1/30，远远低于人均水资源占有量1000m³的缺水下限，按照联合国标准，属于极度缺水地区。近年来，由于地下水的超量开采，且地下水不能及时得到补充，北京平原地面沉降呈快速增加趋势。到目前为止，在东郊八里庄—大郊亭、东北郊来广营、昌平沙河—八仙庄、大兴榆垡—礼贤、顺义平各庄等地已经形成了五个较大的沉降区，沉降中心累计沉降量分别达到722mm、565mm、688mm、661mm和250mm。最严重的地方，地表还在以每年20～30mm的速度下沉。早在北京市“十五”时期的国民经济和社会发展目标及城市总体规划中就曾经预测过，2010年平均缺水16.15亿m³，如遇枯水年份可供水资源缺口更大，水资源短缺已成为制约首都经济和社会发展的一大瓶颈。

透水混凝土路面通过铺装与下垫层相通的透水路径将雨水直接渗入下部土壤，雨水通过土层过滤还可以得到净化，雨水收集及自然下渗原理如图9-2和图9-3所示。因此用透水混凝土路面代替不透水路面可以有效缓解城市不透水硬化地面对于城市水资源的负面影响，是建设人与自然和谐生态环境的重要举措之一。

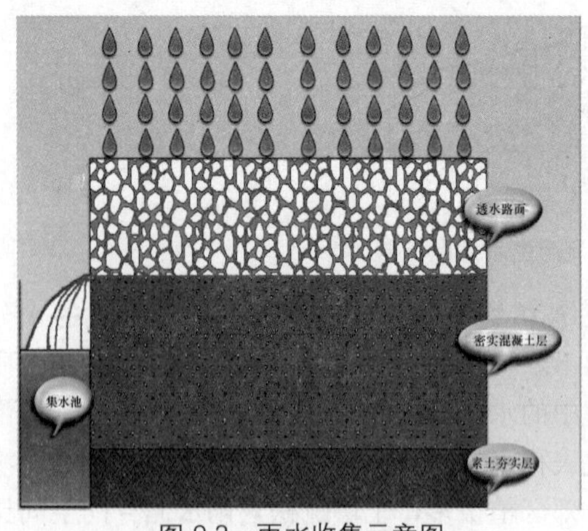

图9-2 雨水收集示意图

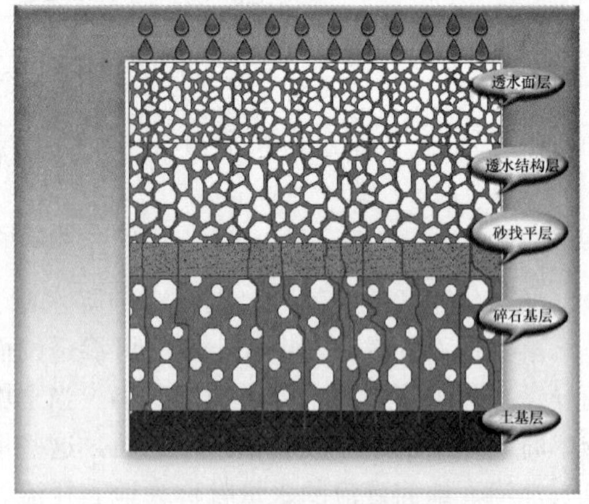

图9-3 雨水自然下渗示意图

图9-4所示为城市化前后径流量随时间变化对比曲线。图中虚线和实线分别表示城市化前后市区径流曲线。城市化使城市市区不透水铺装面积增大，下渗量极小，不透水地面

只能依靠表面汇水系统及城市排水管网排除地表降雨。在暴雨时，这种地面雨水迅速变为径流，径流量急剧增高，很快出现峰值，洪流曲线急升急降，洪峰陡，出现早，来势猛。而透水性地面由于自身的渗水能力，能有效地缓解城市排水系统的泄洪压力，径流曲线平缓，其峰值较低，并且流量也是缓升缓降，利于城市防洪。

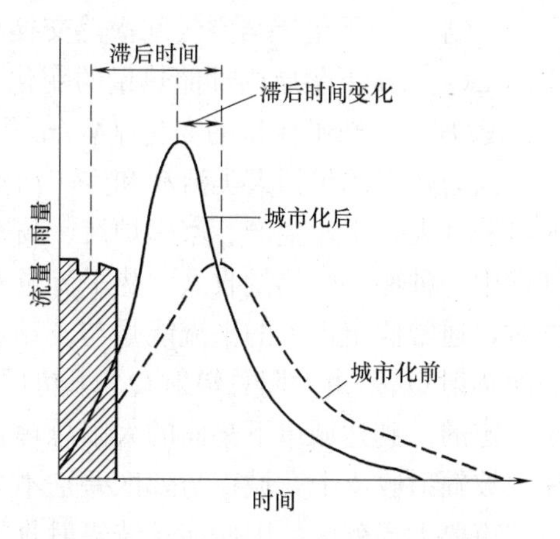

图 9-4　城市化对径流涨落曲线的影响

图 9-5 所示为城市排水和不透水地表面积比例与流量关系图。从图中可以看出，城市不透水地面面积比例越高，都市化后流量与都市化前流量比值就越大。这说明随着城市不透水地面面积的不断增大，城市地面径流汇水量增加，致使洪峰流量加大，洪峰时间提前，严重时会导致洪涝灾难。

图 9-6 所示为城市不透水面积与城市排水环境及洪水发生频率相互关系曲线。从图中可以看出，城区不透水铺装的面积越大，城市排水设施压力越大，洪水复现间距就越短，发生洪水的可能性就越大。因此，用透水性铺装代替不透水性铺装是城市防涝的有效措施之一。

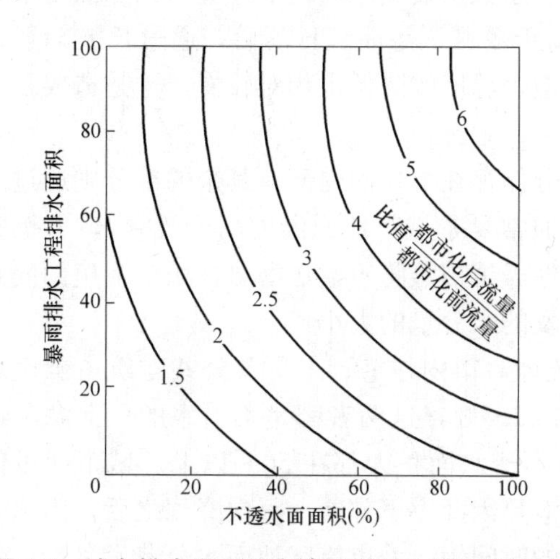

图 9-5　城市排水和不透水地面面积比例与流量关系

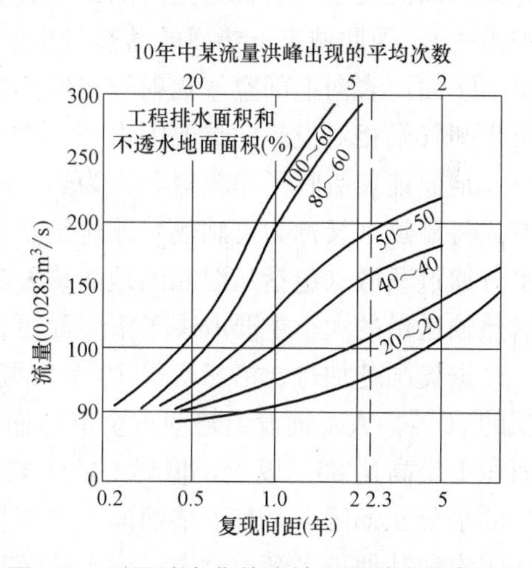

图 9-6　不同城市化的流域面积洪水频率曲线

9.2　热工功能

9.2.1　地面铺装与城市热岛效应

城市具有复杂的立体结构，市内建筑、广场、绿地、水体等都对地表能量平衡产生影响。对于城市下垫层来说，建筑物-空气-地面铺装系统的能量平衡方程如下：

$$Q_N + Q_F = Q_H + Q_E + \Delta Q_S + \Delta Q_A \tag{9-3}$$

式中　Q_N——净辐射（W/m^2）；

Q_F——人为热（W/m^2）；

Q_H——下垫层与空气间显热交换（W/m^2）；

Q_E——下垫层与空气间潜热交换（W/m^2）；

ΔQ_S——下垫层内部储热量的变化（W/m^2）；

ΔQ_A——热平流量的变化（W/m^2）。

人为热来源包括人类活动和生产活动以及生物新陈代谢所产生的热量。在城市中由于人口密度大，工业生产、家庭炉灶、骑车、摩托车等排放的热量，远比郊区大。这是城市气候中一种额外的热量收入。热平流量 Q_A 是指下垫面水平方向流动的热量，四周环境相同时，通常假定进入的平流能量与支出的平流能量相等，ΔQ_A 项可以忽略不计。下垫面的净辐射 Q_N 是由太阳总辐射 Q、下垫层反射率 α、大气逆辐射 $Q_L\downarrow$ 和地面辐射 $Q_L\uparrow$ 四项来决定的。到达城市下垫面的太阳总辐射比郊区小，但其下垫面的反射率 α 亦比郊区小，在短波辐射收支上，城市与郊区差别不大。城市中大气逆辐射虽比郊区大，但地面长波辐射城市要大于郊区，因此在长波辐射收支上，城区与郊区的差别也不大。城区建筑物材料（如密集的混凝土、石料、钢筋等）的比热容 c、导热系数 λ 和热导纳 μ（$\mu=\sqrt{\lambda c}$）都比郊区干燥土壤高，因此城市储存的热量仍较多。据研究表明，城市下垫面储存的热量 ΔQ_S，其平均值相当于地净辐射的 15%～30%，郊区下垫面有农作物、树木和草覆盖着，其平均 ΔQ_S 相当于地净辐射的 5%～15%，而裸露地面约为 25%～30%。城市下垫面白天吸收太阳辐射能，并将这部分热量储存起来，日落后再将热量向四周释放。由于城市下垫面（以混凝土和石材为主）的比热容和导热系数明显高于乡村下垫面（以天然土壤和植被为主），因此城市下垫面的蓄热量也明显高于乡村下垫面。日落后，通过长波辐射，城市下垫面地表向上部空气辐射较多的热量，地表温度的降低也相对较慢，这是造成夏季城市夜间气候相对炎热的重要因素[8]～[14],[21]。

地面铺装吸收了净辐射和人为热，一部分储存在下垫面内部，其余的部分则通过蒸发方式将显热（又称为可感热）输送给空气（通常夏季城市地面温度高于气温）。下垫面的水分通过蒸散（包括从湿润的地面蒸发和从地表植被蒸腾）输送潜热，城市下垫面向空气潜热输送量的大小主要取决于下垫面可供蒸发的水分量的大小。

据美国芝加哥、洛杉矶等 10 个大城市统计，市内住宅、工厂及公共建筑占全市总面积的 50%，人工铺设道路约占全市总面积的 22.7%，这两者都是不透水的。上海不透水面积更是高达 80%以上，世界上的主要城市不透水面积大都在 50%以上。城市中可供蒸发的水分比郊区少，其下垫面向大气提供的潜热因此小于郊区。每次降雨之后，雨水很快从阴沟和其他排水管道流失，雨水滞留地面的时间短，城市市区地面水分蒸发量少；郊区土壤能够使雨水渗透并滞留在土壤中缓慢蒸发，因此提供给空气的潜热比城市多。此外，郊区有大片自然植被和人工种植的农作物，这些植物一方面可以截留一定数量的降水，不使它很快变为径流流失，增加地面水分的渗透和蒸发；另一方面，通过蒸腾作用，增加空气中的水汽和潜热。城市中除了公园和行道树木外，绿地面积小，植物的蒸腾作用远小于郊区。这又是一个重要原因，使得城市中大地与空气之间潜热交换小于郊区。

影响下垫地面温度的变化，首先是由该地面热量收支不平衡引起的，白天当地面吸收的热量多于放出的热量时，地面就会增热升温；反之，夜间当地面吸收的热量少于放出的热量时，地面就会冷却降温。引起地面温度变化的热力来源是太阳辐射，但对于不同地面，即使获得相同的太阳辐射，地面温度仍然有很大差异。造成这种差异的原因有很多，地表面湿度不同是其中重要的原因之一。有研究表明，城市热岛强度随着城区不透水地表面积的增大而增强。

9.2.2 透水性铺装改善城市热环境的机理

液态水随着热量的输入，其温度均匀地上升，该热能称为“显热”。显热是物质在温度变化时释放或吸收的热能。当物质从一相变成另一相，及时提供热能，其温度仍保持不变。因为它是潜藏的，所以这种热能叫作“潜热”。潜热是物质相态变化中温度不变时，吸收或释放的热量。

水的蒸发所吸收的潜能是为了克服分子间的束缚力，当物质温度发生变化，吸收或释放的显热的数量由下式计算：

$$H_1 = M \times c \times \Delta\theta \tag{9-4}$$

式中 H_1——显热数量（kJ）；

M——物质的质量（kg）；

c——物质的比热容［J/（kg·K)］；

$\Delta\theta$——温度的变化（K），$\Delta\theta = \theta_1 - \theta_2$。

当物质的相态发生变化时，吸收或释放的潜热，由下式给出：

$$H_2 = M \times l \tag{9-5}$$

式中 H_2——潜热数量（kJ）；

M——物质的质量（kg）；

l——单位质量物质相态变化时对应的潜热（kJ/kg）。

水的比热容为4190J/（kg·℃），水蒸气的潜热为2260kJ/kg，即1kg 0℃的水变成1kg 100℃的水所需的显热，由公式（9-4）知，H_1＝419kJ；1kg 100℃的水变成100℃的水蒸气所需的潜热，由公式（9-5）知，H_2＝2260kJ；总热量为H＝2679kJ。液态水的蒸发过程所需的热量来自于周围环境，周围环境中的一部分热量被吸收，进而产生良好的降温效果。

城市市区除了少量绿地及自然水体外，绝大部分是人工铺砌的道路、广场、建筑物和构筑物，因此城市下垫面容水量很少。在下垫面因子中，不透水面积的大小、可供蒸发蒸散的水分的多少以及建筑物的密度是形成城市热岛效应的重要因素。加大城市下垫面可供蒸发的界面面积可有效利用水分蒸发吸热，改善地面铺装的容水和透水性能是改善城市热岛效应的重要措施。

透水性铺装中的水分在太阳辐射作用下的蒸发过程类似于土壤中水分的蒸发。透水性铺装中的水分逸出铺装表面，一种是铺装表面的水分的直接蒸发，另一种是在铺装连通孔隙内部水分的蒸发。多孔透水性铺装中的水分蒸发，不但取决于铺装中的含水量及内部构造，而且与温度、湿度、风速等气象因素有关。空气温度升高，使具有足够速度突破表面薄层逃逸出去成为水蒸气分子的数量迅速增加，因此，透水性铺装中水分蒸发的速度随空气温度的升高而加快。只要邻近铺装地表的空气湿度未达到饱和，水分就会不断地蒸发。空气流动使近地表湍流交换增强，水分向上输送得越快，接近铺装地表空气层中的水汽含量减少得越快，地面气流卷走逃逸的水蒸气分子并阻止它们再变为液态水，从而随着风速的增大，透水性铺装内部水蒸气蒸发加快。

“城市干燥化”是城市热岛效应的连锁反应。北方城市在少雨季节常见的风沙起尘现象，与城市地表的蒸发量减少，空气的湿度过小，空气日益干燥有直接关系。该现象在缺水的北方城市尤为明显，这些城市如果使用透水性铺装，由于透水性铺装蒸发的水蒸气会增加空气的湿度，对缓解“城市干燥化”是非常有利的，这种增湿作用可以有效地减少城市地面的扬尘。

透水性铺装由于自身一系列与外部空气及下部透水垫层相连通的多孔构造，雨过天晴以后，透水性铺装在太阳热辐射作用下，吸收的能量使内部水分变成为水汽，逸出铺装表面。水分蒸发吸收大量的热量，使得地表温度和空气温度均得到降低，这是透水性铺装改善城市夏季热环境的重要途径。地表温度的降低会明显减小地表对外界的长波辐射作用，根据斯蒂芬-波尔兹曼定律，灰体的全辐射本领 E 可按照下式计算：

$$E=C\cdot(T/100)^4 \tag{9-6}$$

式中 E——灰体的辐射本领（W/m^2）；

T——灰体的绝对温度（K）；

C——灰体表面的热辐射系数［$W/(m^2\cdot K^4)$］。

由式（9-6）知，灰体的全辐射本领 E 与其绝对温度的四次幂成正比。夏季透水性铺装受热后，向铺装地表上部空间辐射热能，类似灰体辐射。因此，降低透水性铺装地表温度对于减轻夏季铺装地表热辐射起着重要的作用。透水性铺装内部及下垫层中的水分通过太阳辐射下的蒸发作用使地表温度和近地表空气温度降低，从而减轻夏季地面铺装对行人的烘烤感，改善夏季城市热环境。

9.2.3 透水铺装的表面温度变化分析

一些学者对透水性铺装的表面温度变化进行了系列的模拟研究。如某学者分别采用碘钨灯照射和立式风扇模拟太阳热辐射及自然风的作用，对不同孔隙率透水性铺装以及透水性地砖含水蒸发进行了试验研究[21]。模拟试验中，采用两盏1000W的碘钨灯，距离试样表面垂直距离45cm照射，风扇则距离试样水平距离40cm吹风。

对于透水性混凝土铺装，试样通过钻芯取样，采用高15cm、直径10.6cm的圆柱形透水混凝土试件，如图9-7所示。图9-8为不同孔隙率透水性混凝土试样表面温度变化对比曲线。

图9-7 透水混凝土试件

研究结果：(1) 模拟热辐射和自然风的作用，在特定热辐射（$1307W/m^2$）及风速（3.3m/s）作用下，不同规格透水混凝土试样的表面温度与材料的孔隙率有关；(2) 随着照射时间的增加，试样表面温度不断升高，升高的速率由大变小，最后趋于稳定；(3) 透水混凝土试样孔隙率越大，单位体积的含水量越大，表面温度随时间升高的速率越小，最终的温度最低。

图9-9所示为透水地砖试件，陶瓷透水地砖通过蒸发同样会明显降低地表温度。如图9-10所示，陶瓷透水地砖的孔隙率大小直接影响其表面温度及其变化。孔隙率越大，单

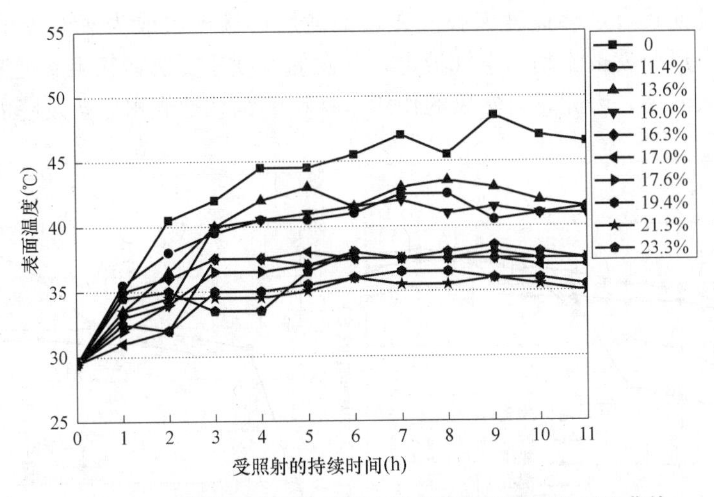

图 9-8　不同孔隙率透水性混凝土试样表面温度变化对比曲线

位体积的含水量越大，蓄热能力也就越强，表面温度随照射时间升高的速率越小，最终的温度也就越低。随着照射时间的增加，透水地砖试样表面的温度不断升高，最后趋于稳定。

图 9-9　透水地砖试件

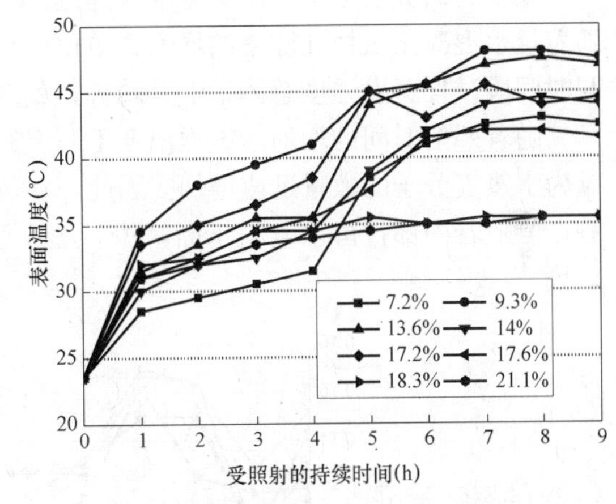

图 9-10　不同孔隙率陶瓷透水砖表面温度对比曲线

对于不同规格的透水地砖，试样选取了粉煤灰免烧透水砖（孔隙率为 6.9%）、混凝土透水砖（孔隙率为 17.5%）和混凝土密实砖（孔隙率约为 0）以及陶瓷透水砖分别进行对比，如图 9-11 和图 9-12 所示。

孔隙率相近的陶瓷透水砖与粉煤灰透水砖，两者表面温度变化趋势基本一致，粉煤灰透水砖的蒸发降温存在一定优势；孔隙率相近的陶瓷透水砖与混凝土透水砖，两者表面温度变化趋势也基本一致；17.5%孔隙率的透水混凝土砖与密实混凝土砖相比，密实混凝土砖的表面温度升高很快，其最终温度远远高于透水混凝土砖。

9.2.4　透水铺装的蒸发强度变化分析

因为水的比热容大，城市的河流、水池、雨水、蒸汽、城市排水及土壤和植物中的水分都将影响城市的温、湿度。水是气温稳定的首要因素。水在远未达到沸点的时候就开始蒸发，水在蒸发时能吸收大量的热量。水或其他液体蒸发的速度随着温度的升高而加快，这说明温度升高使具有足够速度突破液体表面薄层逃逸出去成为蒸汽分子的数量迅速增加。如果蒸汽一形成就被流动的空气带走，蒸发的速度还要快，气流卷走逃逸的蒸汽分子并组织它们进入液体。因此，自然风的作用直接影响铺装地表水分蒸发降温过程。

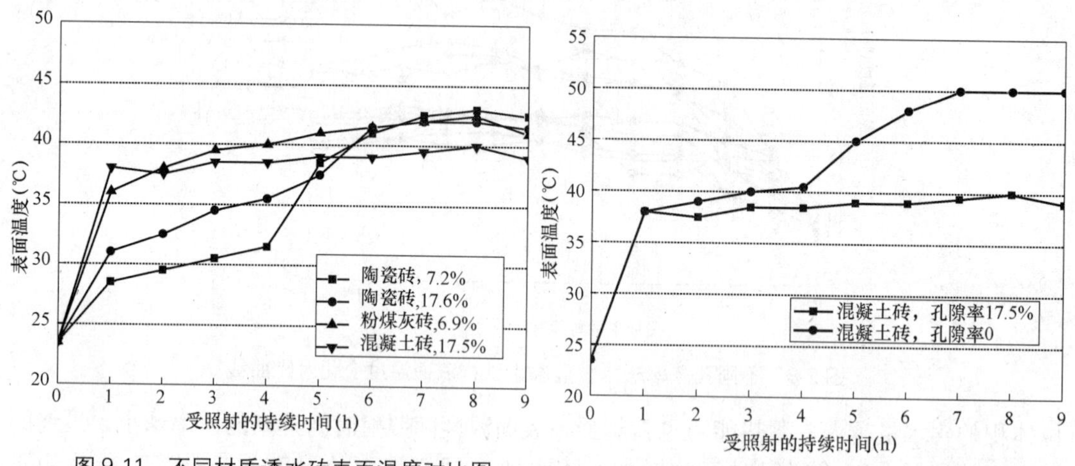

图 9-11　不同材质透水砖表面温度对比图

图 9-12　不同孔隙率混凝土砖表面温度对比图

某学者研究表明[21],[23]，不同规格透水混凝土试样的蒸发强度与材料孔隙率有关，随着透水混凝土试样孔隙率的增大，单位体积试样的含水量增大，蒸发通路增多，因此相同时间段试样蒸发强度总体呈上升趋势，如图 9-13 所示。

随着照射时间的增加，试样温度不断上升，水分子获得的能量增多，突破表面吸附力成为水蒸气分子的数量迅速增加。因此，在热辐射作用的前半段时间内蒸发强度有上升趋势，但随着内部蓄留水量的不断减少，蒸发强度曲线虽略有起伏，蒸发强度总体呈减小趋势。

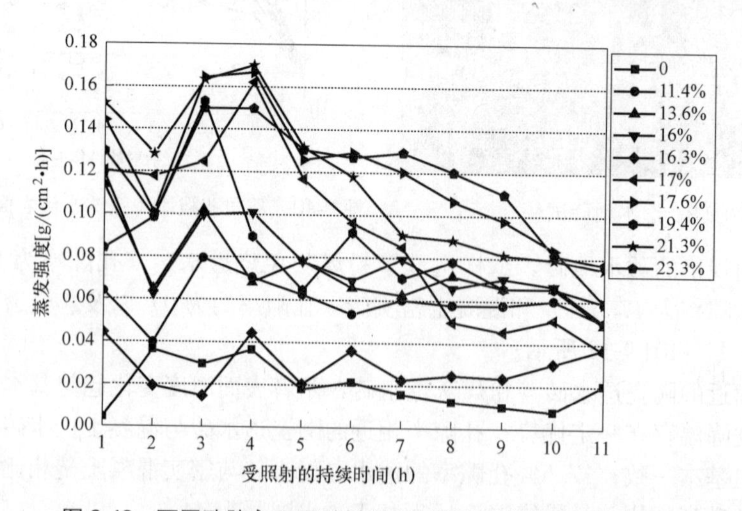

图 9-13　不同孔隙率不同时刻透水混凝土试样蒸发强度对比

在某学者的试验中，不同类型陶瓷地砖的蒸发强度与材料的孔隙率有关，如图 9-14 所示。

试样孔隙率越大，单位体积的含水量越大，初始蒸发强度越大。随着辐射时间的增

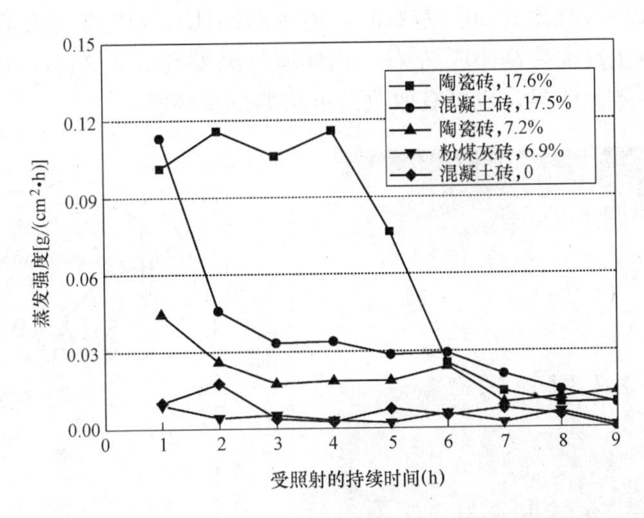

图 9-14 不同孔隙率不同时刻透水地砖蒸发强度对比图

加，试样蒸发强度总体呈下降趋势，最后趋于一致。对比孔隙率相近的陶瓷透水砖（17.6%）与混凝土透水砖（17.5%），试验开始后混凝土透水砖的蒸发强度下降很快。试验前期陶瓷透水砖蒸发强度曲线基本保持平直，随后下降并与混凝土透水砖趋于相同。试样蒸发的强度越高，相应其表面温度越低。而对于孔隙率相近的陶瓷透水砖（7.2%）与粉煤灰透水砖（6.9%）相比，粉煤灰透水砖的蒸发强度自始至终都明显低于陶瓷透水砖，并基本保持不变。这说明陶瓷透水砖的保水能力低于粉煤灰透水砖。粉煤灰透水砖内部水分不易蒸发，水的蓄热系数很大，存留的水增加了粉煤灰透水砖的蓄热能力，因此其表面温度不易升高。

9.2.5 透水铺装对环境的降温作用

现在随着城市的发展，城市的“热岛效应”愈来愈明显，城区温度明显高于郊外和农村（图 9-15）[2],[15]~[17]，美国有调查表明，一般已完善建设的城区比其周围的农村高 2~8℉。图 9-16 是伊利诺伊州一个购物中心周围的温度分布等高线，建筑物周围是用普通沥青路面做成的能容纳 1000 辆车的停车场，它是在 20 世纪 70 年代初的一个晴天、无风且寒冷的晚上测得的结果，由图可见中心温度较周边最低温度高出 4℉[2]。

在晴天和气候平静的条件下，“热岛效应”表现最显著的时间是在下午的后半段和傍晚，产生“热岛效应”的热量超过 90%来自建筑物对太阳热的吸收和储存，只有不到 10%来自人类的活动，如车辆、建筑物内的设施和工厂等。

“热岛效应”在冬天可以减少取暖电耗的 8%，但是在夏天要增加制冷电耗的 12%，电耗的增加，也就直接增加了对大气的污染和 CO_2 的排放量。

城市环境温度的升高，会发生一系列生态问题，如对一些患有与热相关疾病的人有不利的影响；城市表面温度的升高，使经过城市表面排出的雨水的温度也随之升高，因而河流内水温也升高，会使水中可溶解氧含量降低，对水中生物的生存带来很不利的影响。

透水混凝土路面可以将太阳辐射热吸入内部，减少对太阳热的反射，对缓解“热岛效应”有良好的效果。

图 9-17 是位于日本丰田市的几种路面在 2000 年 9 月份对其表面温度的测定结果，由

数据可见，在晴天环境气温为 30℃左右时，透水路面比环境气温也要高 10℃左右，但沥青路面比透水混凝土路面要高 10℃左右，比环境气温要高 20℃左右，可见透水混凝土对缓解“热岛效应”效果明显，也可有效改善道路的行车环境。

图 9-15　城市热岛效应示意图

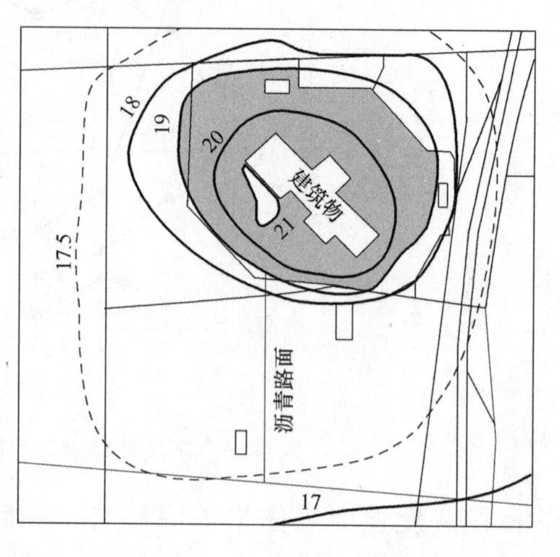

图 9-16　某购物中心周围环境的温度等高线

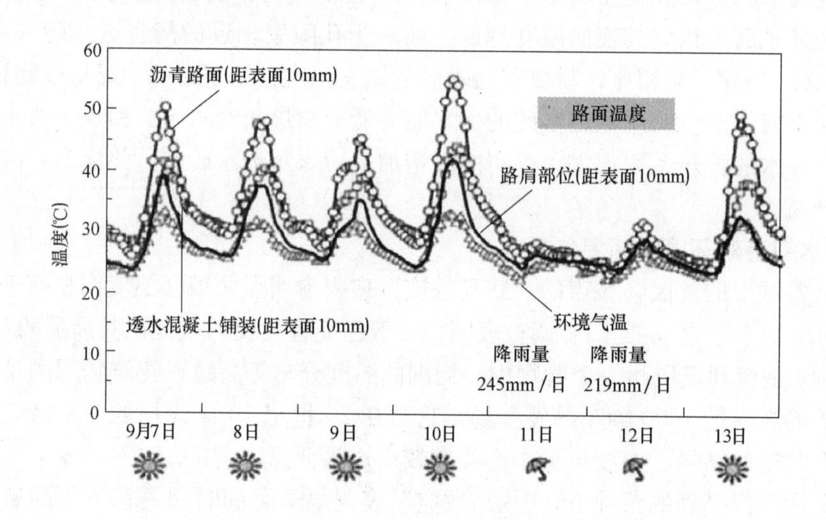

图 9-17　几种路面温度的比较

9.3　降噪功能

9.3.1　对环境的降噪作用

随着城市交通的不断发展和汽车化进程的加快，交通噪声污染已变得日趋严重。交通噪声一般是指 60～80dB 的中等强度噪声，人耳能分辨的声音强度为 0～10dB。当声音强度达到 50dB 以上时，开始影响脑力劳动，80～90dB 时将明显影响工作，而且交通噪声的干扰时间长，影响范围广。随着城市交通的快速发展，其影响范围和程度也将逐渐增大。交通噪声的危害主要有以下几个方面[15]～[20]：

（1）损伤听力。噪声会造成耳聋，如长期处于 90dB 噪声级环境中，耳聋发病率为 21%，在 80dB 的条件下，耳聋发病率为 10%。

（2）影响睡眠和休息。一般情况下，40dB 的连续噪声可使 10%的人受到影响，而突然性噪声可使 10%的人惊醒；70dB 的连续噪声可使 50%的人受到影响；60dB 的突然噪声可使 70%的人惊醒。

（3）干扰交谈、思考和通信。噪声级和谈话声相近时，正常谈话就会受到干扰，若再增大 10dB，谈话就难以听见；当噪声高于 60dB 时，谈话人的距离必须小于 70cm，此时电话通信也会受到严重干扰。

（4）引起人的生理、心理失调。实验证明，噪声会使人体紧张，肾上腺素增加，既而可能引起心率改变和血压升高，同时还会导致失眠、疲劳、头晕、头痛、记忆力衰退等症状。此外，噪声还会使人烦恼、易怒，甚至失去理智。

道路交通噪声，特别是人口密集区、临近城市的高速铁路、隧道内的交通噪声已成为环境噪声污染的重要来源，严重影响人们生活的舒适性。通过改善混凝土路面结构的方法来降低路面噪声是一种行之有效的方法。

透水性铺装会明显降低噪声危害，如图 9-18 所示，采用透水混凝土铺装，当声波到达铺装表面时，会引起内部小孔或间隙的空气运动，使紧靠孔壁表面的空气运动速度较慢，由于摩擦和空气运动的黏滞阻力，一部分声能转变为热能，减小了声波强度。同时，小孔中空气和孔壁的热交换引起的热损失也能使声波衰减。一方面，城市高层建筑以及高架道路的不断增多，再加上穿过市区的飞机噪声，这些声源较高的噪声，从城市上空投射到透水混凝土表面，透水混凝土依靠其特有的吸声降噪机理对城市声环境起到明显的改善作用。普通非透水性硬化地面只能将声波反射，起不到吸声降噪的作用。另一方面，透水混凝土的多孔结构还能使在其上行驶车辆的轮胎噪声降低（原理示意图如图 9-18 和图 9-19 所示）。根据比利时学者的研究可以计算出，厚度 100mm、孔隙率为 15%的透水混凝土路面的降噪程度可达 7.5dB，对改善城市声环境具有明显的作用[17]~[20]。

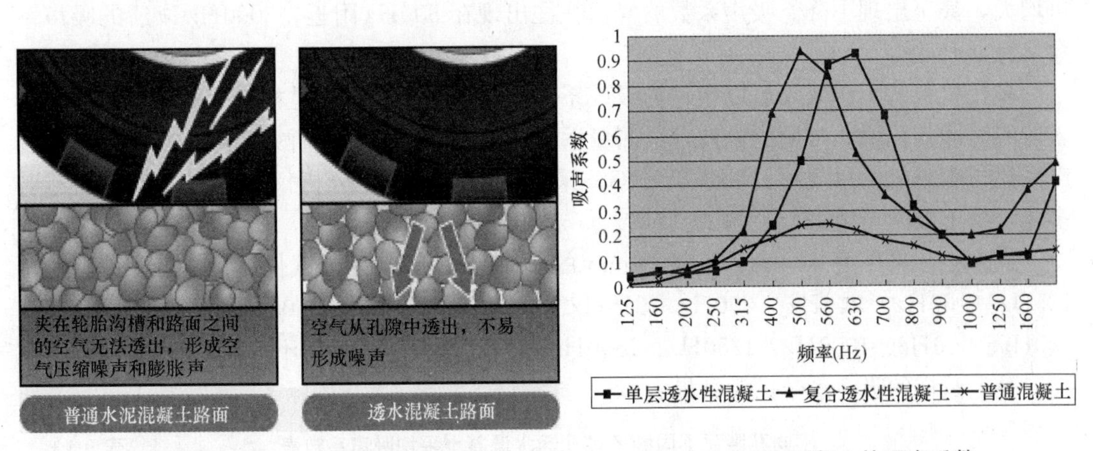

图 9-18　噪声产生与降噪的分析

图 9-19　不同混凝土的吸声系数

9.3.2　多孔透水性铺装改善声环境的机理

多孔混凝土具有大量从表到里的三维互通网状通孔结构，当声波入射到多孔混凝土表面上时，大部分声波将通过孔隙传播到材料内部，激发材料孔隙内部空气分子及组成材料的筋络的振动。由于空气之间的黏滞阻力，空气与筋络之间的摩擦作用，以及空隙内空气的涨缩作用，在空气与筋络之间不断发生热交换，使相当部分的声能转化为热能而消耗掉，这就是该类多孔混凝土吸声的基本原理[17]~[20]。

多孔透水性铺装降低噪声的机理主要包括：(1) 面层孔隙的吸声作用。每个小孔均可看作是1个亥姆霍兹共振器，实际的路面结构则是多个单孔共振器的并联，可吸收不同频率的噪声。(2) 降低气泵噪声。由于透水面层具有相互连通的孔隙，汽车轮胎与路面接触时表面花纹槽中的空气可通过孔隙向四周逸出，减小了空气压缩爆破产生的噪声，且使气泵噪声的频率由高频变成低频。(3) 降低附着噪声。与密实不透水路面相比，轮胎与路面的接触面减小，有利于附着噪声的降低，减弱了噪声在路面的传播。

9.3.3 多孔透水混凝土的吸声性能

研究表明，车辆在中低速行驶时交通噪声主要由车辆发动机、齿轮箱、进出口排放系统及车身振动等产生。而对于高速公路、城市快速干道等，行驶车速超过60km/h，轮胎滚动噪声是最显著因素，而滚动噪声又与道路表面几何特征密切相关。丹麦公路局试验研究表明，当车速为80km/h时，露骨料混凝土路面平均噪声比旧混凝土低7dB，比有纵向构造的混凝土路面低2.5dB[20],[22],[23]。

英国运输研究实验室在M18公路露骨料混凝土路面试验段的对比测定结果表明，降低水泥混凝土路面的噪声，可以从噪声源和传播途径两个方面着手。从声学的角度讲，为了减小噪声等级，可以通过路面的构造深度和孔隙来吸收噪声；通过表面纹理反射噪声，消耗噪声的能量；通过改进施工工艺、提高平整度、改善接缝施工水平、采用小粒径的粗集料降低宏构造引起的振动噪声。

西安公路交通大学等在20世纪90年代主持开展了“低噪声路面研究”[20],[22],[23]。此项基于沥青路面的研究表明：透水混凝土路面的吸声系数与材料的级配、孔隙率、厚度及频率有关。孔隙率是影响材料吸声性能的首要因素。随着厚度的增加，透水混凝土路面吸声系数的峰值增大，峰值对应的频率向低频扩展；厚度增大到一定数值后，吸声系数不再增大，甚至出现下降。吸声系数的峰值往往出现在500Hz附近，2000Hz以后的吸声系数又有上升趋势。

多孔材料的吸声效果可以用它的吸声系数来表示。吸声系数是材料表面吸收的声能与入射的声能的比值，常用的驻波管法测量垂直入射吸声系数。某研究者按照《驻波管法吸声系数与声阻抗测量规范》GBJ 88—85，采用驻波管＋频率分析仪＋音频信号发生器对多孔混凝土吸声系数进行了测试。

试验中，采用高60mm、直径99mm的圆柱体多孔混凝土试件，采用测试频率为：125Hz、160Hz、200Hz、250Hz、315Hz、400Hz、500Hz、560Hz、630Hz、700Hz、800Hz、900Hz、1000Hz、1250Hz、1600Hz、2000Hz。表9-1为不同孔隙率不同频率多孔混凝土试样的吸声系数试验结果。

不同孔隙率不同频率多孔透水混凝土平均吸声系数表　　表9-1

孔隙率(%)	6.4	9.4	11.8	13	17.1	17.5	20.7	24.1	26.5	33.5
实测吸声系数	0.206	0.209	0.253	0.302	0.308	0.3	0.325	0.338	0.326	0.349
计算吸声系数	0.228	0.245	0.258	0.264	0.287	0.289	0.307	0.325	0.338	0.376

中国建筑技术中心采用混响室法对透水混凝土的吸声系数频率进行了研究与测试，图9-20为吸声系数频率特征曲线。

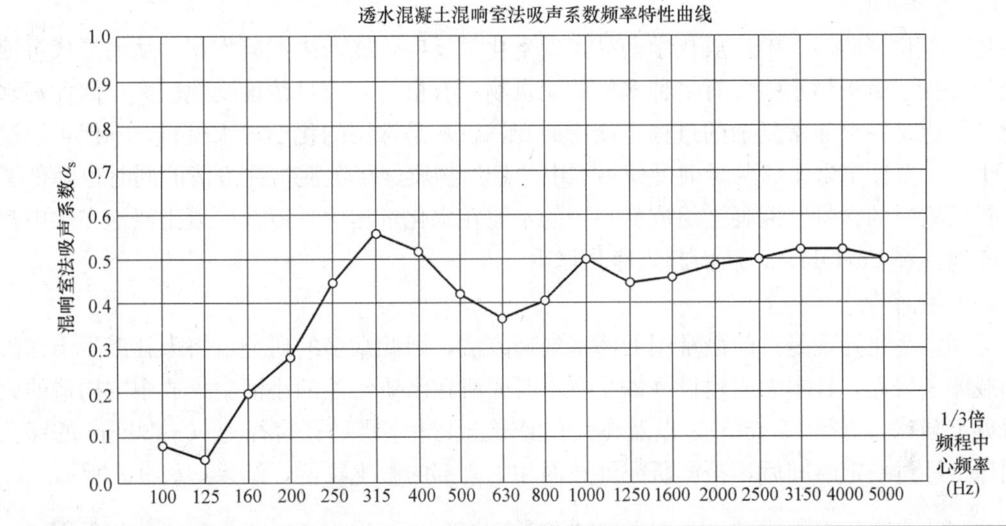

1/3倍频程中心频率(Hz)	100	125	160	200	250	315	400	500	630	800	1000	1250	1600	2000	2500	3150	4000	5000
混响室法吸声系数α_s	0.09	0.05	0.21	0.28	0.45	0.56	0.52	0.42	0.37	0.41	0.50	0.45	0.46	0.49	0.50	0.52	0.52	0.50

测试环境温度:空场15.7℃,放入试件后15.5℃;相对湿度:空场49%,放入试件后53%。

图9-20 透水混凝土混响室法吸声系数频率特征

基于多孔混凝土试样的吸声系数与孔隙率及测试频率的相互关系分析，可以总结出以下结论：

（1）多孔混凝土试样的吸声系数与材料的孔隙率及频率相关；

（2）孔隙率是影响材料吸声性能的首要因素；

（3）随着孔隙率的增大，多孔透水性混凝土试样的吸声系数的峰值增大，峰值对应的吸声频率向高频扩展；

（4）吸声系数的峰值通常出现在500～800Hz范围内，1250Hz附近吸声系数曲线出现低谷，随后吸声系数又有上升的趋势；

（5）不同孔隙率多孔混凝土试样的吸声系数低频差别不大，差异主要体现在高频段；

（6）与多孔沥青混凝土试样吸声曲线比较，相同中高频频段多孔混凝土试样的吸声系数普遍比多孔沥青混凝土的吸声系数高很多，这反映多孔混凝土吸声效率总体较高。

9.4 净化功能

9.4.1 多孔透水混凝土的净化机理

目前关于大孔混凝土净水机理的研究可归纳为三个方面。

1. 物理与物化净化

大孔混凝土的孔隙率为5%～35%，并且连通孔占15%～30%。如使用5～13mm的碎石为骨料，其平均孔隙直径为1.82mm；使用2.5～5mm的碎石为骨料，其平均孔隙直径为0.7mm，因此它可以成为很好的过滤材料[3]～[5],[9],[10],[15],[24]。另外，根据日本近畿大学玉井元治教授等人的研究，使用5～13mm的碎石为骨料制作的大孔混凝土，厚度为 30cm 时，其与水接触的表面积是普通混凝土的 100 倍以上，因此具有很好的吸附能力[15],[16],[24]。

2. 化学净化

化学净化是向污水中投放化学药品，发生化学反应，或产生混凝作用，从而形成沉淀的处理过程。由于污水中含有多种多样的无机物和有机物，而且浓度变化较大，因此污水的化学净化是一个非常复杂的过程。众所周知，石灰是常用的化学净水材料，不但可以调节 pH 值，而且作为无机混凝剂可使污水中的悬浮物质絮凝沉淀，在澄清的同时也降低了水中污染物质的含量。混凝土组成材料中的水泥在水化过程中，以及混凝土浸泡在水中都会不断地溶释 $Ca(OH)_2$，从而起到净化作用。

3. 生化净化

考虑到生化处理是目前最常用的污水处理方法，因此众多的研究者将大孔混凝土作为生物载体来研究。日本大成建设（株）技术研究所在水质污浊的小河中投放中空构造的大孔混凝土圆球（直径 150mm），以及在大孔混凝土上十字贯通孔直径为 10～20mm 的穿孔型圆球。经过一定时间后，检测研究外壁面和中心部的微生物群，结果如表 9-2 所示。

微生物群的比较 **表 9-2**

场所 菌种		中空型		穿孔型	
		外壁面	内壁面	外壁面	内壁面
好氧菌	从属营养细菌	1.2×10^{12}	8.7×10^{9}	1.1×10^{12}	8.4×10^{11}
	硝化细菌	5.9×10^{4}	1.8×10^{4}	2.1×10^{4}	2.3×10^{4}
厌氧菌	从属营养细菌	1.2×10^{12}	3.4×10^{9}	1.1×10^{10}	8.4×10^{9}
	脱氮菌	5.9×10^{7}	8.7×10^{6}	5.0×10^{8}	4.0×10^{8}
	硫酸还原菌	5.9×10^{4}	8.7×10^{6}	5.0×10^{8}	7.7×10^{8}
	甲烷菌	6.4×10^{3}	3.7×10^{5}	2.1×10^{4}	4.0×10^{3}

注：表中数据单位 cells/gVSS。

由表 9-2 可知，不论外壁面和中心部的内壁面均有大量的细菌栖息，形成了生物膜。好氧性和厌氧性的从属营养细菌都达到 $10^{9}\sim10^{12}$ cells/gVSS 的高密度。同时还检测到硝化菌和脱氮菌，说明具有去除有机物（BOD）和氮的功能。

另外，将在大孔混凝土圆球（直径 150mm）上出现的生物种群列于表 9-3。

大孔混凝土圆球上出现的生物种群 **表 9-3**

类别	生物种群
硅藻类	*Achnanthes sp.*, *Cyclotella sp.*, *Cymbella sp.*, *Fragilaria sp.*, *Gomphonema sp.*, *Hantzschia sp.*, *Melosira sp.*, *Navicuia sp.* *Nitzschia sp.*, *Pinnularia sp.*, *Stauroneis sp.*
原生动物	*Arcella sp.*, *Euglypha sp.*, *Triama sp.*, *Vorticella sp.*, *Colurella sp.*
后生动物	*Copepoda*, *Nematoda*, *Hirudinea*, *Aeolosomatidae*, *Naididae*, *Tubificdae*, *Physa Fontinalis*, *Austropeplea sp.*, *Asellus sp.*, *Procambarus sp.*, *Chironomidae*, *Eristaris sp.*

观察到的生物种群有细菌类、藻类（硅藻类、绿藻类、蓝藻类、涡鞭毛藻类）、原生动物（根足虫类、轮虫类）以及后生动物（线虫类、贫毛类、腹足类、水蛭类、等脚类、甲壳类、水生昆虫）等多种动物。因此，大孔混凝土作为生态材料，依靠形成的生物膜可

以去除水中的污染物质。在生物膜的内外、生物膜与水层之间进行着多种物质的传递过程。空气中的氧溶解于流动水层中，通过水层传递给生物膜供微生物用于呼吸；污水中的有机污染物由流动水层传递给附着水层，然后进入生物膜，通过微生物的代谢活动被降解。代谢产物如 H_2O、CO_2等，则通过附着水层进入流动水层，随水流排走或从水层逸出进入大气。这样，污水在与生物膜接触的过程中得到了净化。

9.4.2 透水混凝土的净化功能

透水混凝土也可以作为一种新型低成本生物处理净水技术，该技术采用水泥、黄砂、碎石、粉煤灰和活性材料 CRLT-1 等制成透水混凝土生态膜片，作为微生物生长的载体。相关研究结果表明，透水混凝土生态膜片中生物相组成中占主要的原生动物和后生动物是钟虫、轮虫、累枝虫和变形虫等，并有大量丝状细菌、硝化菌出现；当挂膜成熟后，对城市生活污水中有机物去除率在70%以上，氨氮和总磷的去除率分别在30%和17%以上，处理出水满足《城镇污水处理厂污染物排放标准》GB 18918—2002二级标准要求。

同时，值得一提的是，多孔透水性铺装作为车行道同时具有吸附 SO_x和 NO_x等有害气体的作用，这对减少城市交通干道空气污染也是有利的。

9.5 对植物生长的友好性

9.5.1 地面的透气透水性对树木和地表植物生长的重要性

树木和地表的植物通过光合作用，吸收大气中的 CO_2放出氧气，还可以除去 SO_2、NO_2、CO 等有害气体，能显著地净化空气，使空气质量不断改善；树木和植被还能降低城市噪声，并且为鸟类和昆虫提供栖息地，是城市生态环境中不可或缺的一部分。近年来，城市建设在创造人类生活空间的同时也改变着大自然原有的生态环境，原有的天然植被不断被建筑物及非透水硬化地面所取代，从而改变了自然土壤植被及地表层的天然可渗透属性，使天然降水不能回渗到地下，影响了地下水资源的生态平衡，使地表树木和植物赖以生存的生态环境恶化，严重地影响了地表植物的生存。

一棵树的生长需要一个大的根系空间范围，伴随着树的生长不断进行着三个交换：空气、水分和养分的交换，树根通常要扩展到距地表下60～100cm的深度。树根将向着氧气和水分最丰富的方向生长。而在密实硬化路面环境下的树坑，一般尺寸（边长或直径）不足1m，周围被硬化不透水的路面封闭，很大程度上隔绝了根系环境与外界空气、水分的交换，使树的生长受到很大阻碍，很多树生长缓慢，一般都明显小于它实际树龄正常应达到的尺寸，还有很多树木在几年缓慢的生长后逐渐枯萎死亡。

而透水地面铺装恰好是路用功能与生态环境相结合的重要解决途径，图 9-21是生长在透水混凝土路面环境里的橡树群，由于透水路面为树木保持的根系与自然界空气和水分的交换如同裸露土壤一

图 9-21 在透水路面环境里健康生长的橡树群

样，所以树木生长得很健康。

9.5.2 在护岸护坡工程中的生态环境效益

在河岸、水渠和道路的坡面上采用多孔混凝土，除发挥其结构功能外，还可以通过其透水、透气的特性，保持所覆盖部分与自然环境的水气、光热和营养物质的交换，创造一个确保植物和微小生物生长的环境。

图 9-22 是不透水硬化堤岸与多孔混凝土堤岸植物生长情况比较，图 9-22（*a*）为普通混凝土的硬化堤岸，几乎没有植物生长；图 9-22（*b*）为多孔混凝土修筑的堤岸，长满了茂盛的植物，显示出多孔植生混凝土在保持自然环境生态平衡方面的优越性。

(*a*) 普通混凝土的水渠堤岸

(*b*) 多孔混凝土的水渠堤岸

图 9-22 不透水硬化堤岸与多孔混凝土堤岸植物生长情况比较

9.5.3 城市广场乔木种植与透水性铺装

城市绿化树木是人类经过长期的努力建设而形成的。在各种城市绿化植物中，乔木不仅具有体型高大、主干分明、分枝点高、寿命长等特点，而且改善周围环境的功能最强，所以是城市绿化的主体。

乔木生长需要类似天然土壤的生长环境，疏松土壤中大量的孔隙可以为乔木根系“呼吸”提供通道。然而，现代城市不透水铺装的大量出现使得铺装地表透气性差，供氧量不足，乔木根系正常的“呼吸”功能遭到遏制甚至扼杀，这严重地危害了城市景园绿化乔木的正常生长过程。植物的根系范围一般与树冠大小相当，这就要求乔木树干周围的铺装至少应留有与上部树干投影面积大小相当的可用于“呼吸”的透气通道界面。

不透水铺装严重地破坏了城市市区地表土壤的动植物生存环境，改变了大自然的原有生态平衡。目前，大多数城市广场的硬化地面都属于不透水地面，再加上广场乔木树根周围预留的浇灌树坑面积往往偏小，尤其对于大型乔木更是如此。这就造成广场乔木在雨天不能充分得到地面渗透雨水的灌溉，影响乔木的生长。因此，建议树坑周围采用透水性地面代替不透水地面。透水铺装通过与外界空气连通的多孔构造，保证雨天能及时渗入土层，从而有效地提供乔木生长所需的雨水，改善树根的灌溉。

本章小结

一个健康的城市应该是一个与自然和谐共存、满足人类生存的、物理环境舒适的城市。不透水铺装在城市中的大量存在，疏远了人与自然的共存关系，缺少与自然相和谐的清新环境，这些都直接影响到人类的生存发展，与人类可持续发展的理念是背道而驰的。从改善城市地面铺装的角度出发，充分利用和发展透水性铺装，提高雨水利用率、蒸发降温、吸声降噪、改善光环境、缓解城市洪涝灾害，对于营造一个优美、健康、生态和谐的城市环境具有非常重要的意义。建设透水性铺装是新世纪体现人类与自然和谐发展的城市理想、创造宜居城市的重要举措。

参考文献

1. 玉井元治. 透水性コンクリート. コンクリート工学，1994，Vol. 32
2. Bruce K. Ferguson. Prvious concrete pavement. CRC Press，2005
3. Ranchet J. Impacts of porous pavements on the hydraulic behavious and the cleaning of water. Techiques Sciences &Methodes，1995
4. Brattebo，Benjamin O，Booth，Derek B. Long-term stormwater quantity and quality performance of permeable pavement systems. Water Research，2003，Vol. 37. No. 18
5. Legret M，Colandini V，Le Marc c. Effects of a porous pavement with reservoir structure on the quality of runoff water and soil. The science and the total environment，1996，Vol. 189-190
6. Wolfram Schluter. Modelling the outflow from a porous pavement. Urban Water，2002，4 (1)
7. 王波. 透水性铺装与生态回归. 东营：石油大学出版社，2004.
8. 王波，李成. 透水性铺装与城市生态及物理环境. 工业建筑，2002 (12)
9. Stephen J. Coupe，Humphrey G Smith，Alan P. Newman et al. Biodgradation and microbial diversity within permeable pavements. Protistology，2003，(39)
10. C. J. Pratt，A. P. Newan，P. C. Bond. Mineral oil bio-degradetion within permeable pavement：long team observations. Water Science Technology. 1999，39，(2)
11. Rechard C. Meininger. Pavements that leak. Rock Products，2004. 11
12. Benjamin O. Brattebo，Derek B. Booth. Long-term stormwater quantity and quality performance of permeable pavement systems. Water Research，2003，37 (1)
13. Takashi Asaeda，Vu ThanhCa. Characteristics of permeable pavement during hot summer Weather and impact on the thermal environment. Building and Environment，2002，(35)
14. J. D. Balades，M. Legret and H. Madiec. Permeable pavements：pollution management tools. Water Science Technology，1995，(32)
15. 玉井元治. 绿化コンクリート（コンクリート材料）. コンクリート工学，1994，Vol. 32，No. 11
16. 大和東悦. 透水性コンクリート舗装. コンクリート工学. Vol. 23，June 1985
17. 戴天兴. 城市环境生态学. 北京：中国建材工业出版社，2002，197-199
18. 王波. 低噪声路面研究. 学位论文，西安公路交通大学，1995. 4
19. 马光. 环境与可持续性发展导论. 北京：科学出版社，1999
20. 张玉芬，王波. 开级配多孔沥青路面吸声性能试验研究. 西安公路交通大学学报，1996，(3)
21. 王波，霍亮，高建明. 透水性地砖蒸发试验研究. 四川建筑科学研究，2004，(9)
22. 王波. 透水性硬化路面及铺地的应用前景. 建筑技术，2002，(9)
23. 王波，李成. 城市生态物理环境与透水性铺装. 工业建筑，2002，(12)
24. 新西成男，中澤高雄　ほか. ポーラスコンクリートの水質浄化特性に関する実験的研究. コンクリート工学年次論文報告集，1999，Vol. 21. 1. No. 1

第 10 章　透水性铺装的设计

透水混凝土路面的设计首先要确定路面类型，然后进行断面结构设计和水力学设计等。常用的路面类型按其断面结构分为自然渗水型、导渗型和集水型，断面结构设计分为基层、结构层和面层设计，水力学设计主要为容水、透水、排水和储水以及水利用的生态系统设计等。而按其是否行车分为承载路面和非承载路面，承载路面这里指的是轻交通路面和中等交通路面，目前透水混凝土还未用于重交通路面。非承载路面一般不进行荷载计算，而是根据相应的技术规程和经验进行设计。

10.1　透水路面类型的确定

10.1.1　自然渗水型

自然渗水型透水混凝土路面由透水面层、结构层和容水基层构成，它是让天然降水通过上述各层渗到地下，来补充地下水资源的结构形式，断面构造如图 10-1 所示，适用于黏土和砂性土的基层。

10.1.2　不透水基层导渗型

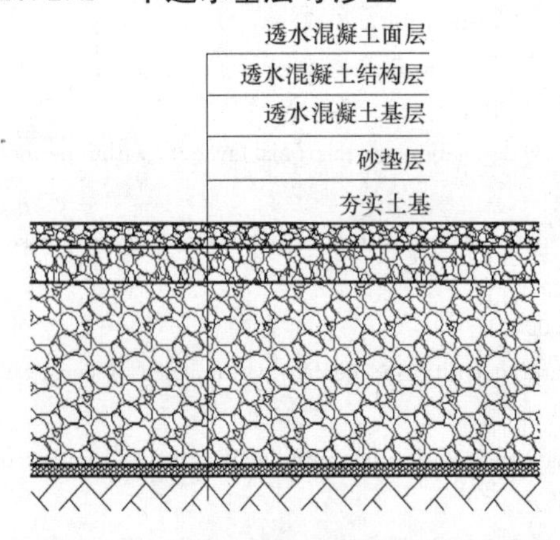

图 10-1　自然渗水型透水路面断面结构

不透水基层导渗型（以下简称导渗型）透水混凝土路面由透水面层、结构层和不透水基层构成，透过面层和结构层的降水不能直接回渗到地下，而是在不透水基层上面被导向流动到道路周围的绿化带或湿地、河流和湖泊等，或通过铺设的排水管将水导流到上述区域[1]，如图 10-2 所示。导渗型透水混凝土路面适合用于湿陷性黄土区域、膨胀土等地域，或在既有普通混凝土路面或沥青混凝土路面进行翻新改造，加铺透水面层时采用。导渗型透水混凝土路面虽然不能直接将天然降水直渗地下，但是导流到上述区域也是间

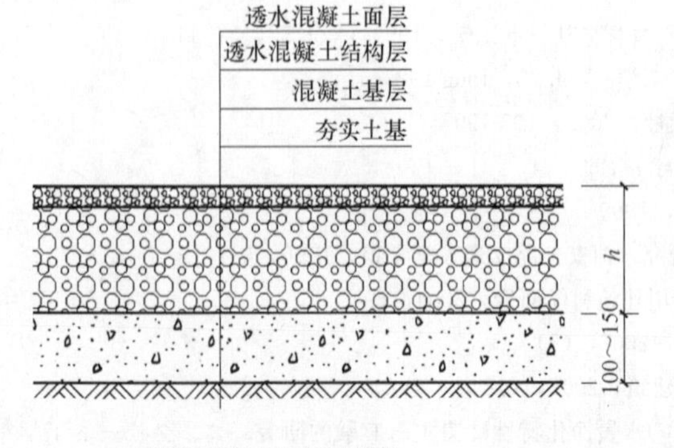

(a) 导渗型透水路面基本结构

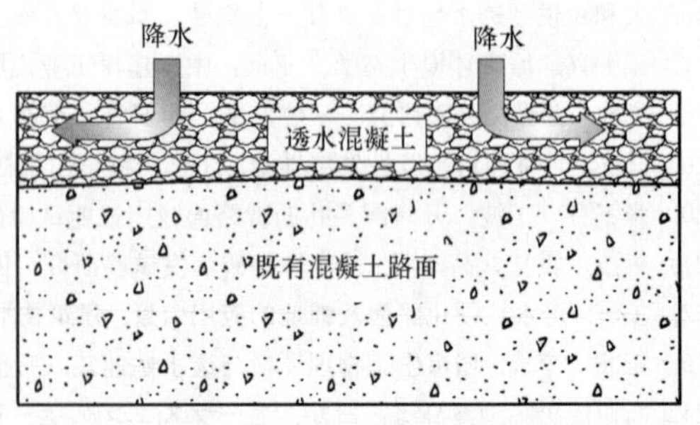

(b) 既有普通路面加透水层的结构

图 10-2　导渗型透水混凝土路面断面结构

接地回渗到地下。同时，这样的路面在车辆行驶时仍能起到减少路面溅水，减少眩光，以及缓解城市“热岛效应”的作用。

10.1.3 集水型

集水型透水混凝土路面由透水面层、结构层和不透水的基层构成，不透水的基层要设置一定坡度，有助于降水的定向流动进入储水池，收集起来的水用于浇灌绿化带或净化后用于其他用途，如图 10-3、图 10-4 所示。

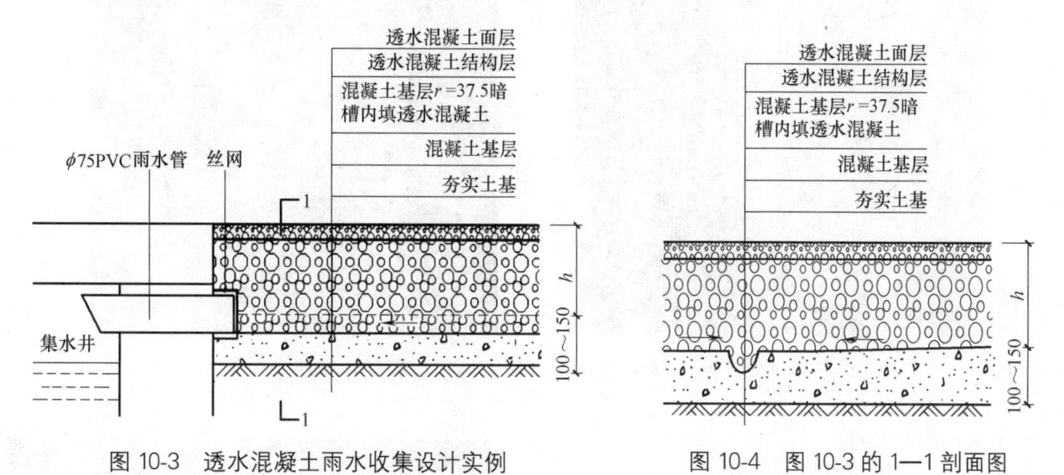

图 10-3 透水混凝土雨水收集设计实例　　图 10-4 图 10-3 的 1—1 剖面图

10.2 各种透水基层的设计要点

10.2.1 大孔混凝土透水基层的设计

透水基层只出现在自然渗透型的透水路面中，可以采用大孔混凝土、水泥稳定石或级配石基层，大孔混凝土的承载力较高，一般用于大型车辆的停车场或行驶的路面，后两者用于普通的透水路面。透水基层的设计要根据当地降雨情况确定铺设厚度。

用于透水基层的大孔混凝土一般选用的骨料粒径为 20～40mm，水泥用量占骨料的 10%（重量比）左右，抗压强度 8～15MPa；采用大孔混凝土的透水基层，应设置与面层相对应的接缝，如一次摊铺宽度大于 7.5m 时，应设置纵向接缝。从取芯看到的其内部结构如图 10-5 所示。

10.2.2 水泥稳定石透水基层的设计

水泥稳定石基层宜选择粒径为 5～31.5 mm 的碎（卵）石连续级配骨料，水泥用量占骨料的 5%（重量比）左右，7d 无侧限抗压强度大于 3MPa，可掺用粉煤灰等辅助材料，但总的粉料用量要控制，以保证基层有足够的透水性，原则上水泥稳定石基层大于结构层的透水系数，图 10-6 为水泥稳定石的施工现场情况。

10.2.3 级配碎（卵）石骨料透水基层的设计

级配碎（卵）石透水基层宜选用粒径为 5～31.5 mm 的连续级配骨料，基层厚度根据当地降雨量进行的容水设计来确定，施工时用压路机压实，其回弹模量达到 200MPa 以上，如图 10-7 所示。

10.2.4 增加砂滤层的透水基层

在透水基层与土基之间增加一层砂滤层，约 50～80mm 厚，其目的是为了起反滤作用，防止底层压实土壤因受到水流的冲击将泥土冲到容水的透水结构层，从而形成空穴，造成土基稳定性差。其结构组合如图 10-8 所示。

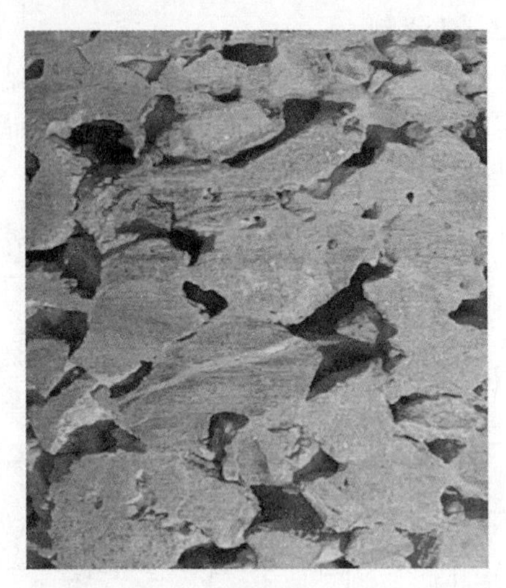

图 10-5 大孔混凝土透水基层的外观与内部孔隙状态

图 10-6 水泥稳定石透水基层

图 10-7 级配石骨料透水基层

10.2.5　增加土工布的透水基层

在透水基层与土基之间增加土工布，其目的除了同砂滤层一样起反滤作用外，根据所用土工布的种类不同可以有不同的作用，如隔离、加筋和防护等。其结构组合如图 10-9 所示。

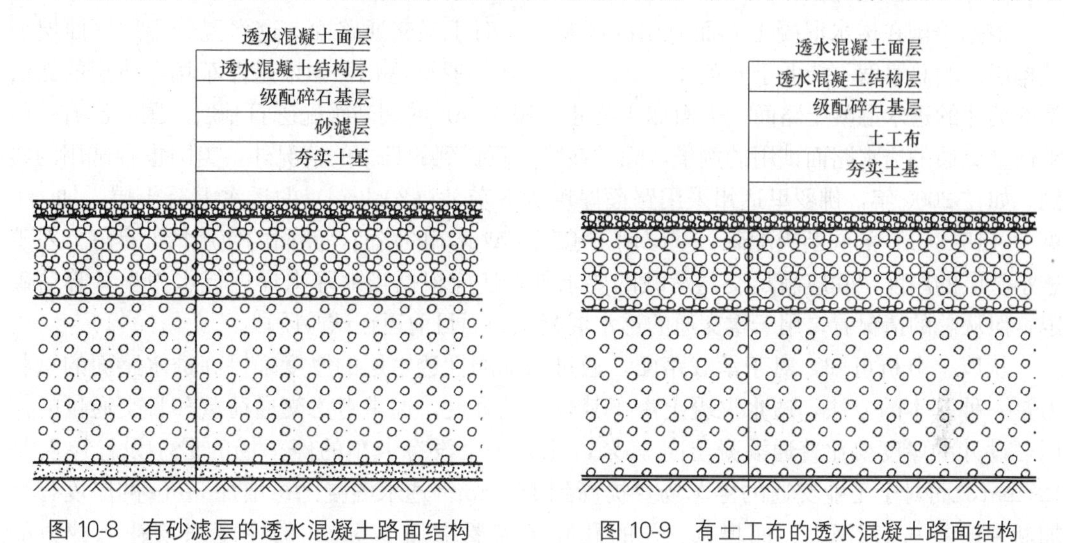

图 10-8　有砂滤层的透水混凝土路面结构　　图 10-9　有土工布的透水混凝土路面结构

10.3　透水混凝土面层和结构层的设计

10.3.1　经验方法的设计

透水混凝土路面的面层应考虑承载力、耐久性、耐磨性（骨料颗粒粘结的牢固性）和大面平整度，孔隙率较结构层小，一般为 15%左右，骨料多用粒径 5～8mm 的碎石。

透水混凝土路面的结构层是承载的主要层面和降水下渗的主要传递层，它比面层的孔隙率要增加 40% 以上，强度不低于 C20 等级，骨料多用粒径 10～20mm 的碎石或卵石；从经验来讲，除特殊配制的透水泥凝土外，正常使用的透水混凝土一般抗压、抗折强度都不高，抗压强度等级在 C30 以下，抗折强度在 4MPa 以下，而承载路面设计是主要考虑抗折强度的，当路面混凝土抗折强度不能提高时，是可以通过路面厚度来提高承载力的。解决问题的方法就是增加结构层（刚性层）的厚度，这从材料力学可以直接算得结果，直观的说明如图 10-10 所示。可见当刚性层薄时，荷载要经过较厚的传递层才能将其传到土

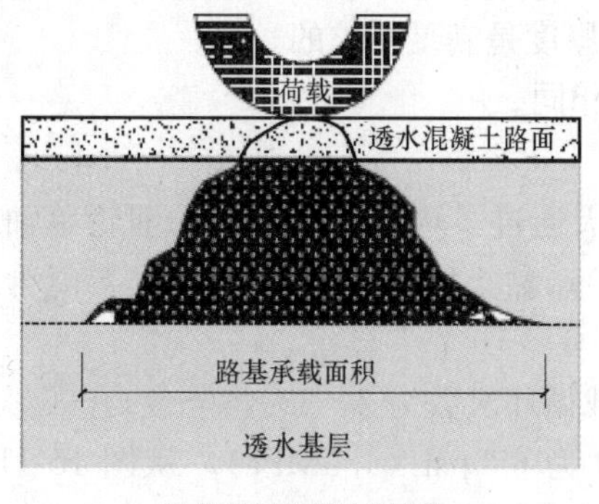

(*a*) 刚性层较薄时的情形

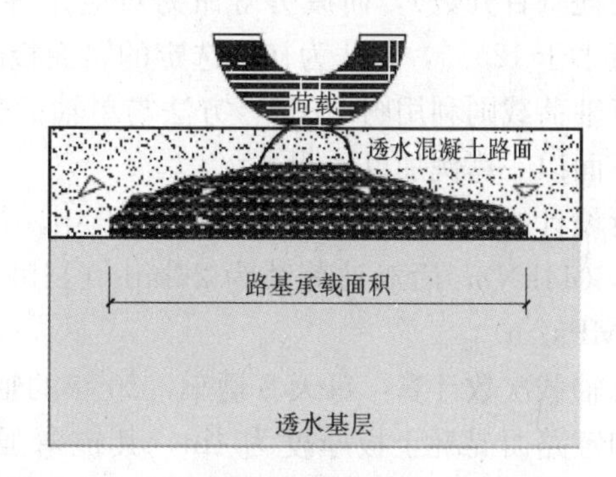

(*b*) 刚性层较厚时的情形

图 10-10　透水混凝土结构层的厚度对荷载传递的影响

基；而当刚性层厚时，只经过小的传递层就能将荷载传到同样面积的土基层。

根据经验，对于非承载路面，在透水基层达到压实度要求的前提下，一般面层可以设计为6cm以上，结构层设计为10～16cm，但两层之间要连续浇筑，避免分层空鼓。

根据美国在透水混凝土方面应用的经验[5]，对于轻交通路面，透水混凝土层（面层加结构层）的总厚度不能低于6英寸（15.3cm），在佛罗里达州，如果是停车场，典型的做法是6英寸的透水混凝土路面，下面加4英寸（10.2cm）的间断级配砾石基层。国外已有一些承载重交通的透水路面试用的例子，除了在第1章提到的日本的情况外，美国也有试用的实例，如在2000年，佛罗里达州采用路面厚度为8英寸（20.3cm）的透水混凝土层，加上6英寸（15.3cm）的间断级配砾石基层用于承载大型卡车的路面，路面的使用情况良好。对于透水基层的厚度，除应满足交通承载的要求外，还应根据当地降水量进行水力学计算后确定，但从总的情况看，用于重交通的透水混凝土路面目前还在试验阶段。

从以上分析可知，对于承载路面，通过增加刚性透水层的厚度来提高透水路面的承载力是一种基本的方法，透水混凝土由于其较低的强度，通常考虑交通荷载和日交通量的作用，设计的厚度要比普通混凝土高25%，比如一个没有卡车的停车场的最小设计厚度是127mm，而对于工业交通的停车场要提高到150mm。透水混凝土每增加3mm的厚度，增加断裂模量0.172MPa，而增加2%的孔隙率需要增加2.54cm的厚度来填补承载力的损失。

10.3.2 参照ACI标准进行设计

ACI330R-01是关于普通混凝土停车场的设计与施工的技术指南，是基于利用有限元分析建立的诺莫图来确定混凝土停车场设计的技术参数。该技术指南对透水混凝土路面的设计与施工仍有指导意义。

图10-11和图10-12分别是用于单轴荷载和双轴荷载设计的诺莫图，利用该图确定路面设计各参数的步骤如下：

首先要初步选定一个混凝土铺装厚度，然后先从单轴荷载进行验算，利用图10-11右纵坐标上对应选定厚度的点向左平移至轴荷载的交点，从此交点竖向延伸至与基层模量曲线的交点，从此交点向左平移至纵坐标对应的值就是混凝土板所受到的应力。此应力与混凝土抗弯强度之比就是应力比。利用此比值在图10-13上与曲线PCA的交点所对应的横坐标（对数标尺），得出允许荷载重复次数，设计的荷载次数与允许荷载次数之比为路面疲劳消耗（百分数），而疲劳寿命为对应于各预期荷载水平的疲劳消耗（百分数）之和，如该值小于125%，则认为初步选定的路面板的厚度是满足要求的。

双轴荷载则利用图10-12，方法与单轴荷载相同。

下面以一算例加以说明：

所设计的承载路面设计使用期为20年，每天通过2辆卡车，卡车的前轮单轴荷载为10kips（44kN），后双轴荷载为26kips（115kN）；黏土路基，其模量系数k值为100psi（27.2MPa/m）。

总轴载次数计算：每天2辆车，20年的轴载循环次数为2×20×365=14600次。

初定路面混凝土板厚度为4in，其抗弯强度为650psi（4.5MPa），从图10-11可知，前轮单轴荷载10000lbs（10kips）产生的应力是375psi（2.6MPa），应力比为375/650=0.58；从图10-12可知，后双轴荷载26000lbs（26kips）产生的应力是405psi（2.8MPa），

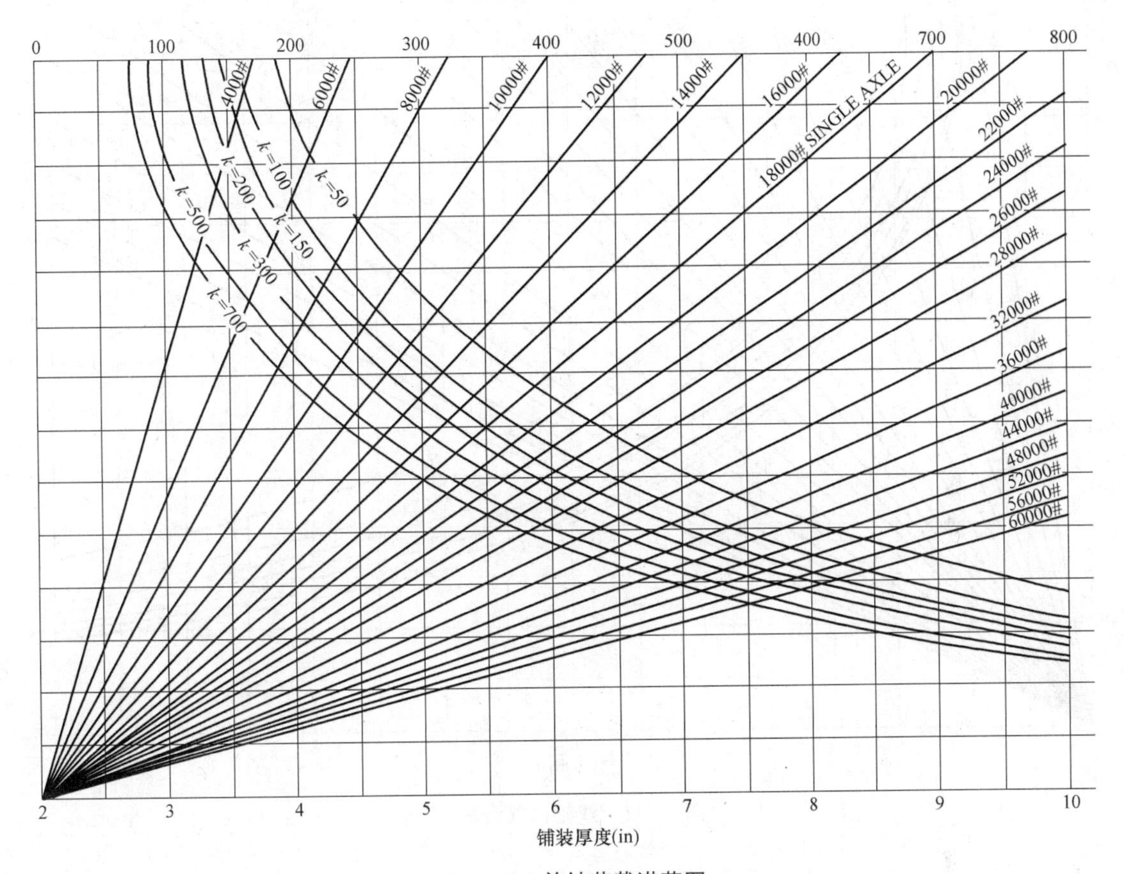

图 10-11　单轴荷载诺莫图

应力比为 405/650=0.62。

再由图 10-13 可知，前单轴和后双轴的允许荷载次数分别是 50000 和 17500 次。于是，路面由前轴产生的疲劳消耗为 14600/50000=29%；由后轴产生的疲劳消耗为 14600/17500=83%；总疲劳消耗=112%（<125%）。可见，路面板厚度选定为 4in. 是可行的。

10.3.3　按行业标准的设计思路

1. 不同承载层组合的层板计算模型

如前所述，透水混凝土路面目前尚未正式作为承载路面使用，所以一般还不完全按道路的标准设计，目前有承载性的透水性铺装主要限于公园的园路、停车场等轻交通路面，还主要根据经验设计，所以根据承载的计算分析来设计只是其中途径之一，本章根据《公路水泥混凝土路面设计规范》JTG D40—2011 的相关内容，结合透水路面的特点，对路面设计要点作一梳理，供设计时参考。

这里把透水混凝土面层和结构层统称为透水上层，根据上述对透水基层的分析，透水上层和不同透水基层或不透水基层的组合，可分为：

（1）弹性地基单层板模型：适合透水上层与级配石基层、水泥稳定石基层的组合，或旧沥青路面上面加铺透水混凝土上层的路面结构，板厚为透水混凝土层厚；

（2）弹性地基双层板模型：适合透水上层与普通混凝土路面组合的结构和透水上层与

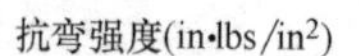
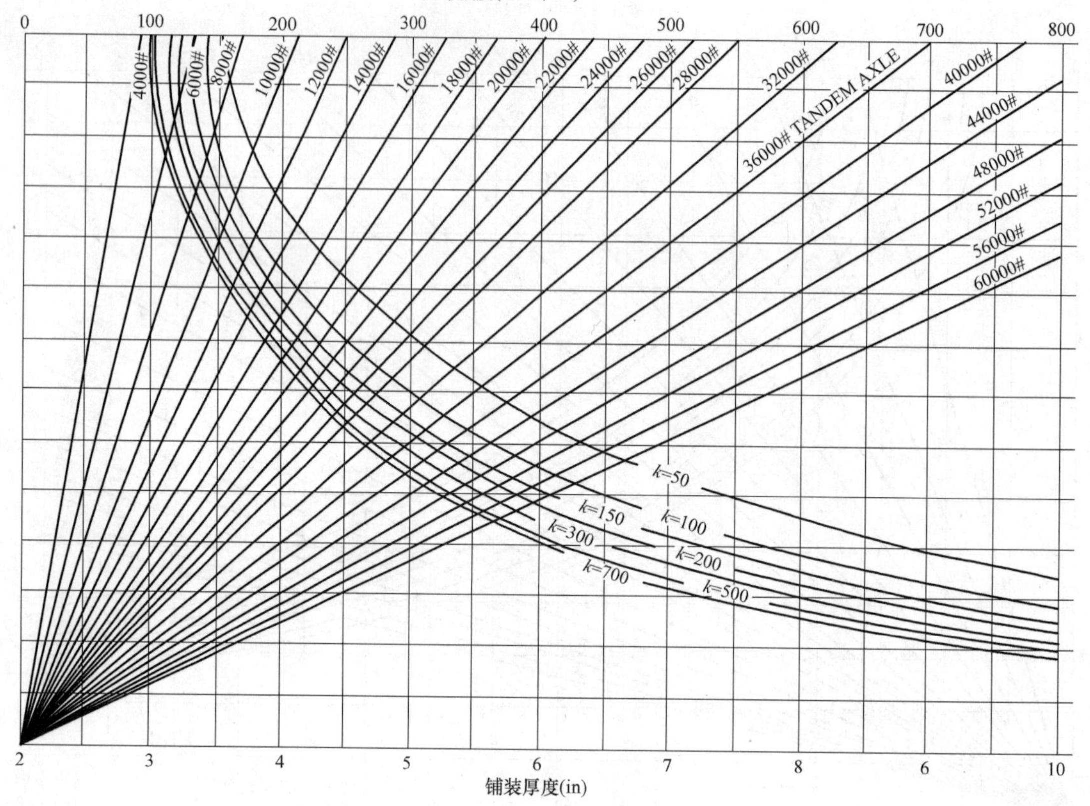

图 10-12 双轴荷载诺莫图

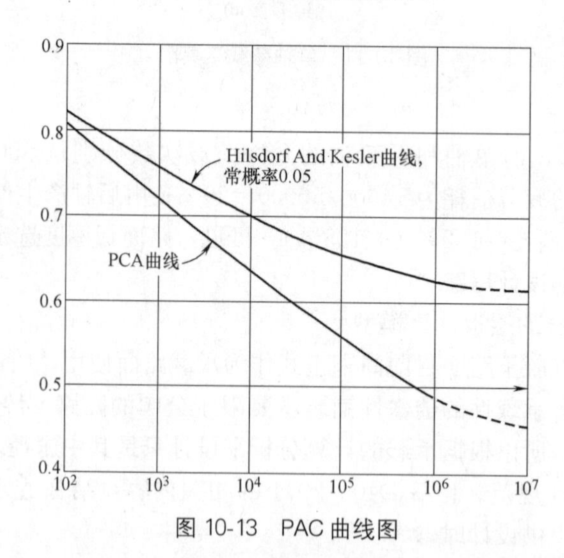

图 10-13 PAC 曲线图

大孔混凝土透水基层不同时浇筑的结构，两层未粘结成一个整体；

（3）复合板模型：适合透水上层与大孔混凝土透水基层同时浇筑，两者结合为一体的结构。

《公路水泥混凝土路面设计规范》JTG D40—2011 给出了水泥混凝土路面的设计计算方法，透水混凝土路面可以参考但不拘泥于这些方法进行设计，此处只作提示性表述。

2. 设计参数与验算标准

参照普通水泥混凝土路面的设计规范，在行车荷载和温度梯度综合作用下，透水混凝土路面不发生疲劳断裂为设计标准；并以最重轴载和最大温度梯度综合作用下，不发生极限断裂作为验算标准，如式（10-1）和（10-2）所示。

$$\gamma_r(\sigma_{pr}+\sigma_{tr})\leqslant f_r \tag{10-1}$$

$$\gamma_r(\sigma_{p,max}+\sigma_{t,max})\leqslant f_r \tag{10-2}$$

式中 γ_r——可靠度系数；

σ_{pr}——透水上层板在临界荷位处产生的行车荷载疲劳应力（MPa）；

σ_{tr}——透水上层板在临界荷位处产生的温度疲劳应力（MPa）；

f_r——透水上层混凝土弯拉强度标准值（MPa）；

$\sigma_{p,max}$——最重的轴载在临界荷位处产生的最大荷载应力（MPa）；

$\sigma_{t,max}$——所在地区最大温度梯度在临界荷位处产生的最大温度翘曲应力（MPa）。

3. 弹性地基单层板模型应力计算

（1）荷载应力计算

以弹性地基单层板模型所代表的透水上层与基层的组合结构，其疲劳应力按式(10-3)计算。

$$\sigma_{pr}=k_r k_f k_c \sigma_{ps} \tag{10-3}$$

式中 σ_{pr}——设计轴荷载在透水上层板临界荷位处产生的荷载疲劳应力（MPa）；

σ_{ps}——设计轴荷载在四边自由透水上层板临界荷位处产生的荷载应力（MPa）；

k_r——考虑接缝传荷能力的应力折减系数；

k_f——考虑设计基准期内荷载应力累计疲劳作用的疲劳应力系数；

k_c——考虑计算理论与实际差异以及动载等因素影响的综合系数。

式（10-3）中各参数按行业标准 JTG D40—2011 提供的数据取用。

（2）温度应力计算

透水上层板临界荷位处的温度疲劳应力按式（10-4）计算。

$$\sigma_{tr}=k_t \sigma_{t,max} \tag{10-4}$$

式中 σ_{tr}——上层板临界荷位处的温度疲劳应力（MPa）；

$\sigma_{t,max}$——最大温度梯度时上层板产生的最大温度应力（MPa）；

k_t——考虑温度应力累计疲劳作用的温度疲劳应力系数。

最大温度梯度时透水混凝土面层板最大温度应力 $\sigma_{t,max}$ 应按式（10-5）计算。

$$\sigma_{t,max}=\frac{\alpha_c E_c h_c T_g}{2}B_L \tag{10-5}$$

式中 α_c——所使用的透水混凝土线性膨胀系数，由实测或是相关手册查得；

E_c、h_c——混凝土面板的弯拉弹性模量（MPa）和厚度（m）；

T_g——考虑温度应力累计疲劳作用的温度疲劳应力系数，按行业标准 JTG D40—2011 提供的数据取用；

B_L——综合温度翘曲应力和内应力的温度应力系数，按 JTG D40—2011 提供的计算式计算。

4. 弹性地基双层板模型应力计算

（1）荷载应力计算

以弹性地基双层板模型所代表的透水上层与基层的组合结构，其上层板的荷载疲劳应力按式（10-3）计算，其中，k_f、k_r和 k_c 的确定方法与单层板相同；设计轴荷载 P_s在上层板临界荷位处产生的荷载应力 σ_{ps}按式（10-6）计算。

$$\sigma_{ps}=\frac{1.45\times10^{-3}}{1+D_b/D_c}r_g^{0.65}h_c^{-2}P_s^{0.94} \tag{10-6}$$

式中 D_b——下层板的截面弯曲刚度（MN·m）；

D_c——上层板的截面弯曲刚度（MN·m）；

r_g—— 双层板的总相对刚度半径（m）。

以上参数按 JTG D40—2011 计算。

（2）温度应力计算

透水混凝土上层板的温度疲劳应力 σ_{tr}、最大温度翘曲应力 $\sigma_{t,max}$、综合温度翘曲应力和内应力作用的温度应力系数 B_L的计算式与单层板相同，参照前面的计算。下层板的温度应力不需计算分析。

10.3.4 复合板模型应力计算

1. 荷载应力计算

以复合板模型所代表的透水上层与基层的组合结构的应力计算，与单层板相同，只需用面层复合板的界面弯曲刚度 $\widetilde{D}_c$ 和等效厚度替代单层板的弯曲刚度 D_c 和厚度 h_c 即可，D_c、$\widetilde{h}_c$ 和 d_x 的计算按式（10-7）、式（10-8）和式（10-9）计算。

$$D_c=\frac{E_{c1}h_{c1}^3+E_{c2}h_{c2}^3}{12(1-\upsilon_{c2}^2)}+\frac{(h_{c1}+h_{c2})^2}{4(1-\upsilon_{c2}^2)}\left(\frac{1}{E_{c1}h_{c1}}+\frac{1}{E_{c2}h_{c2}}\right) \tag{10-7}$$

$$\widetilde{h}_c=2.42\sqrt{\frac{\widetilde{D}_c}{E_{c2}d_x}} \tag{10-8}$$

$$d_x=\frac{1}{2}\left[h_{c2}+\frac{E_{c1}h_{c1}(h_{c1}+h_{c2})}{E_{c1}h_{c1}+E_{c2}h_{c2}}\right] \tag{10-9}$$

式中 E_{c1}、h_{c1}——面层复合板上层的弯拉弹性模量（MPa）和厚度（m）；

E_{c2}、h_{c2}、υ_{c2}——面层复合板下层的弯拉弹性模量（MPa）、厚度（m）和泊松比；

d_x——面层复合板中性轴至下层底部的距离（m）。

2. 温度应力计算

复合板疲劳温度应力计算和疲劳温度应力系数与单层板相同。最大温度应力 $\sigma_{t,max}$按式（ 10-10）和式（10-11）计算。

$$\sigma_{t,max}=\frac{\alpha_c T_g E_{c2}(h_{c1}+h_{c2})}{2}B_L\xi \tag{10-10}$$

$$\xi=1.77-0.27\ln\left(\frac{h_{c1}E_{c1}}{h_{c2}E_{c2}}+18\frac{E_{c1}}{E_{c2}}-2\frac{h_{c1}}{h_{c2}}\right) \tag{10-11}$$

式中 ξ——面层复合板的最大温度应力修正系数。

其他字母符号意义同前。

10.4 其他透水性铺装的设计

除了透水混凝土路面铺装以外，适合应用于“海绵城市”建设的还有石材地面透水性铺装、预制混凝土地面透水性铺装、木屑植被地坪、石块透水性铺砌和砾石地坪以及它们的组合铺装等。

10.4.1 石材地面透水性铺装

将小型块状石材铺设于表面，为了让表面的水渗到基层，石材之间留下空隙，且空隙之间填充细石透水混凝土或直接添细碎石，基层则由抗压强度不低于 10MPa 的大孔混凝土铺设而成，根据路面交通情况和透水要求确定混凝土的强度和铺设厚度，降水通过基层渗到地下。石材地面透水性铺装可用于人行道，经过承载设计也可用于车行道。

这种铺装的优点是表面坚固耐磨，自然质感强，透水迅速。石块尺寸越小，铺装起来缝隙越多，透水就越快。石材的长度在 100～150mm，宽度 80～100mm，厚度为 50～80mm。石材表面为劈裂表面，取其自然质感，不需磨光，侧面边缘也可以是劈裂后的自然状态，不一定要切割得很整齐，如图 10-14 所示。如果是用于广场等娱乐场所，采用边缘整齐和表面光滑的石块为宜，如图 10-15 所示，但是其断面结构与前者类似。

(*a*) 劈裂石材砌块铺装

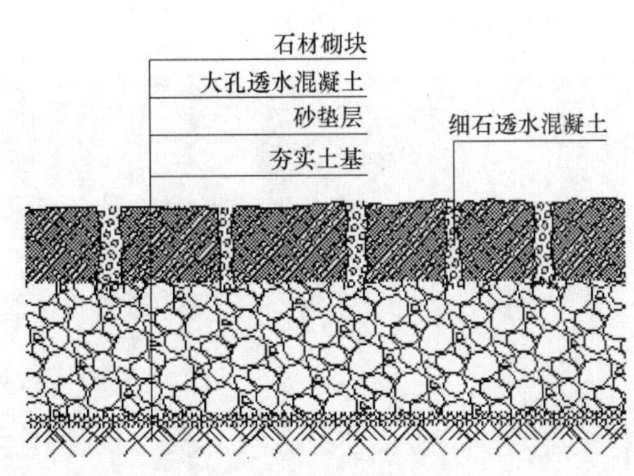

(*b*) 图(*a*)的断面结构

图 10-14 石材地面透水性铺装人行道

(*a*) 车行道人行道并行的结构

(*b*) 车行、人行兼用的广场

图 10-15 兼用车行人行的石材地面透水性铺装

如有排水或雨水收集的需要，石材地面透水性铺装的透水基层内可埋设排水多孔管，构造如图 10-16 所示。

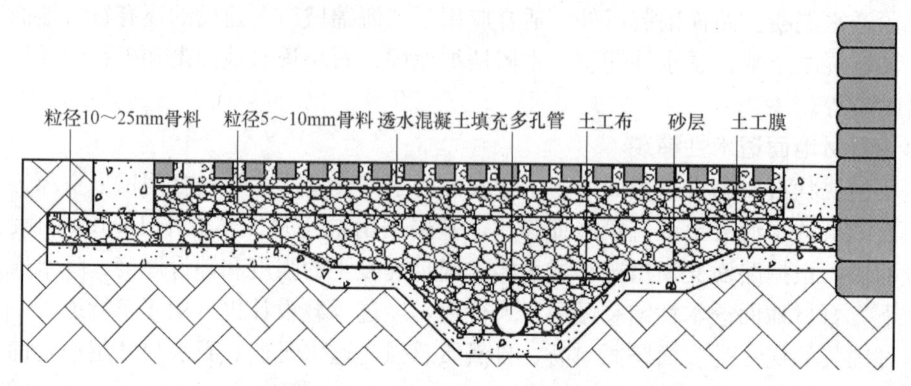

图 10-16　石材砌块渗透排水（或含收集）型铺装

10.4.2　砾石铺设地面透水性铺装

这种铺装的底层是素土夯实，铺一层约 50mm 的河砂，上面铺设 80～100mm 的河卵石，河卵石的粒径为 10～20mm，如图 10-17 所示。这种铺装的特点：自然朴实、透气、透水，缓解"热岛效应"，脚感舒适，适合公园和自然休闲场所，外观如图 10-17 所示，断面结构如图 10-18 所示。

图 10-17　砾石透水性铺装

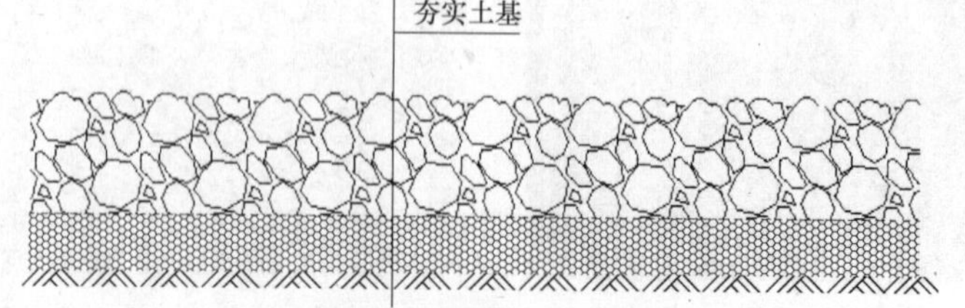

图 10-18　砾石表面透水性铺装断面结构

10.4.3 与混凝土花格砌块或烧结砖相间的透水性铺装

采用有通透大孔的混凝土花格砌块铺装后，孔隙内以透水混凝土填充，既能承载又能透气透水，多用于停车场和公园绿地等，如图 10-19 所示。

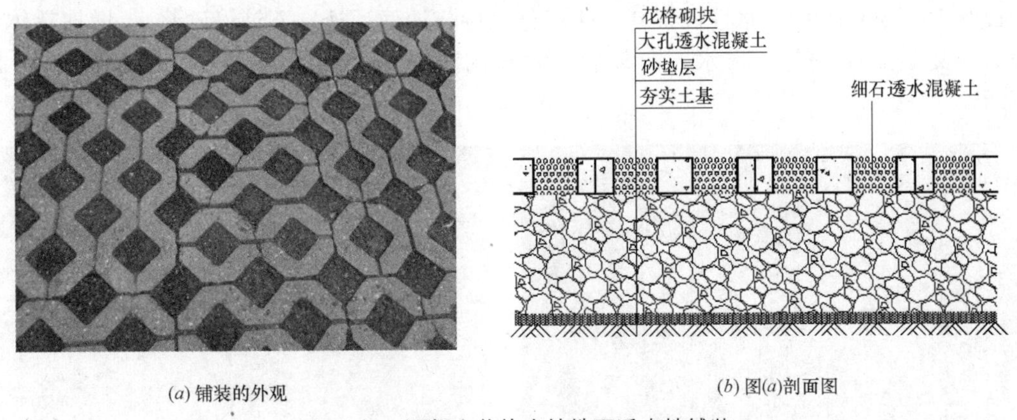

(*a*) 铺装的外观　(*b*) 图(*a*)剖面图

图 10-19 混凝土花格砌块地面透水性铺装

采用拼接大孔混凝土砌块与透水混凝土填充组成的透水性铺装构造如图 10-20 所示。

采用烧结砖分格拼接，形成整齐排列的大格，格内填充透水混凝土形成的间套分格式透水性铺装如图 10-21 所示，填充的透水混凝土可以采用露骨料透水混凝土，或透水树脂混凝土，并且依环境协调要求来选择骨料颜色，更能增加装饰效果。

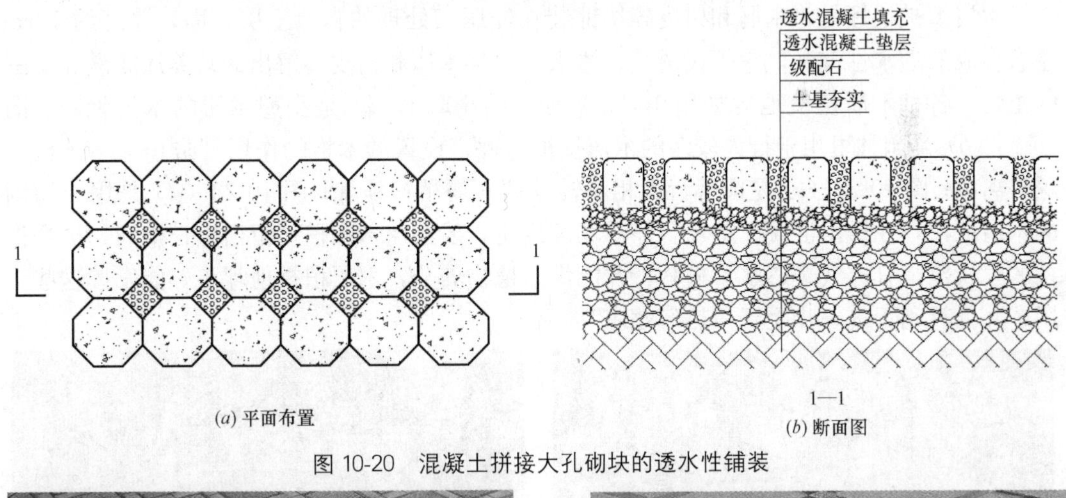

(*a*) 平面布置　(*b*) 断面图

图 10-20 混凝土拼接大孔砌块的透水性铺装

图 10-21 烧结砖分格与透水混凝土填充一体化铺装

10.4.4 透水植生混凝土砌块地面铺装

用透水混凝土制作成花格铺地砖，地砖的通透大孔用于生长植物，混凝土中孔隙增加通透性，用于停车场或公园绿地等娱乐场所的地面绿色铺装，施工时基层应将土基夯实，铺设约 10～30mm 的透水性砂浆（大孔部分保持与地面通透，不铺设砂浆），增加整体承载力，又不影响透气、透水。铺装后，大孔内填充植物生长基料和种子，如图 10-22 所示。

(*a*) 铺装施工中的植生混凝土砌块停车场

(*b*) 植物长出来后的植生混凝土砌块停车场

图 10-22　透水植生混凝土砌块铺装

10.4.5 木屑植被地坪

木屑植被地坪是将木屑和树皮碎块铺装在经压实处理的自然土层表面，厚度约 10cm 左右形成的透水性铺装，它不仅透气、透水，而且木屑和树皮溶解出的营养还能滋养周围的植物，各种木屑植被地坪如图 10-23 所示。图 10-23（*a*）是小憩场所的木屑地坪；图 10-23（*b*）是园林里用于行人较多的木屑植被地坪，设置的木格的作用是防止木屑被行人踩得离散；图 10-23（*c*）是园林行人相对较少的木屑植被地坪；图 10-23（*d*）是用于树围的木屑地坪，在透水混凝土地坪、停车场等场所，要给树木和植被留出生长空间，植物根系的生长范围宜透气、透水、松软，并能供给植物养分，木屑植被地坪正好能发挥这些作用，并且有利于进一步缓解“热岛效应”。

(*a*) 小憩场所的木屑地坪

(*b*) 用于行人较多的木屑植被地坪

图 10-23　木屑植被地坪

(*c*) 用于园林人行路的木屑植被地坪

(*d*) 用于树围的木屑地坪

图 10-23　木屑植被地坪（续）

10.5　透水和容水功能设计

10.5.1　路面为水平的情况

对于水平路面的情况，透水混凝土铺装透水和容水设计，按 2 年一遇的降水量，根据地区情况可考虑 1～2h 降雨不产生径流来进行透水混凝土孔隙率和厚度设计，其容水量包括透水混凝土面层、透水混凝土结构层和透水基层的容水量之和。当受条件限制，容水量不能满足要求时，可考虑辅助排水。

滞水层的厚度计算按式（10-12）计算。

$$h_2v_2+h_1v_1+h_0v_0\geqslant(i-3600q)\,t/60 \tag{10-12}$$

式中　h_2——透水基层厚度（mm）；

h_1——透水结构层厚度（mm）；

h_0——透水面层厚度（mm）；

v_2——透水基层的平均孔隙率（%）；

v_1——透水结构层的平均孔隙率（%）；

v_0——透水面层的平均孔隙率（%）；

i——地区降雨强度（mm/h）；

q——土基的平均渗透系数（mm/s）；

t——降雨持续的时间（min）。

有代表性的路基土层的渗透系数　　表 10-1

有代表性的路基土壤	渗透系数(cm/s)	透水性质
砾石	>1	透水性能高
砂	$0.1\sim1\times10^{-3}$	透水性能中等
粉土	$1\times10^{-3}\sim1\times10^{-5}$	透水性能较低
粉质黏土	$1\times10^{-5}\sim1\times10^{-7}$	透水性能很低
黏土	$<1\times10^{-7}$	不透水

由表 10-1 可见，通常土壤的渗透系数是很小的，对径流的出现以及大小的影响有时会比透水混凝土大。

如果受实际条件限制，路面透水层厚度不能满足上述滞水和透水要求，可以考虑在透水基层设置多孔管，将有可能产生径流的部分降水定向排出，具体见本章路面结构设计部分。

10.5.2 路面为坡面的情况

上节的设计计算是假设整个路面系统是水平的，如果路面不是水平的，则较高一端的孔隙未被填满，水流向较低的路面，一旦较低一端的路面孔隙被填满，水就会流出，一个 100m 长的路面有 1%的坡度，那么它的容水量只有水平路面的 1/4，如图 10-24 所示。所以设计时应考虑坡面带来的有效容积的损失，可以调整坡度或通过辅助排水解决过量水流的问题。

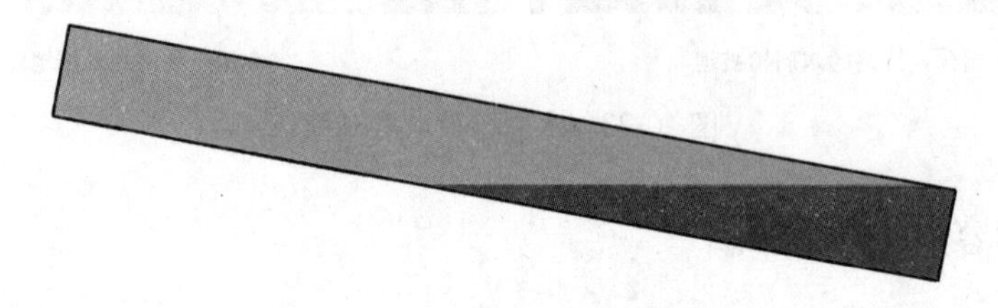

图 10-24 坡路的容水量改变

10.6 排水和集水功能设计

10.6.1 透水性地面的水力学过程

透水性地面的降水、渗透、径流与排水的水力学过程如图 10-25 所示，降水（包括降雨和融化的雪）首先通过透水性铺装面层渗入透水性基层，再进一步渗入下面的土壤基层，一部分水通过排水管流出，而溢流标高是由路面铺装时设置的排水能力来决定的，如所设置的排水管的流量等。同时发生的蒸发将一部分水返回大气中。图 10-25 所表示的是不考虑从相邻地表流入水量的水力学过程，实际上，经常有从相邻地表径流流入的情况。

图 10-26 是降雨随时间变化的基本规律性，除个别雷阵雨外，一般的降雨都是由小逐

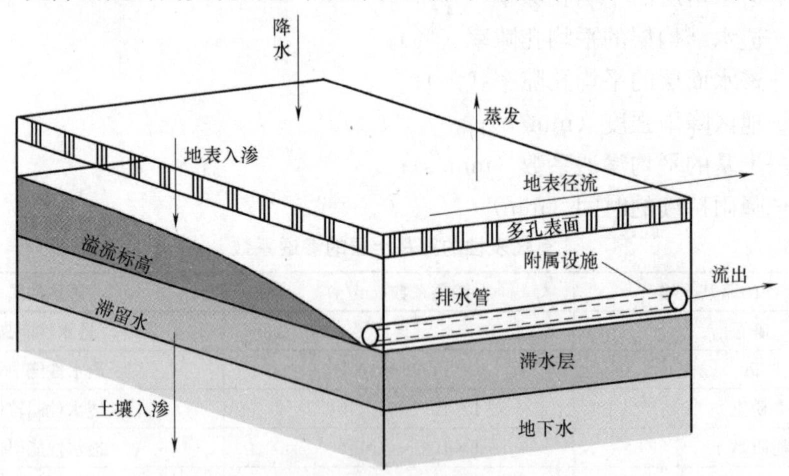

图 10-25 含排水的透水性铺装的水力学过程

渐增大，到达峰值后逐渐减小，一般在 1.5h 到达峰值，如图中所示的均匀降雨；山地的降雨较山地之外的区域相对较急，峰值到达早一些，相对来说雨量更为集中。

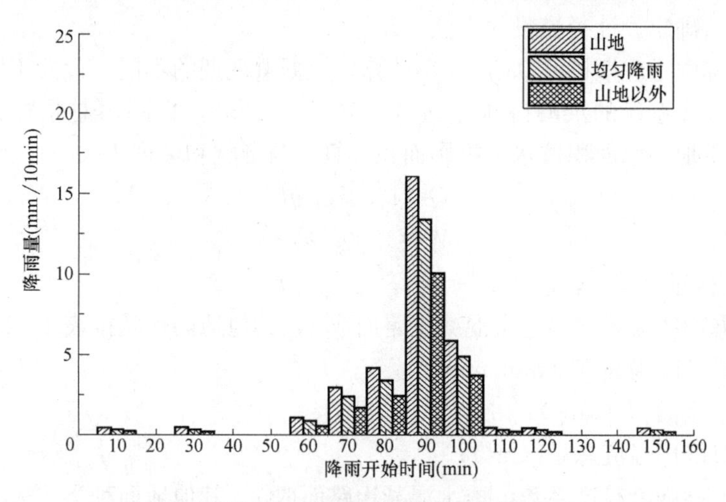

图 10-26　降雨强度随时间的变化

10.6.2　排水设置适应的条件

透水性地面按照不同的地质和工程条件设计排水方式应考虑的因素有：

(1) 当重现期雨量高于路面渗水能力时，应增设有组织排水功能。

(2) 常年地下水位接近或高于路槽底时，应隔断地下水的补给，并通过暗沟将水排出土基以外。

(3) 当土基含水量过高时，可采用盲沟吸收、汇集、拦截流向土基的地下水，并排出到土基以外，以保证土基处于干燥状态，具有足够的强度与稳定性。

(4) 适用于透水混凝土路面自然下渗的土壤渗透系数宜为 $10^{-6}\sim10^{-3}$m/s，且渗透面距地下水位大于 1.0m。

(5) 不能采用自然下渗结构透水路面的地质和环境条件为：易发生陡坡坍塌、滑坡灾害的危险区域；易对居住环境以及自然环境造成危害的场所；以及软土、湿陷性黄土、膨胀土和盐渍土等特殊土的区域。

(6) 当透水路面的设计中有储水层时，其厚度应大于 150mm，以保证存储相应的雨水量，采用渗水管以集水、排水合一的系统替代排水管道系统时，应满足雨水流量的要求[4],[8]。

(7) 当透水混凝土路面建在斜坡上，并与其他公用道路相邻，且其下渗水部位高程在城市公用道路上方时，应设置不透水的隔离层隔开基层，以免渗下的水流破坏其他土基[3]，如图 10-27 所示。

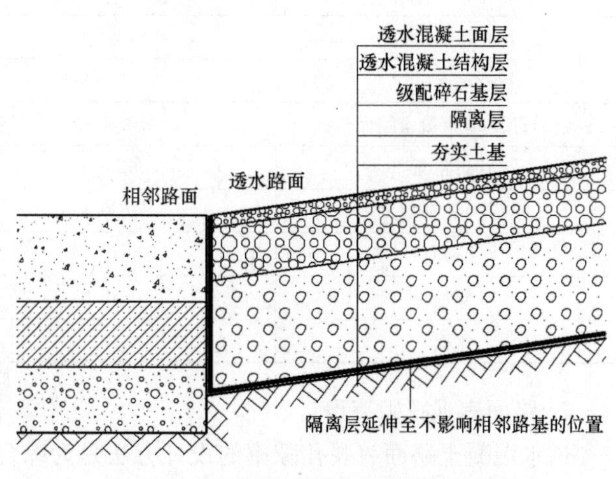

图 10-27　对与透水路面相邻道路的防护

10.6.3 容水排水设计的水文计算

1. 水文计算

采用推理法确定设计径流量的方法。

(1) 设计降雨重现期按照0.5～3年计算。根据重现期的不同，设置不同的排水设施。

(2) 雨水收集系统的洪峰降雨量按式(10-13)计算，日降雨总量按式(10-14)计算，其中工程用地汇水面积按水平投影面积计算，与形状和坡度无关。

$$Q=16.67\varphi_{\mathrm{m}}qF \tag{10-13}$$

$$W=1000\varphi_{\mathrm{c}}h_{\mathrm{y}}F \tag{10-14}$$

式中 Q——洪峰降雨量(m^3/s)；

φ_{m}——暴雨径流系数，透水混凝土路面取1，其他地面种类按表10-2取用；

q——设计降雨强度(mm/min)；

F——汇水面积(km^2)；

W——日降雨径流总量(m^3)；

φ_{c}——暴雨强度径流系数，透水混凝土路面取1，其他地面种类按表10-2取用；

h_{y}——设计日降雨量(mm)。

(3) 暴雨强度计算

暴雨强度按式(10-15)计算。

$$q=\frac{167A(1+c\lg P)}{(t+b)^n} \tag{10-15}$$

式中 q——降雨强度[$L/(s\cdot hm^2)$]；

P——设计重现期(年)；

t——降雨历时(min)；

A、b、c、n——当地降雨参数。

径流系数 表10-2

地面种类	φ_{c}	φ_{m}
硬屋面、无石子铺装平屋面、沥青屋面	0.8～0.9	1
石子铺装屋面	0.6～0.7	0.8
绿化屋面(精)	0.4	0.5
绿化屋面(粗)	0.6	0.7
沥青、水泥混凝土路面	0.8～0.9	0.9
块石路面	0.5～0.6	0.7
碎石、干砌砖路面	0.4	0.5
土路面	0.3	0.4
绿地	0.15	0.25
水面	1	1

2. 路面表观孔隙率设计

透水混凝土路面表观孔隙率的设计方法是为综合考虑透水混凝土路面承载力计算和排水能力计算确定的。透水路面的透水能力的性能指标为表观孔隙率(或者容水量)。

（1）透水路面的缓存水量由水文计算和排水设施的水力计算确定，计算公式为：

$$Q_h = k_a(Q_j - nQ_s) \tag{10-16}$$

式中 Q_h——透水混凝土路面在 t 时刻缓存水量（m^3/s）；

k_a——设计安全系数，取值 1.05～1.2；

Q_j——t 时刻总降雨量（m^3）；

Q_s——t 时刻排水设施的总排水量（m^3）；

n——排水设施数量。

（2）透水路面总降雨量计算按式（10-13）和式（10-14）确定。

（3）表观孔隙率的计算：

$$V_h = Q_h \cdot 1 = hF\alpha \tag{10-17}$$

式中 V_h——透水路面中在 t 时刻内缓存水的体积（m^3）；

h——透水面层厚度（m）；

α——透水路面表观孔隙率。

（4）在孔隙率的计算过程中，应先比较 Q_1 和 Q_2 的大小，按下式：

$$Q_s = \min\{Q_1, Q_2\} \tag{10-18}$$

（5）路面孔隙率的确定值为透水混凝土路面材料设计孔隙率。

3. 排水设施的水力计算公式

（1）排水管和出水管中的排水量，按曼宁公式计算确定：

$$Q_1 = vA \tag{10-19}$$

$$v = \frac{1}{n} R^{\frac{2}{3}} i^{\frac{1}{2}} \tag{10-20}$$

$$R = A/\rho \tag{10-21}$$

式中 Q_1——排水管或出水管的排水能力（m^3/s）；

v——管内水流的平均流速（m/s）；

A——过水断面面积（m^2）；

n——管壁的粗糙系数，光面塑料管时，可采用 $n=0.010$，波纹塑料管时，$n=0.020$，混凝土管时，$n=0.013$；

R——水力半径（m）；

ρ——过水断面湿周（m）；

i——水力坡度，一般取管底坡度。

（2）雨水在透水混凝土层中的渗流量，近似按达西定律确定：

$$Q_2 = kiA \tag{10-22}$$

$$i = \sqrt{i_z^2 + i_h^2} \tag{10-23}$$

式中 Q_2——纵向每延米透水混凝土面层的排水量（m^3/s）；

k——透水混凝土路面的透水系数（m/s）；

i——渗流路径的平均坡度，若有纵坡，按式（10-23）计算；

i_z、i_h——相应为纵坡、横坡；

A——纵向每延米透水面层过水断面面积（m^2），若有纵坡则为 $A=h$（i_h/i），若无则有 $A=h$；

h——透水混凝土面层厚度（m）。

4. 水力计算

排水、集水管道的水力计算，应依据设计流量确定管道所需要的断面尺寸，检查其流速是否在允许范围内。管的泄水能力按式（10-24）计算。

$$Q_c = vA \tag{10-24}$$

式中 Q_c——管的泄水能力（m^3/s）；

v——管内的平均流速（m/s）；

A——过水断面面积（m^2）。

管内的平均流速按式（10-25）计算：

$$v = \frac{1}{n} R^{\frac{2}{3}} I^{\frac{1}{2}} \tag{10-25}$$

式中 n——管壁的粗糙系数；

R——水力半径（m），$R = A/\rho$；

ρ——过水断面湿周（m）；

I——水力坡度（管底坡度）。

管的流速最小 0.75m/s，最大 10m/s（金属），5m/s（非金属管）。

10.6.4 设施

1. 渗水设施及其设计要求

因为透水混凝土具有透水功能，所以透水路面本身就是一种下渗设施，其透水面层可采用透水混凝土、透水面砖、草坪砖等。在实际应用中，为了加强渗水效果，透水铺装往往与其他渗水设施结合使用。

（1）绿地和洼地

绿地：绿地可就近接纳雨水径流，也可通过管渠输送至绿地。绿地应低于周边地面，并有保证雨水进入绿地的措施。绿地植物一般选用耐淹品种[5]。

洼地：地面绿化在满足地面景观要求的前提下，一般设置浅沟或积水深度不宜超过300mm。积水区的进水沿沟长分散布置，最好采用明沟布水；浅沟采用平沟。浅沟渗渠组合渗透设施应符合下列要求：沟底表面的土壤厚度不应小于 100mm，渗透系数不应小于 1×10^{-5} m/s；渗渠中的砂层厚度不应小于 100mm，渗透系数不应小于 1×10^{-4} m/s；渗渠中的砾石层厚度不应小于 100mm。

（2）渗水管

渗水管属多孔管材，其主要优点是占地面积少，管材四周填充多孔材料，调蓄能力好，雨水可通过埋设于地下的渗水管向四周土壤层渗透。但发生堵塞或渗透能力下降时，很难清洗恢复，而且不能利用土壤表层的净化作用，另外水中不宜含有悬浮固体。渗水管适用于用地紧张的城区、表层土壤渗透性差而下层土壤渗透性好的土层，以及水质较好的地区。值得一提的是，旧排水管网改造也可利用渗水管[6]。

（3）渗透管沟设计要求

渗透管沟宜采用穿孔塑料管、无砂混凝土管或排疏管等透水材料，其开孔率应符合相关规定。渗透管的管径不应小于150mm，检查井之间的管道敷设坡度宜采用0.01～0.02。渗透层宜采用砾石，砾石外层应采用土工布包顶。渗透检查井的间距不应大于渗透管管径的150倍。渗透检查井的出水管标高宜高于入水管口标高，但不应高于上游相邻井的出水管口标高。渗透检查井应设0.3m沉砂室。渗透管沟不宜设在行车路面下，设在行车路面下时覆土深度不应小于0.7m。地面雨水进入渗透管前，宜设渗透检查井或集水渗透检查井。地面雨水集水宜采用渗透雨水口。在适当的位置设置测试段，长度宜为2～3m，两端设置止水壁，测试段应设注水孔和水位观察孔[4],[6],[8]。

(4) 渗透管—排放系统

设施的末端必须设置检查井和排水管，排水管连接到雨水排水管网。渗透管的管径和敷设坡度应满足地面雨水排放流量的要求，且管径不小于200mm。检查井出水管口的标高应能确保上游管沟的有效蓄水，当设置有困难时，则无效管沟容积不计入储水容积[4],[6],[8]。

(5) 入渗井

入渗井即回灌井，设置在绿地下凹处，四周斜坡坡度一般小于1∶3。底部及周边的土壤渗透系数应大于5×10^{-6}m/s。渗透面应设过滤层，且底滤层表面距地下水位的距离不小于1.5m。绿地雨水直接通过地表径流、井盖、雨水口等流入回灌井。异地雨水通过径流或雨水收集管线流入回灌井。回灌井埋深应该在当地土壤冰冻线下，进入砂土层深度不小于100cm，井内采用卵石及砂卵石回填，井内的表层要定期更换[4]~[8]。回灌井剖面图如图10-28所示。

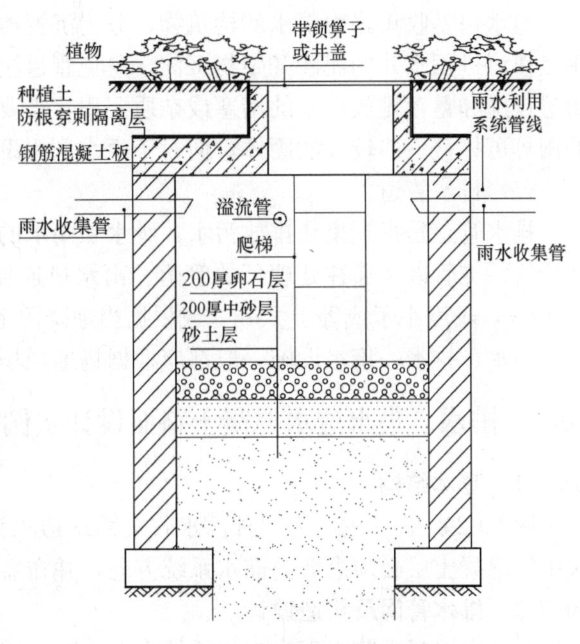

图10-28 回灌井剖面示意图

(6) 下渗池（塘）

下渗池（塘）内所种植物最好既能抗涝又能抗旱，适应洼地内水位变化，边坡坡度不宜大于1∶3，表面宽度和深度的比例大于植物，且设有确保人身安全的措施。

(7) 埋地下渗池

底部及周边的土壤渗透系数应大于5×10^{-6}m/s，强度应满足相应地面承载力的要求；外层应采用土工布或性能相同的材料包覆；当设有人孔时，应采用双层井盖。透水土工布宜选用无纺土工织物，渗透性能应大于所包覆渗透设施的最大渗水要求，应满足保土性、透水性和防堵性的要求。

2. 排水、集水设施

有组织排水的透水混凝土路面除依靠地势使雨水能够重力自流，必须配合其他排水设施，这些排水设施包括：

(1) 明渠

明渠是为了汇集和排除路面、路肩及边坡的流水，在土基两侧设置的水沟。断面一般有矩形、倒梯形和V形。

(2) 盲沟

盲沟指的是在土基内设置充填碎、砾石等粗粒材料并铺以倒滤层的排水、截水设施。按其布置做法不同可分为：自然式、截流式、箅式和耙式，主要用于对排水要求较高的场地。

(3) 截水沟

截水沟指的是为拦截坡上流向土基的水，在路堑坡顶以外设置的水沟，常用于坡地排水系统。当土基挖方上侧山坡汇水面积较大时，应在挖方坡口5m以下设置截水沟。截水沟水流一般不应引入边沟，如必须引入时，应切实做好防护措施。截水沟长度一般不宜超过500m，其平、纵转角处应设曲线连接，沟底纵坡应不小于0.5%。当流速大于土壤容许冲刷的流速时，应对沟面采取加固措施或设法减小沟底纵坡。

(4) 雨水口

雨水口是收集路面雨水的构筑物，分为沉泥池雨水井和无沉泥池雨水井。沉泥池的作用是使流进雨水井的泥沙等杂物沉淀，避免管道淤塞，但需定期清除沉淀物。为减少雨水渗透设施和蓄存排放设施的堵塞或杂质沉积，需要雨水口具有拦污截污功能。传统雨水口的雨箅可拦截一些较大的固体，但对于雨水利用设施不理想。

(5) 排水管道

排水管道是指汇集和排放污水、废水和雨水的管道和其他附属设施所组成的系统，包括干管、支管以及通往处理厂的管道。雨水口连接管最小管径为200mm，坡度应大于等于10%，长度小于或等于25m（或根据当地降雨情况设置）。覆土厚度大于等于0.7m。

渗水、排水、集水设施一般都应根据场地现场情况组合使用。

10.7 排水、集水透水混凝土路面设计实例

10.7.1 基本结构

图10-29、图10-30为两种雨水收集系统透水混凝土路面的结构组合，这两种构造做法中，混凝土层必须沿坡向储水系统方向，并在靠近储水系统的位置埋设集水管。

10.7.2 排水管网及构造设计

在透水混凝土路面雨水收集系统中，一般使用不透水混凝土基层找坡或在透水结构层中（即：靠近储水系统的密实混凝土找坡层上方）设置集水管，使水流向储水系统，在道

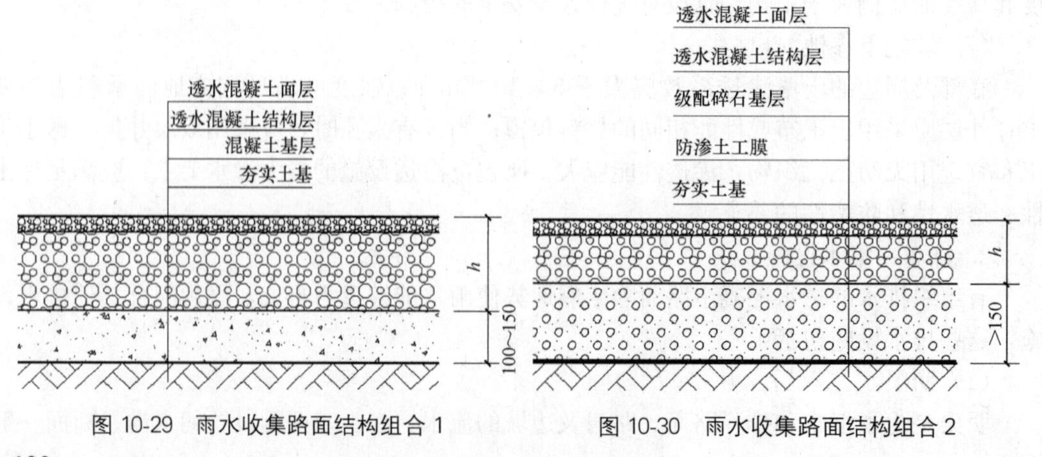

图10-29 雨水收集路面结构组合1　　图10-30 雨水收集路面结构组合2

路的下方宜选用排水管道等，如图 10-31、图 10-32 所示的情况。

纵向集水管选用多孔管材，其开口面积率不小于排水层孔隙率的 1.5 倍。管径按设计雨水量由水力计算确定，通常在 70～150mm 范围内选用。排水管管底通常与基层地面平齐，排水管的纵坡宜与路线纵坡相同，但不得小于 0.25%。排水管围用土工布，以防雨水携带的细小颗粒堵住管孔。

雨水收集管选用不带槽、孔的管材，管径与排水管相同，其间距和安设位置由水力计算确定，雨水管的横坡不宜小于 5%。

在车行道边缘宜设置泄流管，选用不带槽、孔的管材，管径与雨水收集相同。安设位置需与雨水收集管布置在同一断面，管底与基层底部平，也可利用建筑物、构筑物周围、道路两侧明沟收集雨水，在明沟最低处设置集水管坡向储水系统。

图 10-31 基层透水路面两侧设雨水口的做法适用于土基渗透系数大、水稳定性良好但仍会有雨水径流现象发生，道路两侧设置雨水口的一般路面[1],[3],[7],[8]。

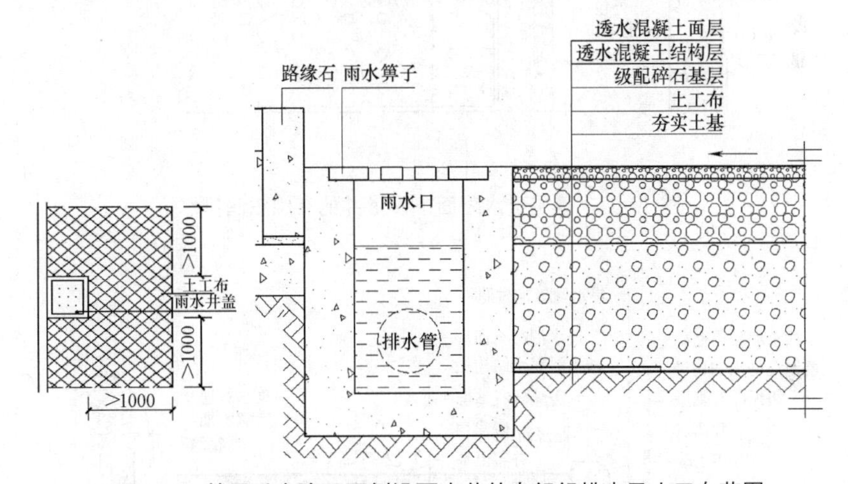

图 10-31　基层透水路面两侧设雨水井的有组织排水及土工布范围

图 10-32 适用于土基渗透性及水稳定性良好，但透水路面下方没有位置设置盲沟的情况[1],[3],[7],[8]。

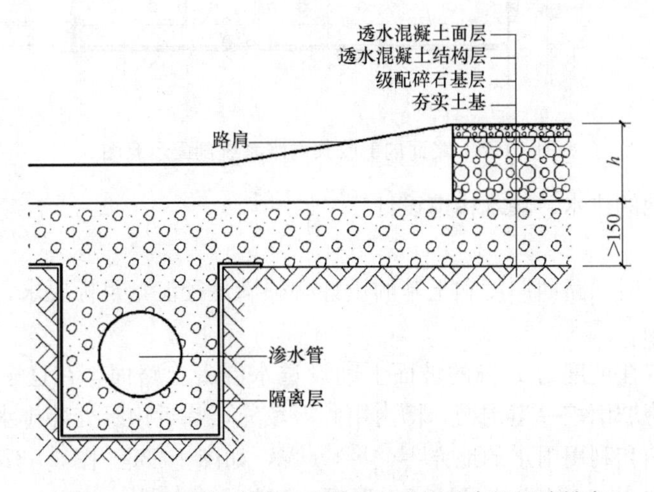

图 10-32　基层透水路面土基外设盲沟的有组织暗排水

图 10-33 适用于土基渗透性及水稳定性良好，透水路面上不能设置外露的雨水口的情况[1],[3],[7],[8]。

图 10-34 为一种路面内部收集雨水方式的剖面示意图[1],[4],[8]。

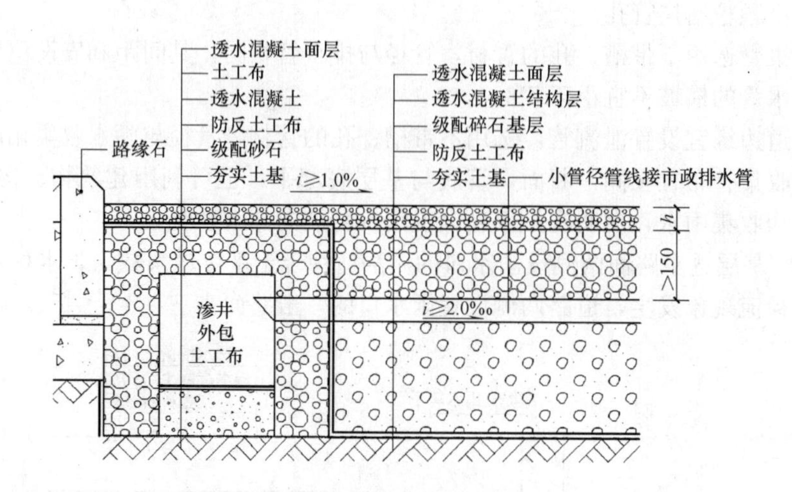

图 10-33　基层透水路面下设渗井的有组织暗排水

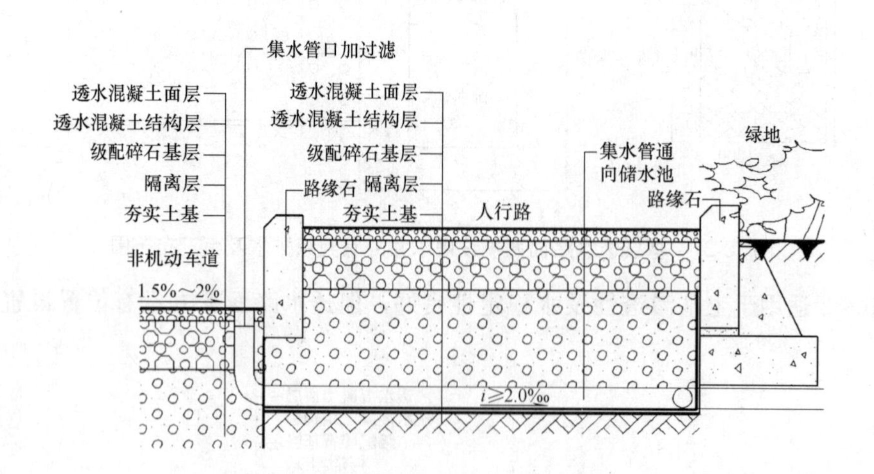

图 10-34　路面内部收集雨水系统剖面示意图

10.7.3　特殊场地的排水、集水构造设计

1. 坡地

当路面有坡度时，路面厚度和土基的设计必须满足径流量目标要求，同时也要考虑坡面带来的其他问题。

有相关研究曾在坡度为 16%的坡面上铺设透水混凝土路面，在这个工程试验中，每隔一段距离便横跨坡面挖一道沟槽，槽内用碎石填充，临近边缘处装排水管，把过剩的水排到附近可以容纳和利用雨水的地方[1],[3],[8],[10]，如图 10-35～图 10-37 所示。坡度更大时，也可以采用图 10-38 的方式设计透水混凝土铺装[1],[3],[10]。

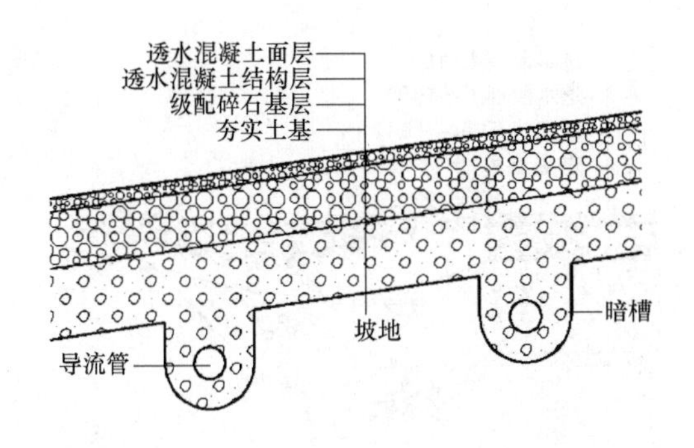

图 10-35 坡地透水路面排水剖面示意图

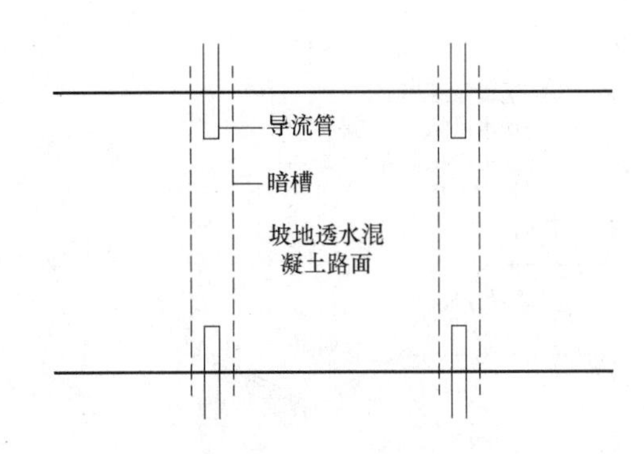

图 10-36 坡地上的透水路面排水平面示意图

图 10-37 斜坡上的透水路面排水构造设计

图 10-38 陡坡上的透水混凝土台地

2. 寒冷地区

在气候比较寒冷的地区，透水混凝土路面的土基应低于冻结线，以便减轻冰冻隆胀带来的危害。

3. 土基渗透系数小的地区

土基渗透系数小的地区排水方案如图 10-39～图 10-44 所示，可根据工程现场的实际情况进行选择[3],[9],[10]。

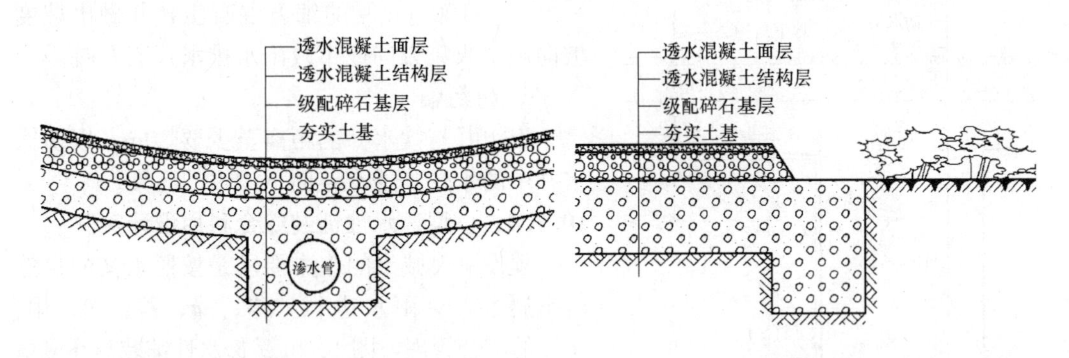

图 10-39 透水路面下设级配碎石排水盲沟

图 10-40 透水路面外缘基层设级配碎石的排水暗沟

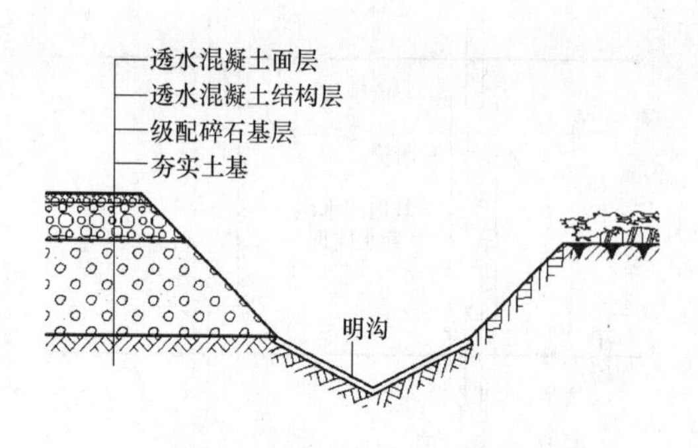

图 10-41 透水路面外缘设排水明沟

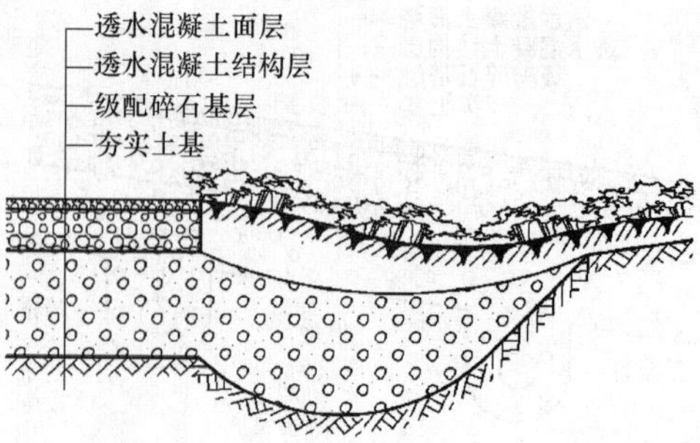

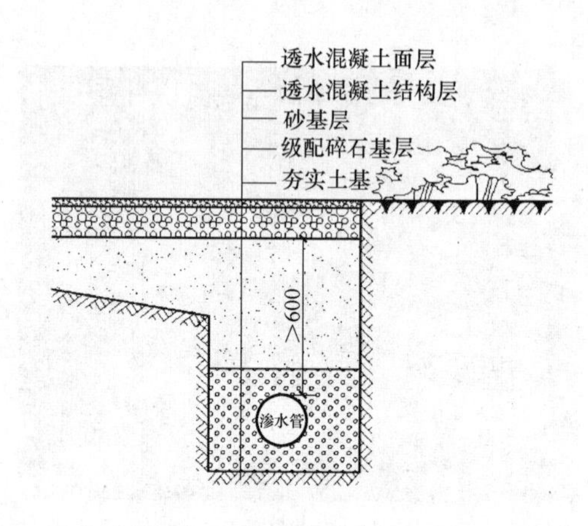

图 10-42 透水路面外缘土壤下方设级配碎石排水暗沟

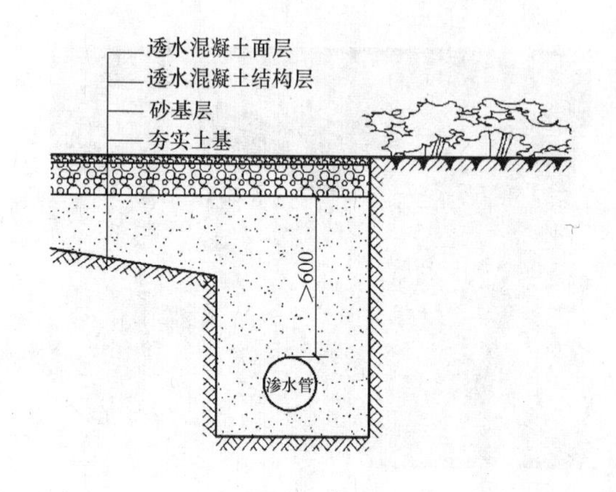

图 10-43 透水路面下方设填充砂的盲沟

图 10-44 透水路面下方填充砂和级配碎石结合盲沟

4. 地下室上方

新建地下室顶板防水保护层上铺级配碎石后在其上做透水混凝土，此种做法需配合地下的渗排水盲沟。

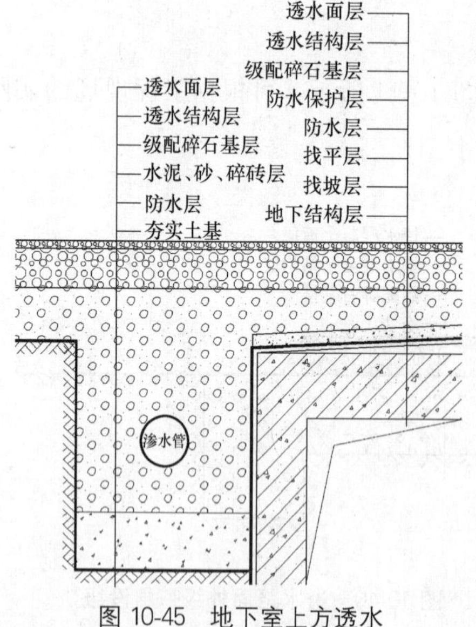

图 10-45 地下室上方透水混凝土的排水示意图

图 10-45 是在既有渗漏情况严重、或对地面层排水要求高的地下室上方做透水混凝土路面结构，此种情况要在透水路面与地下室顶板之间做一层 80～100mm 厚的细石混凝土，并做出坡度坡向雨水收集方向或市政雨水排水管道方向。

5. 防污染

集水井与饮水井的距离至少要 30m，以防饮水井中的水受到透水路面下渗水的污染。

10.7.4 小型透水性铺装综合利用设计实例

建设海绵城市的基本要求是按照水文的自然生态属性，对雨水进行“渗、滞、蓄、净、用、排”的综合管理，图 10-46 是透水性铺装与环境植被、下凹式绿地结合，以及与硬化路面的排水相连接，进行雨水渗、滞、排和用的节点设计实例。

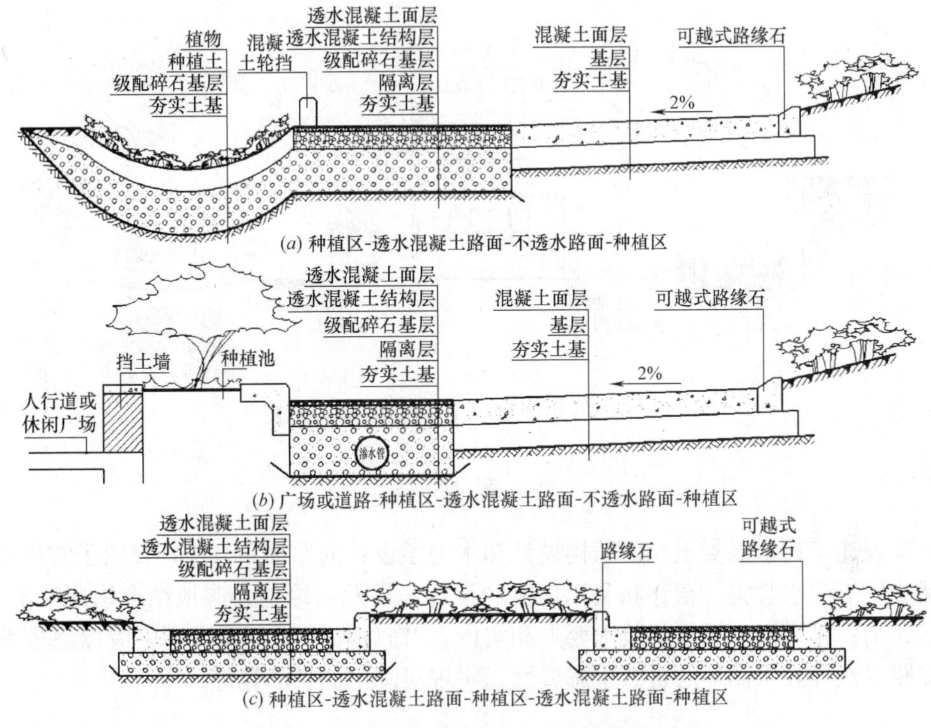

图 10-46　透水性与不透水性铺装、绿化带结合的设计实例

10.8　城镇居住生活小区降水综合利用的设计实例

城镇居住生活小区是一个相对独立的区域，可以按照“海绵城市”建设的理念形成一个对降水“渗、滞、蓄、净、用、排”的生态系统[9],[10]。利用透水路面实现“渗”“滞”以及进行收集，利用下凹式绿地和人工湿地实现“渗”和“用”，利用水循环的管路系统和蓄水池、雨水模块等实现收集、蓄存和喷灌利用，而且与有线、无线网络结合可以实现管理的智能化，形成一个完整的降水生态管理系统。图 10-47、图 10-48 是一居住生活小区降水综合利用的示意图。

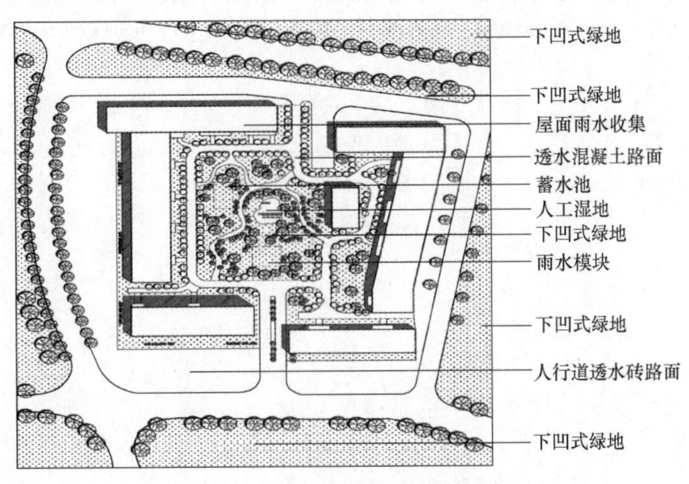

图 10-47　小区降水综合利用示意图

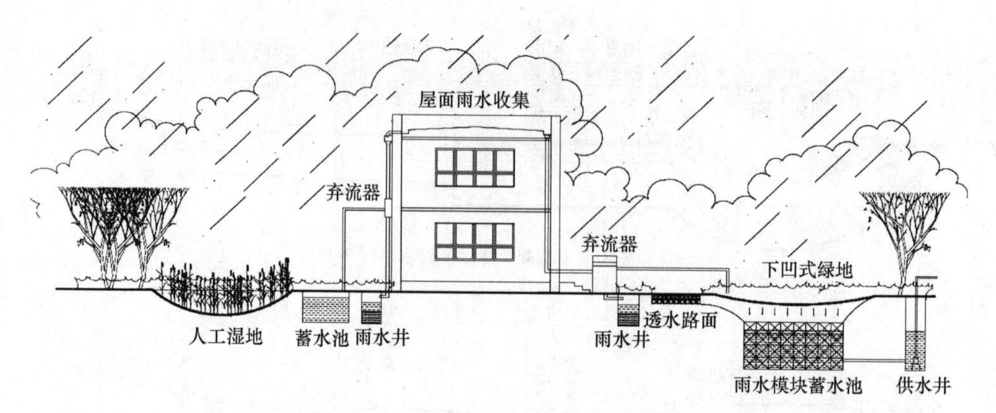

图 10-48　小区降水综合利用局部示意图

本章小结

本章表述了透水混凝土路面结构设计和水力学设计的原理和方法，介绍了常用各种透水性铺装用于雨水收集、蓄存和利用功能的设计，以及与绿地、湿地结合构成"滞、渗、蓄、净、用、排"生态系统的技术要点和实例。"海绵城市"工程设计中应始终遵循的理念是按照自然界降水循环的自然生态属性，实现对降水的科学管理。

参考文献

1. 宋中南，石云兴等. 透水混凝土及其应用技术．北京：中国建筑工业出版社，2011
2. 中交公路规划设计院有限公司主编. 公路水泥混凝土路面设计规范 JTG D40—2011. 2011.11
3. Paul D. Tennis，Michael L. Leming，and David J. Akers. Pervious Concrete Pavements. Portland Cement Association，2004.2
4. 北京市建筑设计标准化办公室. 北京市小区雨水利用工程设计指南. 北京，2007
5. Bruce K. Ferguson. Porous pavement. CRC Press，2005
6. 金龙，王志标. 我国城市雨水利用适用技术. 市政技术，2007，(1)
7. 中国建筑股份有限公司主编. 透水混凝土路面技术规程 DB 11/T775—2010. 2010.12
8. 上海市政工程设计研究总院（集团）有限公司主编. 室外排水设计规范 GB 50014—2006. 2014 年版
9. 住房和城乡建设部．海绵城市建设技术指南-低影响开发雨水系统构建（试行). 2014.10
10. American Concrete Pavement Association. Stormwater Management with Pervious Concrete Pavement. 2006

第 11 章　透水混凝土铺装-人工湿地雨水收集处理系统

将透水性铺装雨水收集技术与人工湿地雨水净化技术相结合，既能够收集储蓄雨水，防止城市内涝，又能够净化雨水，不污染土壤和地下水，净化后的雨水可直接回渗到地下，从而能够更好地建设海绵城市。因此，透水性铺装雨水收集-人工湿地雨水净化成套技术是一项开创性又实用的技术，符合城市和社会发展的需要，具有广阔的应用前景。

11.1　透水性铺装雨水收集系统

透水性铺装路面在我国虽然有研究，但迄今未见大范围应用于雨水收集和回用工程的报道，其原因主要有以下技术难题：

1. 材料的制约

制备既满足路面强度，又使雨水能透过的混凝土是一个技术难题，透水混凝土的强度和密实度是相互制约的两项技术性能，混凝土密实度增大，强度能达到要求，但透水性不好，而密实度过小，虽透水性提高，但强度难以满足要求。

2. 路面结构有缺陷

现有透水路面采用铺地砖方法，雨水从砖缝渗入地下，渗入的雨水无法有效回收。

因此，亟需开发研制一种既能满足路面强度要求，又具有强的雨水渗透能力的透水性铺装技术，并将透水性铺装系统与雨水收集结合起来形成雨水渗透与收集的成套技术。

11.1.1　透水混凝土雨水收集系统

1. 透水混凝土收集雨水的优越性

透水混凝土雨水收集技术通过透水混凝土路面与蓄水池和管网系统结合，将降落雨水收集、储存起来，用于绿地浇灌，也可经净化用于洗车、道路喷洒、冲厕等生活杂用。另外经净化的雨水还可以回灌地下补充地下水资源，缓解城市水资源不足和地下水过度开采的压力。

此外，透水混凝土本身对雨水也有一定的净化能力，其净化机理详见第 9 章 9.4 节。

2. 透水混凝土雨水收集系统水力计算

雨量计算参见第 10 章 10.5 和 10.6 节，在此不再赘述。

透水混凝土路面与一般不透水路面的道路不同，它不仅可以在雨水形成地面径流的时候排水、集水，在透水混凝土的容水层中也可以收集雨水。雨水收集系统管网是利用透水混凝土的透水特性，在透水结构层下方做不渗透带坡的隔离层或密实层使水不致下渗，坡向储水系统达到收集雨水的目的。透水混凝土路面有一定的容水能力，雨水可在透水混凝土面层中沿坡度流向储水池。透水混凝土路面不仅可以收集降落在路面上的雨水，还可以收集周边广场、建筑屋顶等汇集的雨水，这些雨水通过管道汇聚到透水混凝土路面，通过透水混凝土路面流向蓄水池中。

透水混凝土的容水能力是由面层的孔隙率决定的，计算公式为：

$$V=hF_0\alpha \tag{11-1}$$

式中　V——透水路面面层中缓存水的体积（m^3）；

h——透水面层厚度（m）；

F_0——透水混凝土面层面积（m^2）；

α——透水路面表观孔隙率。

另外，如果透水混凝土面层下方铺设有透水垫层，则透水垫层也有一定的容水能力。普通石头的孔隙率一般为40%，细骨料含量高的混凝土结构层的孔隙率约为20%。若孔隙率15%厚度为100mm的透水混凝土面层下方铺设150mm厚的透水垫层，则路面的额定存储雨水量将是75mm的降水（即：15%×100mm+40%×150mm=75mm）。

透水混凝土的渗流量计算公式为：

$$Q=kiA \tag{11-2}$$

$$i=\sqrt{i_z^2+i_h^2} \tag{11-3}$$

式中　Q——纵向每米透水混凝土面层的排水量（m^3/s）；

k——透水混凝土路面的透水系数（m/s）；

i——渗流路径的平均坡度，若有纵坡，按式（11-3）计算；

i_z、i_h——分别为纵坡、横坡坡度；

A——纵向每米透水面层过水断面面积（m^2），若有纵坡则为$A=h(i_h/i)$，若无则有$A=h$；

h——透水混凝土面层厚度（m）。

这样，透水混凝土路面有一定的容水能力，并且透水混凝土面层中的雨水以一定的渗透速率沿坡流向蓄水池。但当雨水量大时，雨水将从透水混凝土层中溢出，形成径流，所以，必要时透水混凝土路面需设置边沟或排水管，雨水经边沟或排水管流入蓄水池中。

雨水在排水管道中的流量公式为：

$$Q=A\cdot v \tag{11-4}$$

其中，

$$v=C\cdot\sqrt{R\cdot I} \tag{11-5}$$

式中　Q——流量（m^3/s）；

A——过水断面面积（m^2）；

v——流速（m/s）；

R——水力半径（过水断面与湿周的比值）（m）；

I——水力坡度（等于水面坡度，也等于管底坡度）；

C——流速系数或谢才系数。

C值一般按曼宁公式计算，即：

$$C=\frac{1}{n}\cdot R^{\frac{1}{6}} \tag{11-6}$$

式中　n——管壁粗糙系数，该值根据材料而定，混凝土或钢筋混凝土管道的管壁粗糙系数一般采用0.014。

管道中雨水流量为降雨量减去由透水混凝土路面渗流进入蓄水池的雨水量。透水混凝土道路的雨水口一般可按照城市道路设计规范要求的距离设置，但由于透水混凝土路面有一定的容水能力，设置在透水混凝土路上的雨水口可比设置在不透水混凝土路上的雨水口数量适当减少。

3. 透水混凝土雨水收集的管路设计

(1) 建筑屋顶雨水收集管路设计

建筑屋顶雨水收集分为无组织排水和有组织排水两种方式。无组织排水的雨水收集路径为：屋顶排水层→散水→道路雨水收集系统。有组织排水的雨水收集路径为：屋顶排水层→屋顶排水天沟→雨水斗→雨落管→雨水管→入渗或蓄存系统。而屋顶大部分雨水是通过雨落管进行有组织排水的，我们将雨落管中流出的雨水汇集到透水混凝土系统。如图 11-1 所示，建筑物屋顶上的雨水经雨落管流至沉淀池/雨水口，经雨水管输送到透水混凝土路面。

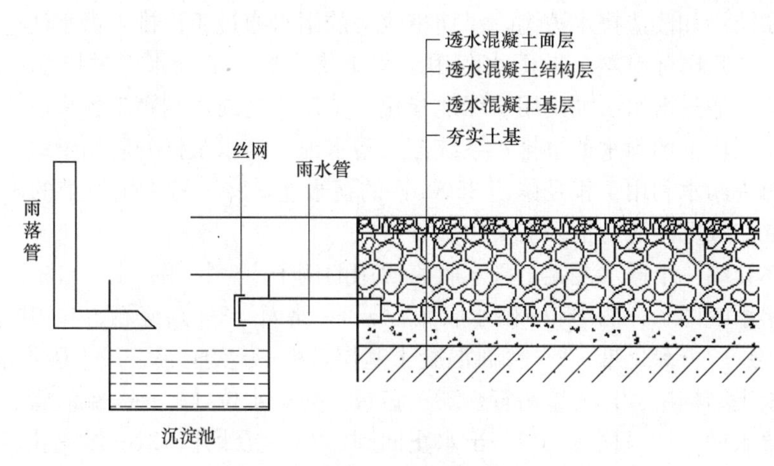

图 11-1　建筑屋顶雨水收集示意图

(2) 广场雨水收集管路设计

广场雨水排水有表面排水和受水面全渗透两种方式，广场表面排水指雨水由广场路面排入四周绿地或透水路面，在绿地或透水路面内渗透或收集；受水面全渗透指广场采用透水性砌块铺装，雨水就地下渗。

广场由不透水材料铺装时，采用表面排水方式，雨水由广场通过路面横坡流向周围透水混凝土路面，在透水混凝土路面中经渗透集水（图 11-2）。

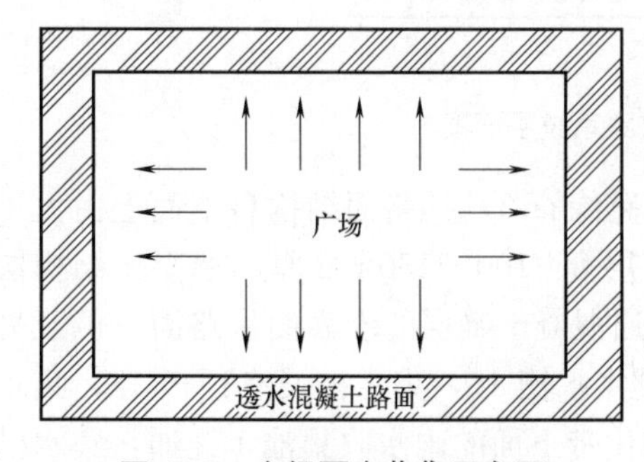

图 11-2　广场雨水收集示意图

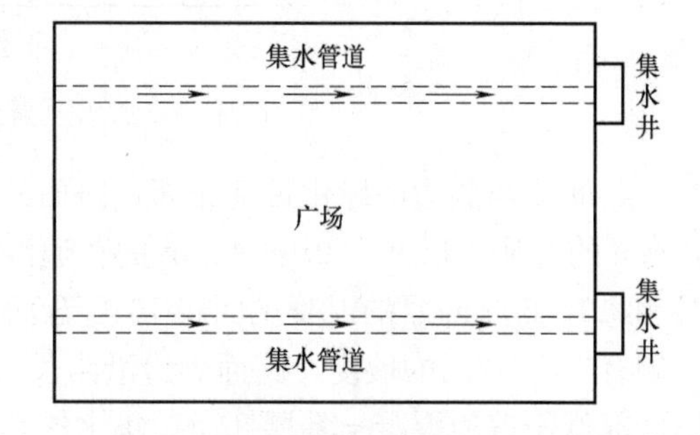

图 11-3　透水混凝土广场雨水收集示意图

当广场采用透水混凝土铺装时，雨水经透水层下渗，经集水管道流向集水井，如图 11-3 所示。纵、横向雨水收集管间距宜取 10～15m，管道底部与透水混凝土路面的不透水基层平齐，坡度宜取 1.5%～2.0%。

(3) 雨水经透水混凝土汇至集水井管路设计

雨水经透水混凝土路面收集，沿透水混凝土坡度流向集水井。第 10 章图 10-3 给出了雨水由透水混凝土路面流入集水井的管路设计。

(4) 透水混凝土路面边侧管路设计

当透水混凝土路面有径流发生时，需在路侧设计雨水口和排水管进行雨水收集（见第 10 章图 10-31 和图 10-32）。

4. 应用举例

雨水利用工程将根据不同的地区采取不同的形式，像衙门口休闲绿洲雨水利用工程是进行池底清淤防渗和改造排水边沟，汛期将收集的雨水通过边沟排入蓄水池中，用于绿化和景观用水；北京国际雕塑公园雨水利用工程是将广场上的雨水通过排水系统汇入贮存池，雨水收集后通过潜水泵抽出用于绿地绿化；黄庄职高雨水利用工程采取修建地下蓄水池的方式，将操场上的雨水通过排水系统汇入蓄水池，经水泵提升后用于绿化用水和冲洗操场等；法海寺雨水利用工程是修建 3500m^3 的蓄水池，将法海寺山坡上的雨水收集后经初级沉淀池和二级沉淀池后汇入引渠中。

下边具体介绍一个透水混凝土雨水收集回用的例子[1],[2]。图 11-4～图 11-7 为透水混凝土雨水收集系统图示，图中 1—雨水收集池、2—路面、3—路缘石、4—喷水头、5—管网、6—潜水泵、7—绿化带、8—普通混凝土基层、9—夯实土层、10—透水混凝土面层、11—透水混凝土结构层、12—排污管、13—盖板、14—水位计、15—溢流管、16—排污止回阀、17—集水槽、18—顶板、19—出水止回阀、20—沉沙井、21—溢流孔、22—普通混凝土支撑块。

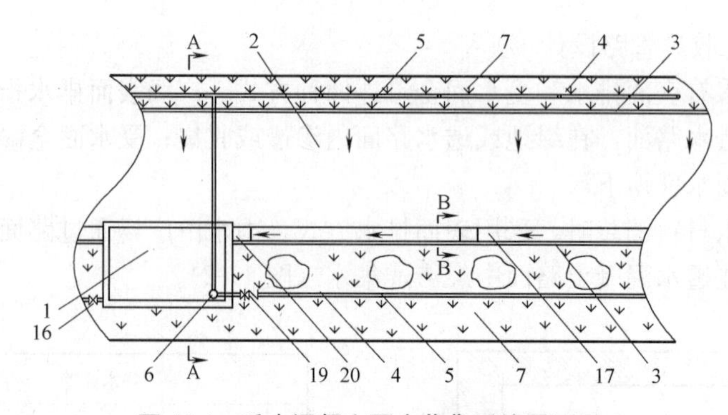

图 11-4 透水混凝土雨水收集系统平面图

路面 2 与侧边的绿化带 7 相邻，路面的边缘有路缘石 3，其路面结构自下而上由大于 10mm 的夯实土层 9、80～100mm 的普通混凝土基层 8、100～150mm 厚的混凝土结构层 11 和 40～60mm 厚的混凝土面层 10 复合而成，普通混凝土基层的上表面从路面一侧至另一侧有 1%～2%的坡度，路面侧边沿路长方向埋设集水槽 17，集水槽设有顶板 18，集水槽底部低于普通混凝土基层底面，集水槽与埋在绿化带下面的雨水收集池 1 连通，集水槽底面至雨水收集池有 1%～2%的坡度，雨水收集池顶部有盖板 13，雨水收集池内有水位计 14，雨水收集池底部有潜水泵 6，潜水泵沉入雨水收集池底部凹槽内，雨水收集池底部有与市政污水连通的排污管 12，排污管上有排污止回阀 16，雨水收集池壁开有溢流孔 21，溢流孔连接溢流管 15，溢流管与排污管 12 连通，潜水泵出口与管网 5 连接，管网 5

分布在绿化带7内，管网5与地面上的喷水头4连通，管网5上连有出水止回阀19。为使雨水在集水槽内流动更通畅，集水槽17沿线可设沉砂池20。集水槽17的顶板18下面，间隔设有普通混凝土支撑块22，普通混凝土支撑块支撑在普通混凝土基层上，间隔内的材料与透水混凝土结构层的材料相同。这种结构既能收集雨水，又能保证路面上的抗压强度满足重型车辆通行。

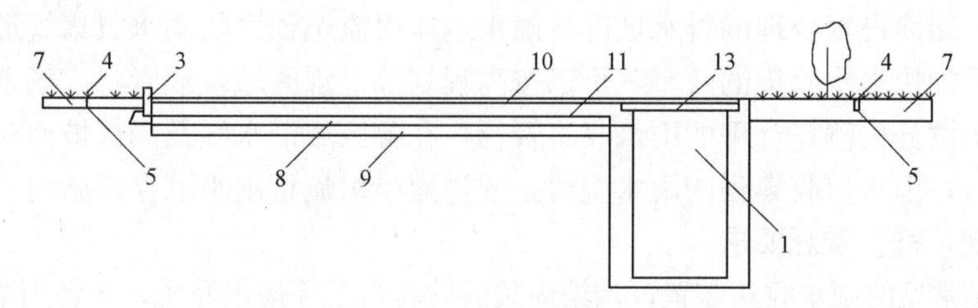

图 11-5　图 11-4 中 A-A 剖面图

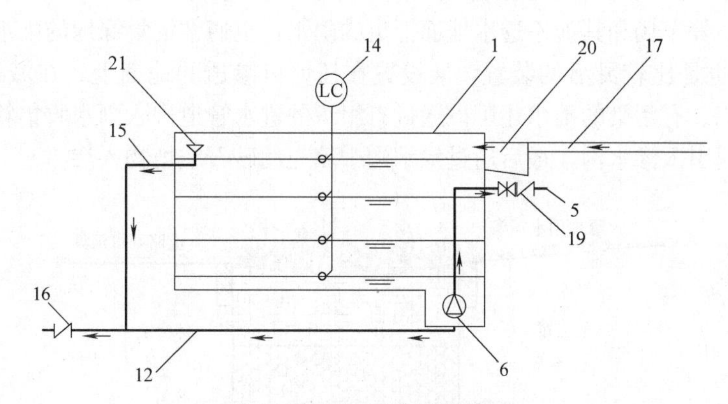

图 11-6　雨水收集池结构图

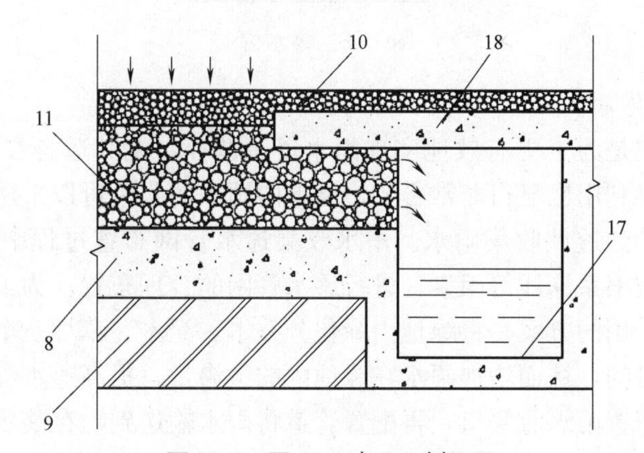

图 11-7　图 11-4 中 B-B 剖面图

11.1.2　其他雨水收集系统

按照雨水收集利用的途径和措施，雨水的收集利用系统可分为以下几种形式[3],[4]：(1) 结合路面的雨水收集；(2) 结合绿地的雨水收集，包括下凹式绿地、雨水花园、低坡度绿地、多坡度绿地等；(3) 结合水景的雨水收集利用；(4) 结合建筑的雨水收集。

1. 路面的雨水收集

路面分为透水铺装和不透水铺装，透水铺地分为全透型和半透型两种，全透性铺地是指整个铺地从基层到面层都是可以渗透雨水的，如透水混凝土路面、植草砖等，收集雨水的方式见前文介绍。半透型的铺地是指面层透水而基层不透水的铺装，如采用植草砖面层，混凝土基层铺地，这类铺地往往为了增加绿地量，铺地本身又要保证一定承载力而设置的。因为透水混凝土路面是本书重点内容，在多个章节有详细介绍，在此不赘述。

不透水铺地为硬化路面，不透水铺地的雨水收集主要是采用雨水口收集、沟渠或管道输送的形式；路面设置合理的排水坡度将雨水迅速引流至预设的雨水收集管道或管沟；大面积广场为了加快雨水收集的效率，可以按高程划分汇水区域，或者将广场划分为多个汇水面，通过雨洪分析测算合理的雨水收集管径，在各区域汇水线及局部坡面交叉汇水线布置雨水收集口；雨水口收集到的雨水主要是通过灌渠引流至雨水贮存设施内；雨水收集口应该做到美观，符合景观要求[5]。

渗水沟是常见的雨水收集装置，沟渠内装满砂和粗石等透水介质，或者用草及简单的植物覆盖，保证景观的同时，也是为了对雨水可以起到初步简单的过滤作用。渗水沟可以用来收集渗透屋顶、停车场和其他不透水地面汇集的雨水，也通常汇集绿地的雨水形成入渗（图11-8）。渗水沟也是比较灵活的装置，能设置在任何可渗透的地面上，在城市广场、绿地、建筑周边都可以。有污染的雨水还可以通过有组织的进水管道进入雨水收集箱，去除沉淀物和其他废物后再引入渗水沟，最后通过渗水沟中填充的砂石或植物入渗[3],[4]。

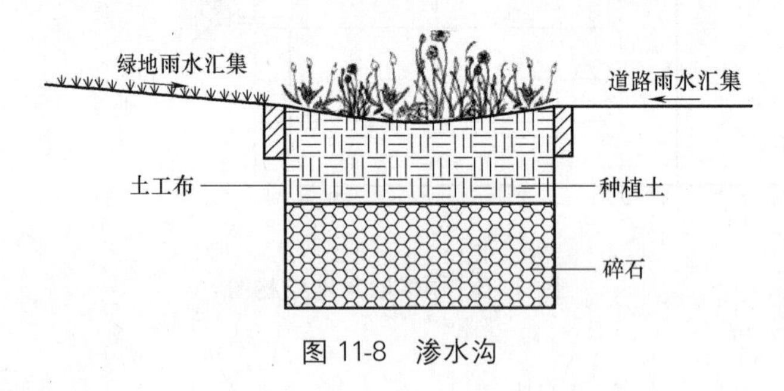

图 11-8　渗水沟

2. 绿地的雨水收集

绿地的雨水收集是为了更有效地实现雨水资源调控，尤其适合在雨水分布不均的地区，绿地雨水的收集利用也显得非常必要。绿地内雨水的收集可以采用铺设透水管网的方式，也可利用绿地的渗透性收集雨水。雨水收集透水管网布置过程中要充分考虑绿化景观、植被分布、植被根系深浅等因素，进行透水管网的合理布置。为了减缓雨水径流，增加雨水收集量，可采用的方案是将绿地内绿化分乔木、灌木、草坪三个层次布置，延长雨水在绿地内停留的时间，从而增加雨水在绿地内的下渗量，提高透水管网的收集效率。另外还可以在绿地内布置雨水收集口，再配置管道将雨水输送到贮存装置进行储存[4]。

采用绿地雨水收集方式，做到不破坏景观的同时进行雨水的收集，也可以将雨水收集景观化，如结合小品的雨水收集设施布置，或者采用卵石散铺的形式避免收集设施的突兀。只要透水管网或者雨水收集口布置得当，可以取得比较好的雨水收集效果。另外，在绿地内布置管网做雨水收集的优势是可以利用植物根系对雨水径流中的杂质起到一定的净化作用[4]。

（1）下凹式绿地

下凹式绿地是一种绿地雨水调蓄技术，利用下凹空间来充分蓄集下渗雨水、削减洪峰流量、减轻地表径流污染，并达到有效增加了雨水下渗时间的目的。它是一种生态的加强雨水渗透的设施，不仅能够截留渗透雨水，而且是一种结合绿地营造而不需增加额外投资、蓄渗效果明显的措施。下凹式绿地的使用有利于周边道路或者广场上的雨水汇集进入绿地内。据研究表明，用下凹式绿地汇集周围不透水铺装区的径流，雨水下渗效果最好。也可以在大面积绿地内设置一定面积的下凹部分，加强雨水的滞留。下凹式绿地具有一定的储水能力，并能通过其滞蓄能力形成对雨水的控制，避免流经绿地的雨水流失，防止强径流的形成。雨水在绿地下凹处空间滞留，既保证了能够入渗的雨水量，又能有效延长雨水入渗时间，达到雨水渗透利用的目的[6]。

要达到雨水的合理利用，下凹式绿地的下凹深度和绿地面积是下凹式绿地设计的两个控制性参数。下凹深度是决定下凹绿地蓄水量的关键因素之一，但受植物的耐水淹时间有限不能无限制地降低绿地高程，应该在保证植物能够正常生长的前提下，根据具体情况控制下凹绿地的深度。例如，有研究认为在植物耐淹时间为 1～3 d 的北京地区，绿地下凹深度控制在 5 cm 到 25 cm 的范围内是安全可行的；在上海市区绿地下凹 5 cm 的情况下比较合适。其次，绿地面积也是决定蓄水量的因素之一，保证有足够大的绿地面积才能保障下凹式绿地雨水收集的功能；有研究认为下凹式绿地占全部集水面积比例为 20%时，可以使外排径流雨水量减少 30%～90%，甚至实现无外排雨水。所以为了做到下凹式绿地的合理性及有效性，下凹式绿地需经过精心的设计，做到下凹式绿地在服务汇水面积范围内发挥出最大功效。为了实现高效的雨水利用以及不至于破坏景观，下凹式绿地内的植物选择应该慎重，宜采用符合耐水淹、有一定的污染物吸收与净化功能、美观等要求的植物，常用的有莎草科植物、灯芯草属植物等。

下凹式绿地的雨水收集，雨水口设置在绿地内，高程上低于周边铺地，在保证绿地蓄水的同时又能够控制多余的雨水排出而不至于绿地受到雨水的侵害；在绿地低洼蓄水处收集雨水需要有良好的管理以保证游人安全及环境卫生，过量汇集的雨水还需要有溢流设施，避免造成泛滥，收集到的雨水经设计的雨水管道输送至雨水贮存设施内可以实现回收再回用[6]。

（2）雨水花园

雨水花园的特点是在景观设计的同时解决雨水的渗透与收集。20 世纪 90 年代，美国出现了“雨水花园”，一种新型的以雨水生态利用为目的的花园形式。“雨水花园”是在地势较低区域种有植物的专类工程设施，它通过土壤和植物的过滤作用净化雨水，减小径流污染，同时消纳小面积汇流的初期雨水，减少径流量。雨水花园主要由蓄水层、覆盖层、种植土层、人工填料层及砾石层构成，如图 11-9 所示。

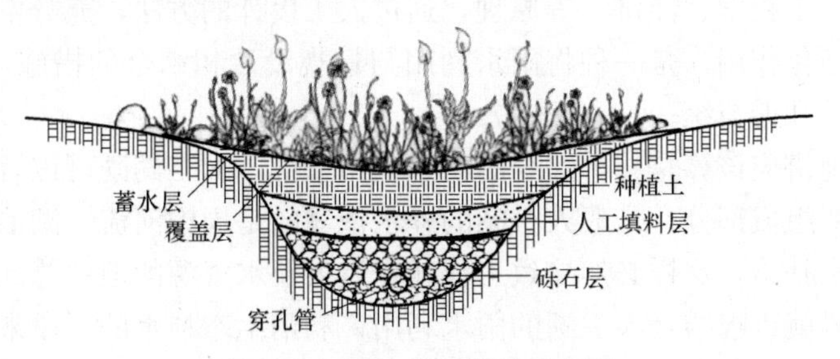

图 11-9　雨水花园构造示意图

蓄水层种植耐水淹的植物，起到滞留雨水并对汇入的雨水形成初级净化的作用；覆盖层可以防止雨水对地表形成冲刷，且能够减弱雨水蒸发，具有保水的作用；种植土层中土壤微生物及植物根系对雨水有一定的净化作用；人工填料层为了保证雨水能够迅速下渗，砾石层的布置具有暂时储存雨水的作用；还可以在砾石层内布置穿孔管道，对净化后的雨水进行收集回用。雨水花园可以在雨量充沛时作为临时性储存雨水的设施，它能够降低雨水径流速度，消减径流量，减少洪涝灾害；雨水花园作为一个集雨水收集净化渗透于一体的雨水利用设施，是一种生态自然的可行性途径，既能够回补地下水源，还能够有效实现雨水资源的调控与改善利用。雨水花园的优点是建造简单、费用低，运行及后期的管理方便，公园内道路、广场、建筑等雨水汇集面的雨水都可以利用雨水花园的形式处理，最重要的是雨水花园本身作为景观的一部分，其自然美观与景观形成有效融合。因此，无论是从景观还是雨水利用的角度来分析，雨水花园的建设和应用都是可行的[4]。

(3) 低坡度绿地

绿地的坡度是影响绿地土壤侵蚀的重要因素，一般情况下，绿地坡度越大，雨水流速越快，产生的径流量也越大。但从各坡度范围分析，径流量随坡度增加而增加，但并不是连续的，而是存在一个临界坡度，这个临界坡度大约为 26°～30°，从 26°～30°径流量随坡度的增加而减少，大于 30°后，径流量又随坡度的增加而增加。雨水的径流量越大，对绿地的破坏越大，水流也越难以控制。因此，低坡度的绿地设计是控制雨水径流的有效途径。在进行绿地地形设计时应尽量控制地表的坡度，在没有特殊景观或功能要求时绿地的坡度设计应尽量趋于平缓。低坡度的绿地能够减缓雨水汇集的速度，降低雨水径流强度，从而增加雨水在绿地内渗透的时间，加大雨水在绿地内的渗透量[4]。

(4) 多坡度绿地

多坡度绿地相对于单一坡度的绿地而言，是指把单一坡度变成多个坡度、陡坡与缓坡相结合的绿地形式。多坡度绿地可以用以改善地形坡度较大情况下的雨水利用问题，其不仅可以缓解绿地坡度太大而容易形成的强雨水径流，避免导致水土流失或者洪涝灾害等问题，还能够很好地滞缓雨水，延长雨水在绿地流经的路程，提高雨水入渗时间而增加雨水入渗量，做到雨水有效利用[4]。

3. 水景的雨水收集

水景是以水为重要视觉对象的景观。城市公园内常见的水景分为两种类型：一种是根据自然设计的水景景观，利用特有的地势或者土建结构建成的水景景观，比如我们常见的人工湖、溪流、瀑布、泉涌、跌水等，这些水景景观在传统园林的设计中比较常见；另外一种是完全的人造水景设计，如旱喷、喷泉等。雨水利用技术是一种综合性的技术，此技术包含了生态学、工程学、经济学等原理，通过人工设计的方法，充分发挥出水生植物系统或土壤的自然净化作用，是一种将雨水利用与景观设计相结合的措施，有效实现环境、经济、社会效益的和谐与统一。

人工湖确切地讲应该算是一个综合的雨水利用系统，人工湖既可以直接利用雨水，又是雨水贮存的重要组成部分。一般人工湖的补水依靠的是周围河流、湖泊补水，或者利用城市供水系统供水补给，这样必然导致工程耗资过大及水资源的浪费等问题的产生，所以人工湖的设计阶段就重视结合人工湖的雨水利用，利用生态补水的手段来解决人工湖补水问题。雨水的引入应该作为人工湖水源补给的重要来源，为了加强雨水补给能力，补给的措施应该经过合理的设计。常用可行的补给措施可以采用雨水口收集的雨水补给和绿地雨水汇集补给；第一种措施是利用雨水口收集道路、铺地、绿地等汇水面上的雨水，通过灌渠将雨水汇入人工湖内；第二种措施是在有地形的人工湖周边绿地内结合公园造景要求梳理水道，如跌水、溪涧的处理，使雨水能够及时汇入湖体内；在人工湖内设置溢流口排除多余的雨水，两种途径都可以做到雨水的先利用后排放，并且是雨水补给人工湖的有效途径。

人工湖本身对雨水的蓄积是其一大重要功能，为了提高人工湖蓄水能力，加大湖体的蓄存量，为雨季蓄水打下了基础，还有必要在适当的范围内将湖体溢流口调高。结合雨水利用的人工湖设计，在条件满足的情况下，可以设计成分级水景的形式；如结合雨水造景、雨水净化，设计时采用包含初级净化池、次级净化池、清水池的分级水景形式，配合水生植物的应用，既能够形成丰富多彩的跌水景观，还能够利用水生植物来实现雨水的净化；同时在需要利用雨水的时候可以直接从清水池用泵抽取，保证了水的质量，也做到了蓄积雨水的循环利用[5]。

4. 建筑的雨水收集

建筑物的密度越大，地表径流也将越大，区域内保持降雨的能力就越低。在《中国生态住宅技术评估手册》中已经将屋面雨水收集作为了小区水环境子项中的一个必备条件，在水资源匮乏的大环境下，建筑雨水利用更具有非常重要的意义。

屋面的雨水收集应该根据建筑物的类型、结构、屋面面积、当地气候条件以及雨水收集系统的自身要求等，确定最佳的收集方式。建筑屋面可以按屋面形式分为普通屋面和屋面绿化两种形式；普通屋面就是指正常做法而没有经过生态加工的屋面，分为平屋面和斜屋面两种做法。普通屋面雨水的收集流程可归纳为：屋面雨水—收水槽—落水管—弃流装置—过滤池—蓄水池（或水箱）。普通屋面是建筑中常用的雨水收集面，屋面雨水收集除了通常的屋顶外，根据建筑物的特点，有时候还需要考虑部分垂直面上的雨水。普通屋面为了加强雨水利用应该设计一个合理的雨水收集系统，雨水收集系统可以分为内收集系统和外收集系统。内收集系统是指屋面设雨水斗，建筑物内部有雨水管道的雨水收集系统，一般适用于跨度大、立面要求高的建筑物。在实际运用中，应根据项目的自身特点来判定采用哪一种收集方式。雨水外收集系统由檐沟、收集管、水落管、连接管等组成。受建筑屋面材料等因素的影响，建筑屋面的雨水收集还应该设置雨水弃流装置来保证收集雨水的质量。屋面雨水经过弃流装置被分成两类：（1）通过初期雨水弃流装置，将污染较严重、含杂质较多的雨水，分流至污水收集管道，直接排入城市污水管道。（2）经过弃流之后水质较好的雨水，通过雨水收集管道来做雨水的收集，收集到的雨水可以采用雨水桶或蓄水池贮存以备回用。图 11-10 给出了屋面雨水收集示意图，图 11-11 则展示了屋面雨水收集后经过沉淀和人工湿地雨水处理系统净化后用于花园浇灌的雨水收集应用方式。对于普通屋面的雨水收集来说，确定屋面的雨水量是一个关键因素，屋面雨水收集量计算可以参考以下公式：

$$Q=k_1Fq_s/10000 \tag{11-7}$$

式中 Q——屋面雨水设计流量（L/s）；

F——屋面设计汇水面积（m^2）；

q_s——当地降雨历时为 5min 时的暴雨强度［$L/(s \cdot m^2)$］；

k_1——设计重现期为 1 年的屋顶宣泄能力系数，屋顶坡度小于 2.5%时，k_1 取 1.0；屋顶坡度大于等于 2.5%时，k_1 取 1.5～2.0。

计算出了屋面雨水收集量，就可以得到集水管的管径以及确定配管系统等。但是配管系统应该注意一些问题，比如，雨水管不得与其他管道共用，各楼层集雨区域应该设置单独的排水路径，确保集水管便于维修以及清理等。

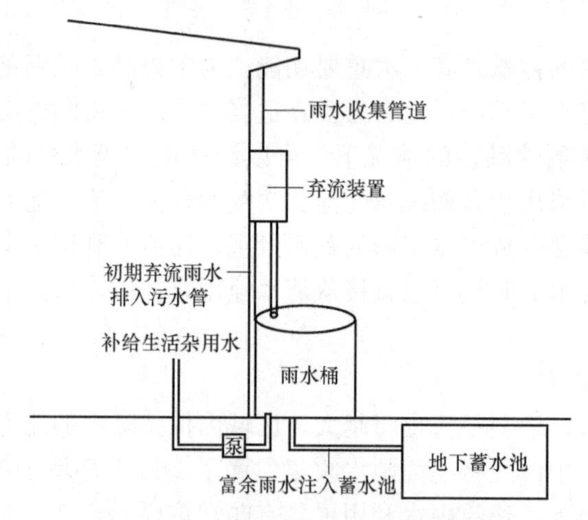

图 11-10　屋顶雨水收集系统示意图

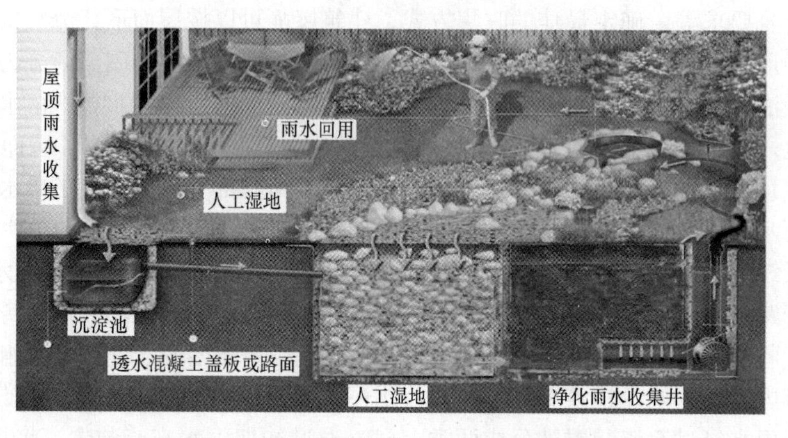

图 11-11　屋面雨水收集—净化—回用示意图

屋顶绿化作为城市立体绿化的组成部分越来越受到重视，目前，在德国新建屋顶的绿化率达到 30%～40%，在日本东京，屋顶绿化率已达到 45%，而就我国而言，即使在北京、上海这样经济发达的大城市，屋顶绿化率还不足 1%，其他城市屋顶绿化率则更低。目前对于屋顶绿化综合效益的经济价值评价手段还多种多样，尚未形成统一，但屋顶绿化的使用，为雨水利用开辟了一条新的生态的可行的途径；屋顶绿化对降低城市暴雨径流具有非常显著的效果，利用屋顶绿化的蓄水功能可有效防止城市内涝[4],[7]。

与传统的屋面快速排除雨水不同，屋顶绿化则有蓄积雨水的作用（图 11-12）；屋顶绿化可以汇集雨水，增加雨水的回收利用，削减径流量，减缓雨水排放，减小城市在遭遇大雨时雨水收集和排放的压力。屋顶上的植物、排水介质等都可以有效地削减屋面雨水径流量，有研究表明，屋顶绿化系统可使屋面径流系数减小到非屋顶绿化的 30%。生态屋顶能有效吸收屋顶 60%的年平均降水，在夏季，生态屋顶几乎可以吸收所有的雨水，而在冬季，生态屋顶也能大大减小雨水的峰值。

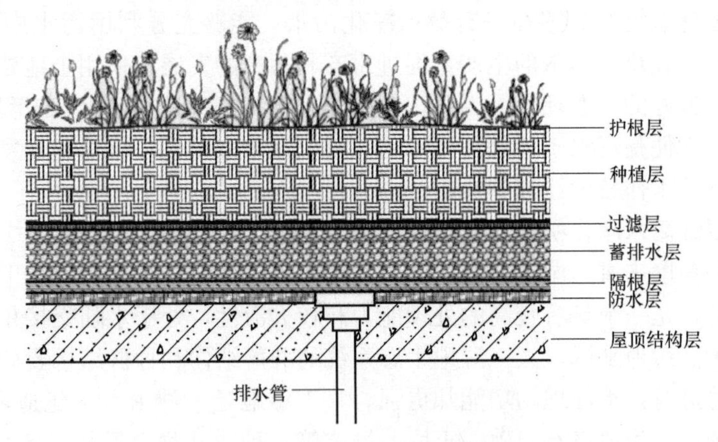

图 11-12 屋顶绿化屋面结构示意图

屋顶绿化是城市生态化发展的必然要求，能够为整个城市带来巨大的生态效益，对雨水的利用更是尤为重要，无论是从节水还是控制雨洪的角度出发，屋顶绿化的雨水利用都具有重要意义。因此，建筑建造应该提倡屋顶绿化的使用。

11.2 人工湿地雨水处理系统

11.2.1 污水处理方法简介

现代污水处理技术，按原理可分为物理处理法、化学处理法和生物化学处理法。

物理处理法：利用物理作用分离污水中呈悬浮状态的污染物，方法有筛滤法、沉淀法、气浮法、过滤法等。污水的物理处理采用的方法和设备主要有：筛滤截留法——筛网、格栅、滤池与微滤机等；重力分离法——沉砂池、沉淀池、隔油池与气浮池等；离心分离法——离心机与旋流分离器等。

化学处理法：利用化学反应的作用，分类回收污水中处于各种形态的污染物（包括悬浮的、溶解的、胶体的等）。主要方法有中和、混凝、电解、氧化还原、萃取、吸附、离子交换和电渗析等，化学方法多用于处理生产污水。

生物处理法：利用微生物的代谢作用，使污水中呈溶解、胶体状态的有机污染物转化为稳定的无害物质。主要方法分为两大类，即利用好氧微生物作用的好氧法和利用厌氧微生物作用的厌氧还原法。前者广泛用于处理城市污水及有机性生产污水，其中有活性污泥法和生物膜法两种；后者多用于处理高浓度有机污水与污水处理过程中产生的污泥，现在也开始用于处理城市污水和低浓度有机污水。

污水中的污染物是多种多样的，往往需要物理、化学、生物处理几种方法的组合，才能处理不同性质的污染物，达到净化的目的和排放标准。

污水的土地处理系统属于污水自然处理范畴，就是在人工控制的条件下，将污水投配在土地上，通过土壤-植物系统，进行一系列物理、化学、物理化学和生物化学的净化过程，使污水得到净化的一种污水处理工艺。

污水土地处理系统由以下各部分组成：污水的预处理设备；污水的调节、贮存设备；污水的输送、配布与控制系统设备；土地净化田；净化水的收集、利用系统。土地处理系统以土地净化田作为核心环节。

污水土地处理系统，能够经济有效地净化污水；能够充分利用污水中的营养物质和水，强化农作物、牧草和林木的生产，促进水产和蓄产的发展；采用土地处理系统，能够绿化大地，建立良好的生态环境。因此，土地处理系统是一种环境生态工程。其中，人工湿地污水处理技术便是污水土地处理技术的一种，近年来得到广泛重视和发展，下面对人工湿地污水处理技术作较为详细的介绍。

11.2.2 人工湿地雨水净化机理和优越性

从生态学的角度来讲，湿地是由水、永久性或间歇性处于水饱和状态下的基质以及水生生物所组成的，是一个具有较高的处理能力和较大活性，处于水陆交接相的复杂的生态系统。相对于天然湿地来说，人工湿地生态系统的群落结构和种群结构要简单得多，但其按照管理者意愿进行污水处理的功能却更强。人工湿地是一种由人工建造和监督控制的、与沼泽地类似的，人为地将石、砂、土壤、煤渣等一种或几种介质按一定比例构成基质，并有选择性地植入植物的污水处理生态系统。人工湿地依靠物理、化学、生物的协同作用完成污水的净化过程，强化了自然湿地生态系统的去污能力。从自然调节作用看，人工湿地还具有强大的生态修复功能，不仅在提供水资源、调节气候、降解污染物等方面发挥着重要作用，还能吸收二氧化硫、氮氧化物、二氧化碳等气体，增加氧气、净化空气，消除城市热岛效应、光污染和吸收噪声等[8],[9]。

国内外学者对人工湿地系统的分类多种多样。不同类型的人工湿地对特征污染物的去除效果不同，具有各自的优缺点。从工程实用的角度出发，按照系统布水方式的不同或水流方式差异一般分为自由表面流人工湿地和潜流型人工湿地。潜流型人工湿地又包括水平潜流人工湿地和垂直潜流人工湿地。

1. 自由表面流人工湿地

也叫地表流湿地、水面湿地。此系统中，污水在湿地的表面流动，水位较浅，多在0.1～0.9m之间。这种系统与自然湿地最为接近，污水中的大部分有机污染物的去除是依靠生长在植物水下部分的茎、杆上的生物膜来完成的。这种湿地系统的优点是工程量少、投资低、操作简单、运行费用低。缺点是不能充分利用填料及丰富的植物根系的处理能力，处理效率较低；因污水在湿地表面流动，夏季容易滋生蚊蝇，产生臭味，卫生条件差；占地面积较大；冬季在寒冷地区易发生表面结冰影响处理效果。

2. 水平潜流人工湿地

也称渗滤湿地系统、水平流湿地系统（因污水从一端水平流过填料床而得名）。水平潜流人工湿地系统中，污水经配水系统在湿地的一端均匀地进入填料床植根区，在湿地床内部流动，净化后的出水由湿地末端集水管收集后排出。由于水在湿地系统中可以充分利用填料表面的生物膜、丰富的植物根系及表层土料的截留作用，其处理能力较高。且由于水流在地表以下流动，所以保温性好，处理效果受气候影响小，卫生条件好，是目前研究和应用较多的一种湿地系统[3]。目前，水平潜流人工湿地已被美国、日本、澳大利亚、德国、瑞典、荷兰和挪威等国家广泛使用。这种类型人工湿地的缺点是工程量大，投资、控制相对复杂，除P、脱N的效果不如垂直潜流人工湿地。

3. 垂直潜流人工湿地

通常也称垂直流人工湿地，在系统中的水流综合了前面两者的特性，水流在填料床中基本呈由上向下的垂直流，水流流经床体后被铺设在出水端底部的集水管收集而排出处理系统。由于污水是从湿地表面纵向流向填料床的底部，床体处饱和状态，氧可通过大气扩散和植物传输进入人工湿地系统，其硝化能力高于水平潜流湿地，可用于处理氨氮含量较高的污水。其缺点是对有机物的去除能力不如水平潜流人工湿地系统，控制相对复杂，夏季滋生蚊蝇，基建要求较高，应用得还不是很多[8]。

与其他污水处理工艺相比，人工湿地具有诸多明显的优点：

（1）造价和运行费用便宜；

（2）易于维护，技术含量低；

（3）可进行有效可靠的废水处理；

（4）可缓冲对水力和污染负荷的冲击；

（5）可产生效益，如水产、畜产、造纸原料、建材、绿化、野生动植物栖息、娱乐和教育等方面。

人工湿地对废水的处理有十分复杂的净化机理，现在仍未完全弄清楚。一般认为人工湿地成熟以后，填料表面吸附了许多微生物形成的大量生物膜，植物根系分布于池中，于自然生态系统中通过物理、化学及生化反应三重协同作用净化污水。

物理作用，主要是过滤、沉积作用。土壤-植物是一个活的过滤器，污水进入湿地，经过基质层及密集的植物茎叶和根系，可以过滤、截留污水中的悬浮物并沉积在基质中。

化学反应，由于植物、土壤-无机胶体复合体、土壤微生物区系及酶的多样性，人工湿地中可以发生各种化学反应过程如化学沉淀、吸附、离子交换、拮抗、氧化还原反应等，这些化学反应的发生主要取决于所选择的基质类型。一般而言，有机质丰富的基质有助于吸附各种污染物；含 $CaCO_3$ 较多的石灰石有助于磷的去除。

生化反应，对于去除有机污染物主要依赖于系统中的生物。首先，所有人工湿地都类似于附着生物膜的反应器，有机物质被填料吸附后，可以通过生物的同化吸收和异化分解去除。其次，根据德国学者 Kickuth R. 1977 年提出的根区法理论，由于生长在湿地中的挺水植物对氧的运输、释放、扩散作用，将空气中的氧转运到根部，再经过植物根部的扩散，在植物根须周围微环境中依次出现好氧区、兼氧区和厌氧区，有利于硝化、反硝化反应和微生物对磷的过量积累作用，达到去除氮、磷效果。另一方面，通过在厌氧条件下有机物的降解，或开环，或断键成单分子、小分子，提高对生物难降解有机物的去除效果，因而生化反应对净化水起重要作用。

除了对有机污染物的去除，人工湿地对氮磷也有很强的去除能力。湿地中氮主要以有机氮、氨氮、硝氮及亚硝氮四种形式存在，氮在湿地系统中的循环变化包含了 7 种价态、多种有机氮和氨氮的转化。人工湿地系统中氮的去除途径包括氨氮的挥发、植物吸收、微生物的硝化-反硝化作用、基质吸附，其中微生物的硝化-反硝化作用是脱氮的主要途径[8],[9]，人工湿地中氮的转化过程如图 11-13 所示。

在未经处理的生活污水中，含氮化合物存在的主要形式有：有机氮，如蛋白质、氨基酸、尿素、胺类化合物等；氨态氮（NH_3，NH_4^+）。其中，有机氮化合物在氨化菌作用下，分解转化为氨态氮，这一过程称为氨化反应。以氨基酸为例，其反应式为：

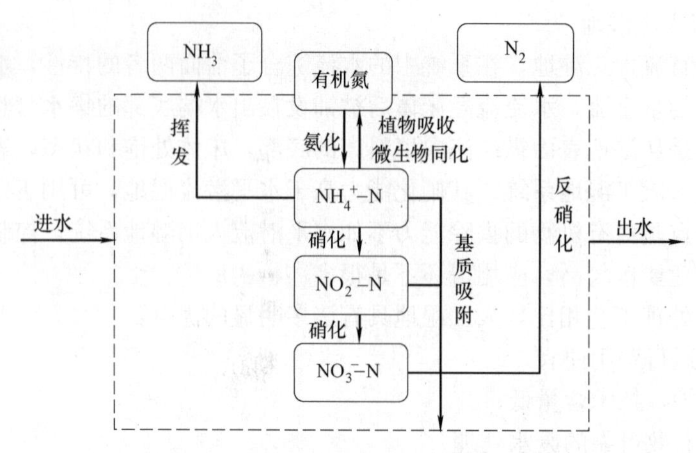

图 11-13　人工湿地中氮的转化过程示意图

$$RCHNH_2COOH + O_2 \longrightarrow RCOOH + CO_2 + NH_3$$

在硝化菌的作用下，氨态氮进一步分解氧化，就此分两个阶段进行，首先在亚硝酸菌作用下，氨氮转化为亚硝酸氮，反应式为：

$$2NH_4^+ + 3O_2 \longrightarrow 2NO_2^- + 4H^+ + 2H_2O$$

继之，亚硝酸氮在硝酸菌作用下，进一步转化为硝酸氮，反应式为：

$$2NO_2^- + O_2 \longrightarrow 2NO_3^-$$

亚硝酸菌和硝酸菌统称为硝化菌，硝化菌是化能自养菌，革兰氏染色阴性，不生芽孢的短杆状细菌，广泛存在土壤中，在自然界氮循环中起着重要作用。这类细菌的生理活动不需要有机性营养物质，从 CO_2 获得碳源，从无机物氧化中获得能量。

硝化菌对环境变化比较敏感，为了使硝化反应正常进行，必须保证硝化菌所需的环境条件：(1) 好氧条件，溶解氧含量高于 2mg/L；(2) 有机物含量不能过高，BOD 值在 15～20mg/L 以下，弱 BOD 浓度过高，会使增殖速度较高的异养型细菌迅速增殖，从而使得自养型的硝化菌得不到优势，不能成为优势菌种，硝化反应无法进行。(3) 硝化细菌对 pH 变化非常敏感，最佳 pH 值为 8.0～8.4，硝化反应产生 H^+，因此必要时需要补充碱度。(4) 硝化反应的适宜温度是 20～30℃，15℃以下硝化速度下降，5℃时完全停止。

反硝化反应是指硝酸氮和亚硝酸氮在反硝化菌作用下，被还原为气态氮的过程，反应式为：

$$6(CH_2O) + 4NO_3^- \longrightarrow 6CO_2 + 2N_2 + 6H_2O$$

反硝化细菌是属于异养型厌氧菌，在厌氧条件下，以硝酸氮为电子受体，以有机碳为电子供体。

影响反硝化反应的环境因素包括：(1) 碳源，当污水中 BOD_5/TN 值 >2.86 时，可认为碳源充足，否则需外加碳源。(2) 反硝化菌适宜 pH 值为 6.5～7.5，当 pH 值高于 8 或低于 6 时，反硝化速率大为下降。(3) 溶解氧，反硝化菌为兼性厌氧菌，只有在无分子氧，并且同时存在硝酸和亚硝酸时，才利用这些离子中的氧进行呼吸，使硝酸盐还原。若溶解氧浓度较高，将使反硝化菌利用氧进行呼吸，抑制反硝化菌体内硝酸还原酶的合成，氧成为电子受体，阻碍硝酸氮还原。因此溶解氧应控制在 0.5mg/L 以下。(4) 反硝化反应的适宜温度为 20～40℃，低于 15℃时反硝化菌增殖速率降低，从而降低反硝化速率[8],[9]。

进入湿地系统中的含磷化合物主要包括颗粒磷、溶解性有机磷和无机磷酸盐。磷在人工湿地中的去除作用主要有植物吸收、基质吸附沉淀以及微生物的同化。污水中的无机磷一方面在植物的吸收和同化作用下，被合成 ATP、DNA 和 RNA 等有机成分，通过对植物的收割而将磷从系统中去除。但是植物的吸收只占很少的部分，磷的另一去除途径是通过微生物对磷的正常同化吸收、聚磷菌对磷的过量积累，通过对湿地床的定期更换而将其从系统中去除。一般认为人工湿地系统对磷的去除途径主要是基质的吸附沉淀作用[8]。

人工湿地对重金属也有一定的去除能力。湿地与金属通过多种方式相互作用，可以有效地去除金属，主要作用机理包括：与土壤、沉积物、颗粒和可溶性有机物的结合；作为不可溶的盐类沉淀下来，主要是硫化物和氢氧化物；被植物和微生物吸收[9]。

人工湿地具有生态价值、经济价值和社会价值，主要包括：

(1) 调节气候和涵养水源。由于人工湿地系统中含有土壤和植物等，因此具有巨大的蓄水能力，它能在短时间内蓄积洪水，然后用较长时间排出，使大气中的水分挥发量增加，对气候有调节作用。

(2) 为动物提供栖息地。湿地是两栖动物以及鱼类等水生动物的栖息地，也是芦苇等重要经济作物的生长区。

(3) 净化污水。人工湿地能够去除污水中的氮、磷、重金属和有机物等多种污染物。

(4) 补充或节约水资源。

(5) 缓解地下水位下降，防止地面沉降和海水入侵等恶果。

(6) 景观和娱乐价值。城市中的人工湿地系统，在美化环境、调节气候、为居民提供休憩空间等方面有着重要的社会效益。图 11-14 为郑东 CBD 新区等地的人工湿地景观，已经成为人们休闲度假的场所。

(7) 教育和科研价值。湿地系统为科学研究提供了对象、材料和实验基地，在环境教育方面也有着重要价值[8]。

大部分人工湿地被用来处理城市污水和工业废水，集中于有机物的去除，然而处理雨水的目标是处理氮磷和重金属。虽然许多基本理论是相同的，但是在几个重要的方面不同于城市污水处理，在设计时必须考虑。

(1) 在处理雨水和城市污水的湿地系统中，进水的化学特性和水文学特性是不同的。城市污水一般有稳定的流量和水质，可根据生物降解过程，确定并维持最佳处理效率。然而，雨水是完全不同的，在降雨期间或降雨之后，会产生很大的流量，水质也有很大的变化。同时，雨水还可能携带大量对生物有害的物质，对处理系统造成冲击。因此，处理雨水的湿地中生物群应具有较强的适应能力。

(2) 在处理城市污水的湿地系统中，污染物的降解速率等于输入速率。在处理雨水的湿地系统中，污染物的输入是偶然发生的。水中夹带的污染物不可能完全被去除。污染物必须首先被捕集，大部分降解发生在后期流量少或没有时。因此，设计雨水处理湿地比污水处理湿地更多地强调保留污染物再后续降解。

(3) 暴雨湿地系统实质上是作为一个间歇反应器运行的。湿地的水位在降雨前后发生变化。水位的变化导致湿地水位周期性的下降，使积累的有机物自然氧化，还可使氧气向填料中扩散，加强湿地内的硝化作用。

(a) 湿地结合小桥流水景观

(b) 湿地结合绿柳成荫景观

(c) 湿地结合草坪等绿地景观

(d) 湿地结合乔灌草等绿化景观

图 11-14　湿地公园景观效果

（4）总氮、水溶态氮、总磷、水溶态磷的输入浓度随降雨径流过程减小。总氮、总磷与径流量对地表的侵蚀能力成正相关，其输入浓度的递减规律多呈抛物线形，递减速度快。水溶态氮输入浓度基本上是线性分布，与总氮、总磷比较其递减变化幅度小。氮磷输入还与降水强度有关，强度大的降水侵蚀作用强烈，氮磷随水土流失量大。由上可知，雨水与城市污水、工业废水相比，在水文特性、化学特性等方面有很大差别，并且人工湿地的运行方式也不同。因此，雨水人工湿地的设计与其他人工湿地也有所不同[11]。

11.2.3　人工湿地雨水处理系统设计方法

1. 流程设计

人工湿地污水处理系统一般需要先对污水进行二级处理，使其达到污水处理厂排放标准才进入人工湿地进行进一步脱氮除磷处理。由于雨水中有机污染物浓度低，有机负荷低，不需要进行前期的生物处理，因此不需要曝气池、二沉池等构筑物，只需要格栅井和初沉池进行一级处理后就可以进入人工湿地，因此节省了构筑物建筑面积，且节约了鼓风机曝气和污泥回流等的电力开销。一般人工湿地雨水处理系统的工艺流程如图 11-15 所示。

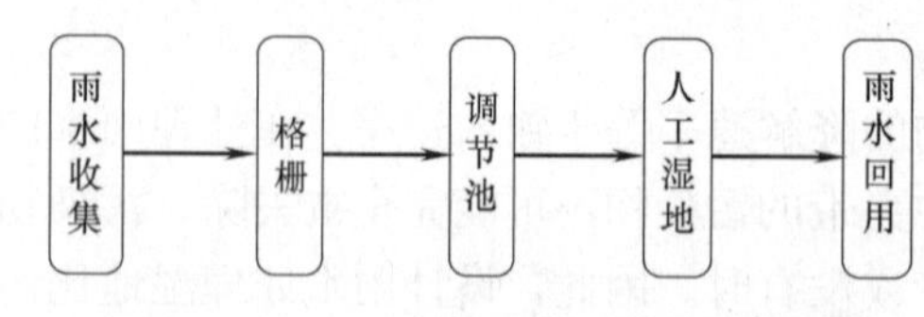

图 11-15　人工湿地雨水处理系统流程图

2. 湿地构筑物尺寸计算

雨水中尤其是大雨或暴雨时，往往夹杂着植物根叶、垃圾和泥沙，所以雨水进入人工湿地前需要预处理，设计格栅井和调节沉淀池是必须的。

（1）格栅

格栅可设在雨水斗进口之前，应便于拆卸更换，也可设在调节池进口处。

（2）调节沉淀池[10]

有效水深：

$$h_2 = qt \tag{11-8}$$

式中 q——表面水力负荷［$m^3/(m^2 \cdot h)$］；

t——设计沉淀时间（h）；

h_2——有效水深（m）。

有效容积：

$$V_1 = Qt \tag{11-9}$$

式中 Q——设计雨水流量（m^3/h）；

t——设计沉淀时间（h）；

V_1——有效容积（m^3）。

池面积：

$$A = \frac{V_1}{h_2} \tag{11-10}$$

式中 A——沉淀池面积（m^2）；

V_1——有效容积（m^3）；

h_2——有效水深（m）。

池长：

$$L = 3.6vt \tag{11-11}$$

式中 L——池长（m）；

v——设计水平流速（m/s）；

t——设计沉淀时间（h）。

池宽：

$$B = \frac{A}{L} \tag{11-12}$$

式中 B——池宽（m）；

A——沉淀池面积（m^2）；

L——池长（m）。

池有效截面积：

$$A_c = h_2 B \tag{11-13}$$

式中 A_c——横截面积（m^2）；

h_2——有效水深（m）；

B——池宽（m）。

流速：

$$v = \frac{Q}{A_c} \tag{11-14}$$

式中 v——流速（m/s）；

Q——设计雨水流量（m^3/h）；

A_c——横截面积（m^2）。

沉淀池兼作调节池，有效蓄水容积可根据逐日降雨量和逐日用水量经模拟计算确定，其中雨水收集利用率应大于0.6。另外调节沉淀池容积最小要保证沉淀物可以0.5～1年清理一次。

（3）湿地容积

有关学者建议，计算湿地表面积不需要考虑它的收集容积，而是用汇水面积的百分数来计算，通常是支流汇水面积的1.5%～3.0%[10]；湿地的最佳储存容积应当是使汇水区达到13mm水位的容积[11]。有效去除的最小储存容积是使汇水区达到6mm水位的容积，储存容积可用式（11-15）计算[12]：

$$V=CyA \tag{11-15}$$

式中　V——暴雨湿地的储存容积（m^3）；

C——系数，取10；

y——汇水区的设计水位（mm）；

A——汇水区的表面积（hm^2）。

在降大雨或暴雨时，水位会远超过旱季的水位。因此，湿地植物必须避免长时间地被淹没。除了选择耐水淹没能力强的植物（如芦苇）外，设计好湿地的溢流排水也是必要的。

3. 水力学参数计算

水力负荷：

$$\alpha=\frac{Q}{A_s} \tag{11-16}$$

式中　Q——设计处理雨水流量；

A_s——湿地面积。

欧美人少地多，其水力负荷大都低于0.1m/d，而我国土地资源短缺，一般水力负荷高于0.2m/d。由于雨水污染负荷低，可适当提高水力负荷，但不能超过1m/d，否则流速过快危害湿地植物生长。

水力停留时间：

$$t=\frac{A_s he}{Q} \tag{11-17}$$

式中　A_s——人工湿地面积（m^2）；

h——填料高度（m）；

e——填料孔隙率，砾石的孔隙率一般为40%～50%。

国外人工湿地的水力停留时间一般在5～15d，我国土地资源宝贵，一般水力停留时间为1～3d。对应雨水人工湿地系统，水力停留时间可低于1d，但也要保证暴雨期至少有30min的水力停留时间[7],[8]。

4. 湿地植物选择

由于雨水的水量和水质变化大，在选择湿地植物时需要考虑适应性强的品种，一般应具有以下特点：能忍受较大变化范围内的水位、含盐量；在本地适应性好的植物，最好是本地的原有植物；被证实对污染物有较好的去除效果；有广泛用途或经济价值高。人工湿地中使用最多的水生植物为芦苇和宽叶香蒲。

5. 填料选择

人工湿地雨水处理系统一般采用砾石作为填料，由于砾石和雨水中都缺少有机质，所以必要时在进行厌氧反硝化阶段需添加有机质补充碳源，常用的碳源有生活污水、葡萄糖等。有研究表明沸石对氮磷有更好的净化效果[8]，但由于其价格相当昂贵，目前的湿地系统一般仍采用碎石作为填料。

11.3 透水铺装-人工湿地成套技术

11.3.1 透水铺装-人工湿地雨水收集处理系统优势

透水混凝土具有很好的透水性能，同时对污水有一定的净化能力，因而是一项高效的雨水收集新技术。但通过透水混凝土收集的雨水只能得到初步净化，要想使雨水达到回灌地下和生活杂用的标准，必须进一步进行净化处理。而人工湿地是一项廉价的污水处理技术，适宜微污染水的深度处理，因此将其用于处理雨水是适宜的。然而由于雨水径流中会夹杂大量泥沙、植物根茎和垃圾等，因此进入人工湿地的雨水需要先进行过滤和沉淀，而透水混凝土收集的雨水已经将大部分泥沙、植物根茎和垃圾等截留，由透水混凝土雨水收集系统的雨水收集池中泵出的雨水可直接进入人工湿地系统，而不需要另设格栅和沉淀池。并且人工湿地还具有很好的景观效果，在处理污水的同时能够美化环境、增加湿度、降低噪声、调节气候。这样透水混凝土雨水收集和人工湿地雨水处理系统结合起来，集成了各自的优势，克服了各自的缺点，成为一套优越的一体化雨水收集处理技术。

从我国人工湿地处理暴雨径流的实际应用来看，人工湿地将雨水处理利用与景观建设有效结合，并且运行能耗低，管理方便，在雨水利用方面有着广阔的前景。人工湿地雨水处理系统对雨水中的有机污染物质、重金属、氮和磷均具有理想的处理效果，加之人工湿地系统投资低，运行维护管理方便，有利于改善当地自然生态环境，因而是一种值得推广和应用的新型雨水处理技术。除此之外，人工湿地还具有很好的景观效果，能够形成潺潺流水、芦苇荡漾、蛙鸣鸟叫的特有湿地景观，还能够使空气湿润、清新怡人。然而由于雨水中常常夹杂泥沙和垃圾，直接进入人工湿地容易导致人工湿地堵塞，使得人工湿地使用寿命大大缩短，应用透水混凝土收集广场和路面的雨水，可以将雨水初步净化，降低人工湿地负荷，为人工湿地雨水处理技术的广泛应用提供了有力保障，因此透水混凝土-人工湿地这一雨水收集处理技术具有广阔的应用前景。

11.3.2 人工湿地雨水收集处理系统案例分析

1. 北京顺义区李遂镇人工湿地雨水收集处理工程[1]

本案例中所处理的污水包括生活污水、砖厂等工业废水和雨水。其中，所处理雨水是经透水混凝土路面进行收集，汇聚在雨水收集井中，然后由管道进入人工湿地，在人工湿地中雨水得到净化达到喷灌、景观水和生活杂用水水质要求。

透水混凝土路面的普通混凝土基层有 1%～2%的坡度坡向雨水收集井，大的垃圾、树枝等被截留后，雨水经透水混凝土路面入渗至普通混凝土基层，汇聚到雨水收集井，在雨水收集井中得到沉淀，上部清水由管道导入人工湿地。雨水在人工湿地中得到充分净化处理，出水经出水管分配到各种回用水地点，包括冲厕、鱼池，草地喷灌用水和道路喷洒用水（图 11-16 和图 11-17）。本案例中人工湿地根据需要设计为一级水平流人工湿地-垂直流人工湿地-二级水平潜流型人工湿地串联，人工湿地中填充有碎石等基质材料，湿地

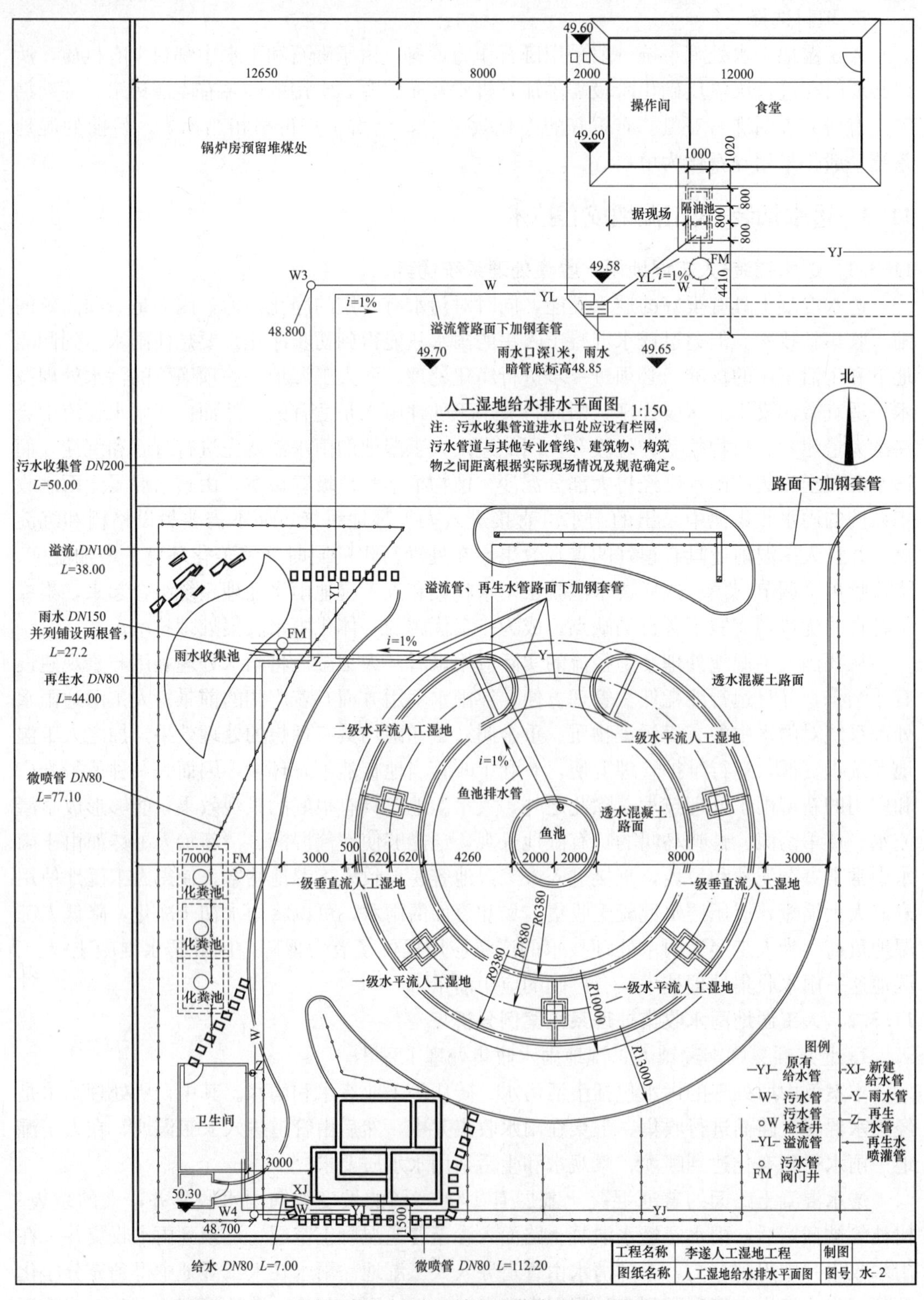

图 11-16　透水混凝土-人工湿地雨水收集处理系统平面示意图

中种植湿地植物芦苇（图 11-18）。

图 11-17 透水混凝土-人工湿地雨水收集处理系统效果图

2. 波特兰雨水花园[14],[15]

俄勒冈州的波特兰市为了针对每年几乎持续 9 个月的大雨，进行了一项雨水渗透的试验。早期非常成功的一个雨水花园实例为俄勒冈州科学工业博物馆的停车场，它位于波特兰市高密度区的东方银行上。这个特殊的雨水花园能够对东方银行大厦屋顶的雨水进行收集渗透和净化。为了营造人工湿地的自然生态环境，在雨水花园的水渠两旁种植了许多水生植物，这些生长在鹅卵石和碎石缝中间的水生植物不仅为雨水花园增添了绿色，使其显得更加生动活泼和自然，而且植物本身还可以吸收各种有害污染物，例如周边马路上冲刷下来的油污等。此外，植物根系还可以将碎石牢牢固定，防止因长时间水流冲刷而引起水土流失和地基层的松动。如图 11-19 所示。

3. 成都活水公园[15]

活水公园建成于 1998 年，是世界上第一座城市的综合性环境教育公园，也是目前世界上第一座以水为主题的城市生态环境公园，坐落于成都市的护城河——府河上。它由中、美、韩三国环境艺术家共同设计，活水公园的创意者，美国“水的保护者”组织的创始人贝西·达蒙女士，同其他设计者一起，吸取中国传统美学思想，取鱼水难分的象征意义，将鱼形剖面图融入公园的总体造型，全长 525m，宽 75m，喻示人类、水与自然的依存关系。活水公园呈鱼形，紧依府河。它展示了一个水的净化过程：从旁边的府河抽水上来，通过沉淀，流经种着芦苇、菖蒲的塘，再流过鱼塘，水就由污浊变得清澈。

公园湿地占地 2000m^2，设计日处理污水能力为 200m^3。被污染的河水从府河泵入厌氧沉淀池，经过物理沉淀及厌氧生物分解，从厌氧池出来的水流入兼氧池，经兼氧微生物进一步降解流入两套植物塘-植物床群处理系统。该系统由培植有各种水生动植物群落的 5 个植物塘、12 个植物床组成。水的污染物质流经这个系统的过程中被吸附、过滤、氧化、还原及微生物分解作用逐步降解为可供动植物群落生长繁殖的养分。如图 11-20 所示。

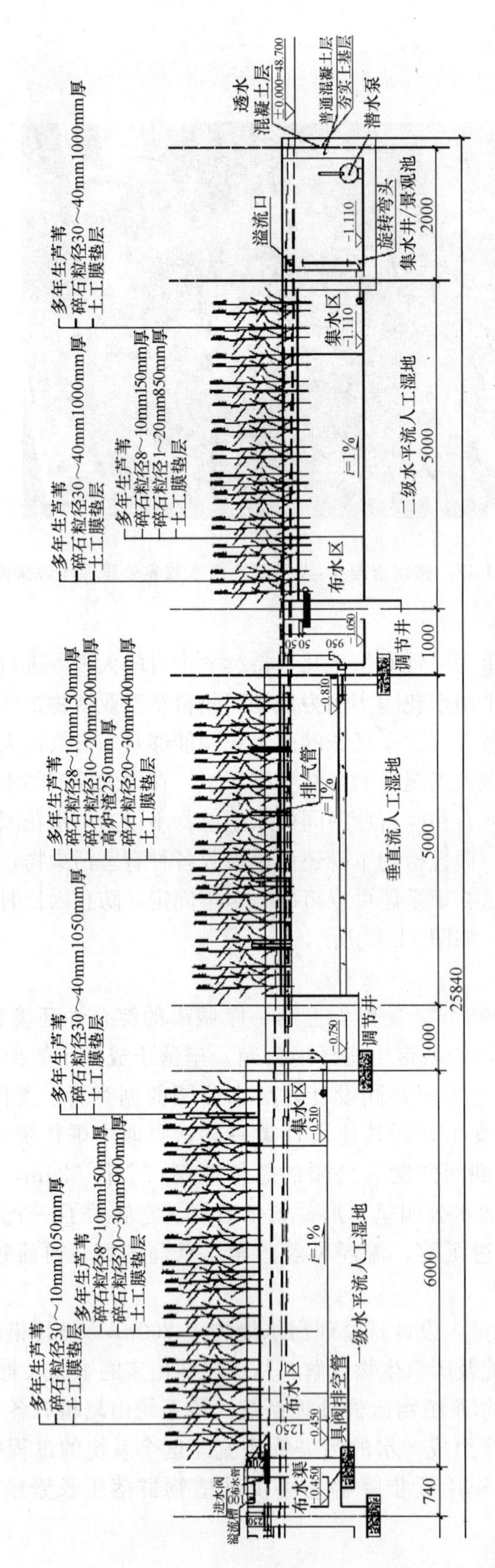

图 11-18 人工湿地剖面展开图

(a) 生长在砾石中的植物

(b) 雨水收集与入渗的砾石铺装

(c) 雨水花园鸟瞰图

(d) 植物茂密的雨水花园

图 11-19　波特兰雨水花园

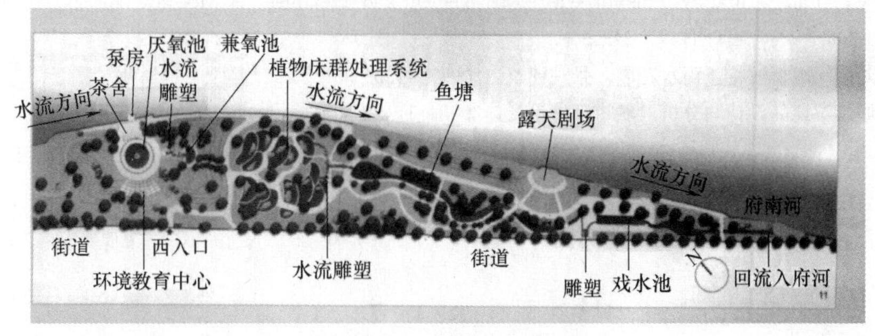

图 11-20　成都活水公园

图 11-20　成都活水公园（续）

本章小结

传统雨水排放模式为“快排”，雨水排放量超过 80%，而海绵城市要求雨水“渗”、“滞”、“蓄”、“净”、“用”、“排”，即雨水经过就地入渗、滞留、蓄存、净化、回用，最后才能排放，排放量要低于 40%。而透水铺装-人工湿地雨水收集处理技术，不仅能够渗透、蓄存收集雨水，而且对雨水有良好的净化能力，同时还具有很好的景观效果，能够形成潺潺流水、芦苇荡漾、蛙鸣鸟叫的特有湿地景观，同时能够使空气湿润清新怡人。因此，透水性铺装-人工湿地雨水收集处理系统是“海绵城市”建设工程的重要组成部分。本章详细阐述了相关透水性铺装技术、管路设计、水力计算，以及人工湿地的雨水净化原理、设计方法和应用案例，对透水性铺装-人工湿地技术的应用具有重要的指导意义。

参考文献

1. 宋中南，石云兴等. 透水混凝土及其应用技术. 北京：中国建筑工业出版社，2011
2. 石云兴，宋中南，吴月华等. 雨水收集透水混凝土路面系统. 发明专利，ZL200710200117.4
3. 卢观彬. 水平潜流型人工湿地处理小区雨水径流的试验研究. 硕士学位论文，重庆大学，2008. 4
4. 符健. 城市公园雨水利用研究. 硕士学位论文，浙江农林大学，2013，32-46
5. 朱敏，党清平. 城市绿色道路径流雨水控制利用与设计，四川建筑，2014，02：213-215
6. 张建林. 下凹式绿地蓄渗城市路面雨水的试验研究. 硕士学位论文，昆明理工大学，2005. 5
7. 王鹏. 建筑与小区雨水收集利用系统研究. 硕士学位论文，重庆大学，2011.5
8. 汪俊三主编. 植物碎石床人工湿地污水处理技术和我的工程案例. 北京：中国环境科学出版社，2009，88-89
9. 尹军，崔玉波. 人工湿地污水处理技术. 北京：化学工业出版社，2006，157-159
10. 张自杰主编. 排水工程下册. 第 4 版. 北京：中国建筑工业出版社，2000，54-91
11. Ben Urbonas, et al. Stormwater : best management practices and detention for water quality. Drainage, and CSO Management，1993，382-389
12. 徐丽花，周琪. 暴雨径流人工湿地处理系统设计的几个问题. 给水排水，2001，27：32-34
13. Sherwood C，et al. Natural Systems for Waste Management and Treatment. A McGraw-Hill special reprint edition，1995，265-268
14. 曾忠忠，刘恋. 解析波特兰雨水花园. 景观建筑，2007，4：34-35
15. 曾忠忠. 城市湿地的设计与分析. 城市环境设计，2008，1：83-85

第12章　透水混凝土路面施工技术

透水混凝土路面的路面结构与其他路面有相同之处，但也有区别，主要体现在每层结构的功能性不同，因此，在施工过程中，要按不同的使用功能来完成每一层结构的施工。

透水混凝土路面可分为普通透水混凝土路面、再生骨料透水混凝土路面、彩色露骨料透水混凝土路面、仿石材纹理透水混凝土路面、预制砖透水路面等。对于不同的路面应采取不同的施工工艺。

12.1　路基施工

路基是结构的最下层，是结构稳定的基础，其质量非常重要，尤其是自然渗水结构的透水混凝土路面，对路基的要求更高。路基工程涉及范围广，影响因素多，灵活性大，特别是岩土内部结构复杂多变，设计阶段难以尽善，必须在施工过程中进一步完善。“精心设计，精心施工”是一个完整的过程，就耗费人力、资源和财力，以及快速、高效与安全的要求而言，施工比设计更为重要、更为复杂。

12.1.1　施工方法

路基施工的基本方法，按其技术特点大致可分为：人工及简易机械化、综合机械化、水力机械化和爆破方法等[1]~[3],[6],[8]。基于透水混凝土路面的特点及应用范围，其路基可采用以下方法进行施工：

1. 人力施工

该方法是最传统的施工方法，使用手工工具，劳动强度大，功效低，进度慢，工程质量难以保证。但限于具体施工条件，这种方法在短期内还必然存在。

2. 简易机械化施工

该种方法是以人力为主，配以机械或简易机械化的施工方法。与人力施工方法相比，能够减轻劳动强度、加快施工进度，施工质量有所提高。

3. 机械化施工或综合机械化施工

本方法是使用配套机械，主机配以辅助机械，互相协调，共同形成主要工序的综合机械化作业的方法。该方法能极大地减轻劳动强度，显著加快施工进度，提高工程质量和劳动生产率，降低工程造价，保证施工安全。

透水混凝土的路基可分为普通路基和自然下渗路基。自然下渗路基除具有普通路面路基的性能外，还要具有一定的渗水性能。美国透水路面使用经验表明，路基的透水系数量级不低于10^{-4}cm/s，存储在基层内的水能在72h内完全入渗时，透水道路的耐久性和稳定性表现良好。英国有资料推荐，路基的透水系数大于0.5in/h（即3.5×10^{-4}cm/s）时，基层内的水能在72h内渗完。为提高耐久性能，设计过程应适当采用富余系数。测试方法依据ASTM D3385（用双环渗透仪现场测定土壤渗透率的试验方法）。一般采用砂性土作为自然下渗路基，砂性土含有一定数量的粗颗粒和一定数量的细颗粒，级配适宜，强度、透水性、稳定性等都能满足要求，是比较理想的路基材料。根据国外资料显示，砂性土压实系数为 90%～95%时，渗透性良好。粉性土、黏土和重黏土不适合做自然下渗路基，进行路基施工时，对这种路基应进行开挖替换或者在其上面铺设厚度较大的透水基层。

12.1.2 施工内容

透水混凝土路基施工内容主要包括：

1. 施工前的准备工作

施工前的准备是保证施工顺利进行的基本前提。透水路面的路基有其特殊的使用功能，应在施工前对施工人员进行技术交底，使施工质量能够达到要求。准备工作的内容主要包括：组织准备、物资准备、技术准备和现场准备四方面。

2. 修建小型构造物

小型构造物包括小桥、涵洞、盲沟和预埋导流管等。这些工程通常与路基施工同时进行，但要求构造物先行完工，以利于路基施工不受干扰地全线展开，并避免路基填筑之后再来开挖修建涵洞、盲沟等构造物。

3. 路基土石方工程

该项工程包括路堑开挖、路基压实、整平路基表面、整修边坡、修建排水设施（普通路基）及防护加固设施等。

4. 路基的竣工与验收

透水混凝土路基的竣工与验收除按竣工验收规范规定进行外，对于自然下渗路基还应进行渗透性检验。

检查与验收的主要项目有：路基及其相关工程的位置、标高、断面尺寸、压实度或填筑质量、相关的原始记录、图及其他资料。

12.2 透水基层的施工

根据透水路面不同的使用要求，其路面结构分为自然下渗结构和雨水收集结构两种形式，前者的基层为透水基层，后者为不透水基层。透水基层一般使用级配碎石、级配砾石及透水混凝土基层等透水性较好且能承受荷载的材料。不透水基层一般使用普通混凝土，施工时按设计要求对表面进行找坡，将透过面层的水收集到指定位置以供利用。

12.2.1 级配碎（砾）石基层施工

级配碎（砾）石基层的施工一般按拌合法进行。

1. 准备工作

准备路基层，表面应平整、坚实，没有任何松散和软弱地点，强度、渗透性满足要求，平整度和压实度符合透水路基要求，标高符合设计要求。

2. 计算材料用量和备料

根据各段面层、路基的宽度、厚度及预定的干密度，计算各段需要的干骨料数量，准备好原材料。

3. 摊铺骨料[1]～[3],[8]

当采用一种骨料时，可直接按计算材料用量摊铺在路基上，当采用两种骨料时，分别计算两种骨料的数量，先将主要骨料运到路上，待主要骨料摊铺后，再将另一种骨料运到路上。如果粗细两种骨料粒径相差较多，应在粗骨料处于潮湿状态时，再摊铺细骨料。人工摊铺混合料时，其松铺系数约为 1.4～1.5；平地机摊铺混合料时，其松铺系数约为 1.25～1.35。松铺系数值可通过试验确定。

摊铺料应力求表面平整，有规定的路拱度（有排水要求时），并检验松铺材料层厚度是否符合预计要求。

4. 碾压

摊铺后，当混合料的含水量等于或大于最佳含水量时，立即用 12t 以上三轮压路机、振动压路机或轮胎压路机进行碾压。直线段由两侧路肩开始向路中心碾压。碾压时，后轮应重叠 1/2 轮宽，后轮必须超过两段的接缝处，后轮压实路面全宽时，即为一遍。一直碾压到要求的密实度为止，碾压遍数根据设计要求确定。压路机的碾压速度，第一、二遍以 1.5～1.7km/h 为宜，之后可采用 2.0～2.5km/h。

12.2.2 大孔混凝土基层施工

对透水路面承载要求高时，可以现场浇筑大孔混凝土作为基层，其施工主要包括以下几个方面的内容：

1. 混凝土制备

混凝土可以利用商品混凝土或现场搅拌。如果采用商品混凝土，需要考虑搅拌站的生产能力和运输距离。现场搅拌要根据实际情况配置足够的搅拌机，以保证连续作业。作为基层，其强度等级应不小于 15MPa，孔隙率不小于 20%。

2. 混凝土运输

运输途中要对混凝土加以覆盖，防止水分蒸发。遇到运输距离过长或交通拥挤的情况，则需要在混凝土制备中加入外加剂，以调节凝结时间。

3. 摊铺

在施工之前，要先清理路基，使基层宽度、表面平整度和压实度等符合相关要求，浇筑前路基需润湿。混凝土拌合物运到现场后，应及时摊铺，摊铺过程应根据松铺高度系数加以控制，一般为 1.1～1.2。一次摊铺厚度不超过 20cm，如设计厚度超过 20cm，则分层摊铺，如图 12-1 所示。

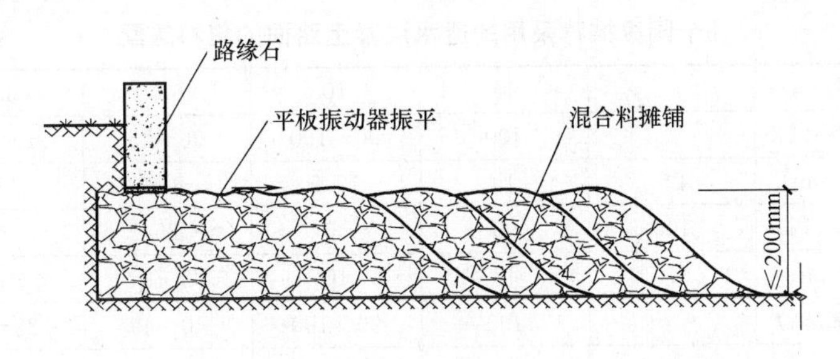

图 12-1 大孔混凝土基层摊铺施工

4. 碾压

碾压可利用平板振动器或带振动的辊子进行施工。

5. 养护

基层施工完之后，应立即进行面层施工，如果间隔时间较长，应采取覆盖方式为基层保湿，以保证混凝土强度的增长，也利于两层之间的粘结。

12.2.3 水泥稳定石基层施工

水泥稳定石基层施工与大孔混凝土基层类似，只是混合料制备时，水泥用量更少，一般为骨料的5%左右，摊铺施工时可采用压路机碾压。

12.2.4 不透水基层施工

在需要进行雨水收集，或地下构筑物有防水要求时，或遇湿陷性黄土、膨胀土土基等特殊情况时，可利用混凝土基层进行排水，混凝土基层厚度需根据设计要求确定。基层表面整型时，要满足规定的坡度或预留出排水槽。

12.3 透水混凝土的生产和运输

12.3.1 原材料

1. 水泥

透水混凝土多选用强度等级较高的普通硅酸盐水泥，一般要求在P.O.42.5级及以上。水泥浆的最佳用量以刚好能够完全包裹骨料，形成均匀的水泥浆膜为适度，并以采用最小水泥用量为原则。过多的水泥用量会降低透水性，而且会增加成本。一般情况下，每立方米透水混凝土的水泥用量为250～400kg/m^3。

2. 粗骨料

粗骨料可以采用普通骨料（砂、碎石）和再生骨料，它们是透水混凝土的结构骨架。骨料应符合《普通混凝土用砂、石质量及检验方法标准》JGJ 52—2006规定。粗骨料通常采用粒径较小的单一粒径，使用的粗骨料的粒径范围为5～20mm，表12-1是几个国家推荐采用的骨料级配。其中用于面层的粗骨料最大粒径不宜大于15mm，颗粒大小应均匀。粗骨料含泥量小于0.5%，泥块含量小于0.5%，针片状颗粒小于10%。碎石压碎指标小于15%，卵石小于14%。进场骨料应提供检验报告、出厂合格证等资料。骨料进场复验合格后才能使用，并按照JGJ 52—2006中的规定进行取样复验。

仿石材纹理彩色透水混凝土采用的粗骨料与以上要求不同，主要为石英砂，其颗粒粒径单一，粒径范围为1～3mm。

几个国家推荐采用的透水混凝土路面的集料级配　　表12-1

英国	筛孔(mm)		14	10	6.3	3.3	0.075
	通过率(%)		100	90～100	95～45	10～20	2～5
法国	筛孔(mm)	25	19	12.5	6.3	3	0.075
	通过率(%)	100	90	40	25	20	4
南非	筛孔(mm)		13	10	6.73	3.36	0.074
	通过率(%)		100	90～100	40～45	22～28	3～5
日本	筛孔(mm)		13	5	2.5	1.25	
	通过率(%)		100	50～100	8～25	0～6	

3. 细骨料

透水混凝土有时为了控制浆体收缩或降低成本，也掺用细骨料。细骨料应符合《普通混凝土用砂、石质量及检验方法标准》JGJ 52—2006的规定。细骨料应选择级配良好的中砂，其含泥量应不大于1.5%，泥块含量不大于1%。细骨料用量在6%～10%之间为宜。

4. 矿物掺合料

矿物掺合料可选用硅粉、磨细矿渣粉和粉煤灰等。所用的矿物外加剂应符合《高强高性能混凝土用矿物外加剂》GB/T 18736—2002 中规定的质量要求。选用矿物掺合料时，替代水泥量应符合下列要求：硅粉≤8%，矿渣粉≤40%，粉煤灰≤30%。

5. 外加剂

透水混凝土选用的化学外加剂必须符合《混凝土外加剂》GB/T 8077—2000 和《混凝土外加剂应用技术规范》GB 50119—2003 的有关规定。为了提高水泥浆与骨料间的粘结强度，可添加一定量的增强剂；为了改善混凝土成型时的和易性并提高强度，可添加一定量的减水剂。制作彩色路面时，通常添加一定量的矿物颜料。冬季施工时，可添加早强剂。

6. 拌合用水

透水混凝土所用的拌合水应符合《混凝土用水标准》JGJ 63—2006 的有关规定。

12.3.2 混凝土制备

1. 配合比设计及调整

目前透水性混凝土的配合比在国内还没有比较成熟的设计方法，由于透水混凝土与普通混凝土在结构上有很大的差异，因此采用传统的混凝土配合比设计方法不能满足透水性混凝土的大孔隙率、透水的特性。

日、美等发达国家对透水性混凝土的研究开展较早，他们在透水性混凝土配合比设计方面的技术也比较成熟。日本在这方面做了大量的研究，因此我们借鉴了日本的方法，提出一种适合透水性混凝土的配合比设计方法。其基本思路类似于碾压混凝土的填充包裹理论，该理论的设想中，碾压混凝土由液相变为固相的理想条件是：

(1) 砂的空隙恰好被水泥浆所填充。

(2) 石子的空隙又恰好被砂浆所填充，凝固后形成坚固的密实整体。

根据透水混凝土所要求的孔隙率和透水的特性，可以将这个理论阐述为：骨料在紧密堆积的情况下，被水泥等胶结材均匀地包裹粘结在一起，凝固后形成了多孔堆聚的结构，其剩余的空隙变成了混凝土内部连通的孔隙。

现场配合比的确定和调整，首先应检验混凝土拌合物是否满足工作性要求。当浆体过稀或过干时，可调整外加剂掺量。以初选胶结材用量为基准，再选定胶结材分别增减 5% 的配比试块各一组，检验混凝土 7d 和 28d 的弯拉强度、抗压强度和透水性等，从中选取合适的配合比。最后根据现场情况，计算出施工配合比。

2. 混凝土搅拌工艺

(1) 计量

各种原材料的计量应准确，对于透水结构层混凝土，允许的偏差范围是：水泥、矿物掺合料±2%，粗、细骨料±3%，水、外加剂±2%。对于透水面层混凝土：水泥、矿物掺合料±1%，粗、细骨料±2%，水、外加剂±1%。

(2) 搅拌设备

透水结构层可采用商品混凝土。透水混凝土面层混合料由于使用添加剂，需要严格控制生产过程，且与结构层相比混凝土用量少，其制备采用现场搅拌较为适宜。制备强度等级较高的混凝土，搅拌设备宜采用强制式搅拌机，其他可采用自落式搅拌机（图 12-2 和图 12-3）。

图 12-2　强制式搅拌机

图 12-3　自落式搅拌机

（3）投料顺序

先放入水泥、掺合料、粗骨料，再加入一半的用水量，搅拌 30s，然后加入添加剂（外加剂、颜料），搅拌 60s，最后加入剩余水量，搅拌 120s 出料。

（4）拌合物的性能

透水混凝土拌合物性能必须满足如下要求：浆体包裹骨料成团，坍落度 20～50mm，颗粒间有一定粘结力，不跑浆，整体呈多孔堆积状态。依据第 8 章的混合料工作性试验方法相关内容进行试验。

混凝土的生产主要分为商品混凝土搅拌站生产和现场生产。对于商品混凝土，在混凝土的生产上要考虑运输距离和运输路况，以保证混凝土到达现场仍具有适宜的工作性。另外，商品混凝土搅拌站适宜生产添加材料较少的透水结构层混凝土。

如运输距离远、条件差，不能保证透水混凝土的工作性时，应采用现场生产。对于仿石材纹理彩色透水混凝土，则必须采用现场搅拌。为了保证透水面层具有良好的工作性，现场生产宜选用强制式搅拌机，并根据现场情况合理设置搅拌站的位置。

透水混凝土与普通混凝土相比，拌合物较干，属于干硬性混凝土。目前国内的普通混凝土罐车不适宜运输透水混凝土，因为如果运输时间过长，运至现场的混凝土不能出罐，容易造成经济损失。无专用罐车时，可采用自卸货车运输透水混凝土。

根据施工进度、运量、运距及路况，合理选配运力，确保混凝土拌合物在规定时间内运到摊铺现场。混凝土在运输过程中应遮盖，低温天气要有保温措施。出现终凝的拌合物不得用于路面摊铺。根据混凝土的特性和初凝时间，拌合物从出料到运输并铺筑完毕所允许的最长时间应符合表 12-2 的规定，超过规定时间时应事先对混凝土配合比进行调整，通过增加缓凝剂和减水剂用量来满足拌合物的工作性要求。

混凝土拌合物出料到铺筑完毕允许最长时间　　**表 12-2**

施工气温(℃)	到铺筑完毕允许最长时间(h)	到铺筑完毕允许最长时间(h)
	底层	面层
5～9	2	2
10～19	1.5	1.5
20～29	1	1
30～35	0.75	0.75

12.4　模板施工

透水混凝土路面的模板可分为两类：一类是用于路面边缘的侧模，可采用胶合板、钢模板或两种模板的复合体作为模板；另一类是用于图案或颜色分隔的模板，可采用铜条、玻璃条、不锈钢条和石材等材料。

透水混凝土路面的侧模支设与普通混凝土路面要求基本相同，可以选用钢制或木制模板。边缘顺直的可以采用刚性好的槽钢作为模板，这种模板周转次数多，适合较大规模的工程，而且做出的边缘直顺、整齐。边缘异形较多的可以采用木模板或钢木结合的模板。

钢筋支护间距和嵌入基层的深度需要根据基层种类和施工机械而定，基层压实度较低或使用振动碾压辊施工时宜通过减小支护间距、增加嵌入深度来保证模板的稳固。

在木胶板背后加背楞是为增加模板刚度，使其能够承受施工机械的冲击而不变形。

下面介绍几种常用的支设方法。

1. 槽钢支设直路模板的方法

外侧钢筋不得高出槽钢的上表面，内侧钢筋高出槽钢的上表面，钢筋分布采用等距分布，如图12-4所示。

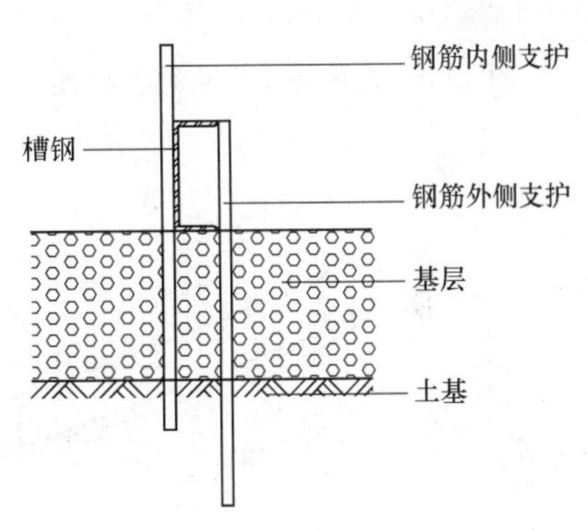

图 12-4　槽钢支设直路模板图

2. 槽钢支设弯路模板的方法

将槽钢上下腿等距切断，切断间距视弯曲半径而定，最大间距不宜超过400mm，如图12-5所示。

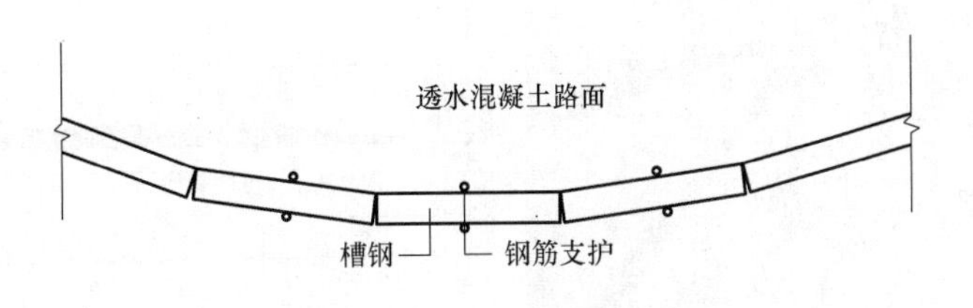

图 12-5　槽钢支设弯路模板图

3. 木胶板支设直路模板的方法

木胶板背后应加背楞，内侧钢筋高出模板上表面，外侧钢筋不得高于模板上表面，钢筋宜等距分布，如图12-6所示。

4. 木胶板支设弯路模板的方法

木胶板背后加背楞，在木胶板和背楞之间用木楔进行填充加固，木楔的间距和背楞的长度根据曲率的大小而定，如图12-7和图12-8所示。

分隔模板的支设采用预先支设和后镶嵌的方法。预先支设时，模板利用砂浆进行稳固，这种方法已在工程中得到应用，并且效果良好。图12-9是北京金冠液压厂透水混凝土路面铜条模板的支设。图12-10是铜条模板截面设计。

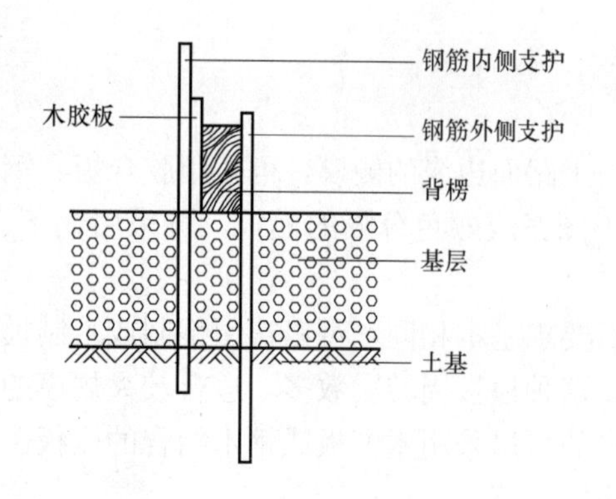

图 12-6　木胶板支设直路模板图

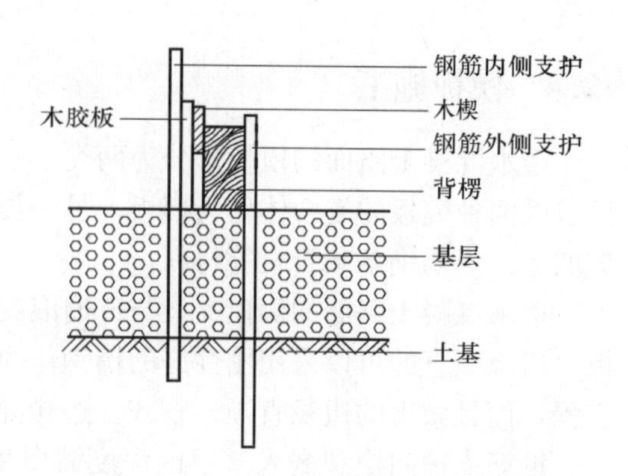

图 12-7　木胶板支设弯路模板图（剖面图）

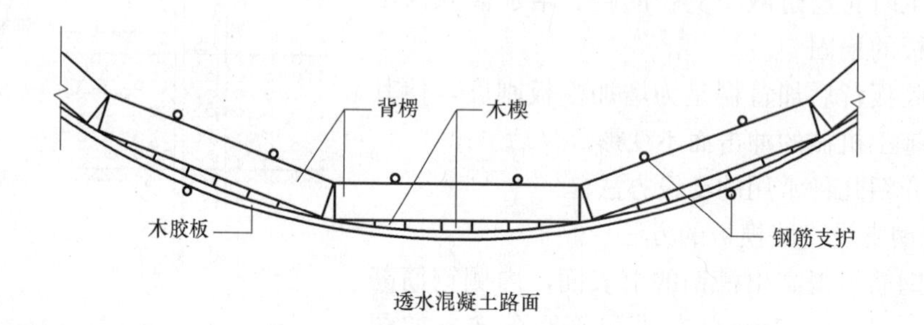

图 12-8　木胶板支设弯路模板图（俯视图）

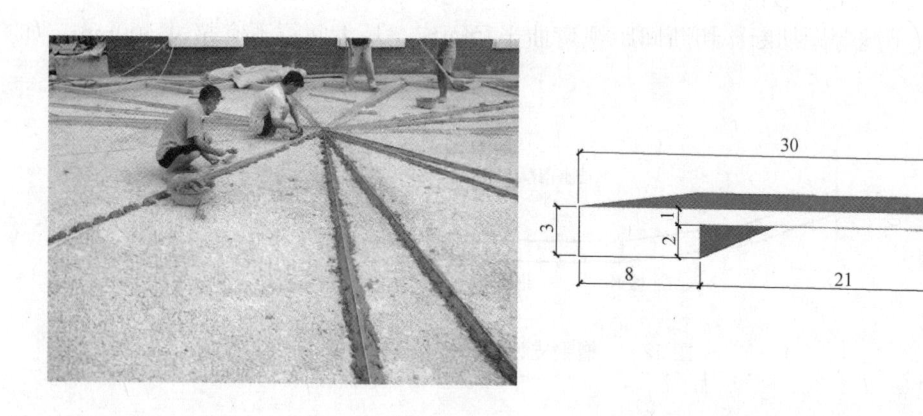

图 12-9　透水混凝土路面铜条模板的支设

图 12-10　铜条分隔条截面设计（单位：mm）

12.5　摊铺施工

在施工之前，先清理路基，不平整处应加以修整。在基层宽度、表面平整度和压实度等都符合要求的前提下，再进行浇筑。浇筑前路基必须先洒水润湿，这是由于透水性混凝土中的搅拌水用量有限，如果路基材料再吸收部分拌合水，就会加速水泥的凝结，同时适当减少用于路面浇筑、振捣、压实和接缝的时间，并且失水过快还会减弱骨料间的粘结强度。

混凝土拌合物运到现场后，应及时摊铺，摊铺过程中应根据松铺高度系数控制摊铺高度。松铺高度系数可通过先期试验确定，选用与实际施工相同的原材料进行搅拌摊铺。摊铺长度为一个伸缩缝间距，不小于6m，宽度与设计宽度相同。对于摊铺不同的高度，可利用相同的施工机具进行碾压施工，通过取样测试碾压后的孔隙率及强度，确定最后的摊铺高度。人工摊铺时，不宜抛洒，以避免表面松散或出现坑洼现象。图12-11为透水混凝土的摊铺。

分层摊铺时，首先要控制两层摊铺的间隔时间。其次，要对下层混凝土进行保湿养护。摊铺面层时，在结构层上因车碾压的部分，应用铁锹铲除填补新料后再摊铺。对于彩色混凝土的摊铺，一是要保证施工工具的清洁，二是摊铺时颜色由深及浅进行摊铺，并对分隔条进行覆盖保护，避免颜色污染。当摊铺的混凝土有露骨料要求时，一方面，要加快摊铺速度，另一方面，要根据冲洗时间实施分段摊铺。摊铺仿石材纹理彩色透水混凝土时，要有良好的连续性，刮平后需进行路面的修整补料，并及时覆盖，按照事先编好的顺序放置压印模板。刮平施工如图12-12所示。

图12-11　透水面层摊铺

图12-12　透水面层刮平

12.6　成型施工

施工时，根据透水混凝土的性能特点和工程条件，可以选择不同的成型方法。主要成型方法有机械化摊铺法、辊压整平法、抹光机法和模板压印法等。

12.6.1　机械化摊铺法

在日本透水混凝土已经开始用于承载路面，并且在预拌混凝土站集中生产，采用混凝土罐车运输和大型摊铺机摊铺施工，大型摊铺机实现了布料、整平和碾压一体化，大大提高了施工效率，且更有效地保证了工程质量，如图12-13所示。

12.6.2　辊压整平法

低频振动碾压辊法主要利用低频振动辊压机进行透水混凝土的施工。低频振动辊压机由辊筒、液压动力站（图12-14）和液压油管组成。施工时由液压动力站将液压油泵送到轴承，带动辊筒旋转，在刮平混凝土的同时进行碾压。这种设备的特点是组装灵活、操作简便，滚筒可调节长度，自供动力。采用专用低频振动辊进行整平时应辅以人工补料及找

图 12-13　透水混凝土承载路面大型摊铺机施工

平，人工找平时，施工人员应穿上减压鞋进行操作，并随时检查模板，如有下沉、变形或松动，应及时纠正。图 12-15 为施工图照片。这种设备适合大面积透水混凝土路面施工（如休闲广场、停车位，小区道路等），方便快捷。

图 12-14　液压动力站

图 12-15　低频振动碾压辊法施工

12.6.3 模板压印法

不同种类的透水混凝土有不同的成型方法。仿石材纹理彩色透水混凝土为了保证纹理的清晰与美观，采用与以上不同的方法进行成型，这种混凝土要求在表面制作出具有装饰性效果的石材纹理。仿石材模板采用橡胶压印模板，这种模板采用硅橡胶制作，可以根据现场情况设计不同的纹理，图 12-16 和图 12-17 为施工中采用的两种压印模板。

仿石材纹理透水混凝土的起模方式有两种，一是借助脱模剂，二是在混凝土表面覆盖薄膜。采用第一种方法后，模板与混凝土间无粘结，但脱模剂对路面产生了颜色污染，施工后路面颜色不均，并且脱模剂的厚度不易控制；第二种方法则很好地解决了颜色污染和脱模问题。模板的压印，采用了滚压和夯实两种方法，滚压施工速度较快，但由于模板是小块拼接而成，加振动会使模板错动，不仅影响纹理的连续性，而且混凝土的密实度不能保证。夯实虽然施工速度较慢，但施工后效果好，大面积施工时可采用多班组施工。起模时应平起平放，避免模板起动时对混凝土边角的磕碰。图 12-18 为混凝土的刮平施工，图 12-19 为仿石材纹理夯实施工。

图 12-16 仿石材纹理压印模板Ⅰ

图 12-17 仿石材纹理压印模板Ⅱ

图 12-18 仿石材纹理透水混凝土刮平

图 12-19 仿石材纹理制作

12.6.4 抹光机法

抹光机法是利用抹光机进行透水混凝土表面处理，使透水混凝土表面平整、耐磨、色泽均匀。这种方法适合于路缘石与路面同标高，且摊铺面积较大的城市广场、停车场、景观广场的透水混凝土路面的整平施工。施工时，透水混凝土摊铺后，经过初步整平（图 12-20），利用加抹平盘的抹光机先整平四周边缘，再分别纵横方向运行设备整平（图 12-21），同时利用靠尺检查平整度并及时修整。对于边角等设备难于整平处进行人工整平，确保所有施工面压实整平。

图 12-20 摊铺后刮平

图 12-21 抹光机施工

12.7 表面处理

表面处理主要包括两个方面：一方面是对已成型的透水混凝土表面进行修整，另一方面是对露骨料透水混凝土的表面进行清洗。

表面修整是为了使透水混凝土表面颗粒分布更均匀，减少麻坑和松散部位，提高表面的观感，图 12-22 为路面修整施工。

图 12-22 路面修整

露骨料透水混凝土与普通透水混凝土相比，增加了一项表面处理工艺。在混凝土成型完以后，立即在表面喷涂一层表面清洗剂，然后根据确定的冲洗时间进行冲洗施工。

冲洗时间由现场的温湿度而定，确定方法为，在现场制作多组试块（至少 6 组），并喷涂清洗剂。制作完成后 6h 开始冲洗，每隔 1h 冲洗一块，直到表面冲洗干净且石子不脱落为止，此时刻即为冲洗时间[1],[10]~[14],[16]。图 12-23 为石子冲洗干净的骨料表面。图 12-24 为冲洗施工实景。

图 12-23 露骨料表面

图 12-24 表面冲洗施工

12.8 养护

由于透水混凝土中存在大量的孔隙，易失水，所以养护（尤其是早期的养护）是非常重要的。成型完成之后应及时用塑料薄膜覆盖其表面，而且为了保持一定的湿度，1天之后应该洒水养护。每天至少养护1次，高温天气，次数应相应增加。

12.9 锯缝、填缝

透水混凝土的接缝与普通混凝土相同，主要包括胀缝、缩缝和施工缝。胀缝主要设置在与周围相邻固定构造物的相交处，缝宽18～21mm，深度贯穿路面面层。缩缝在路面上等距布置，间距可以为3m、4m或6m，但最小间距不宜小于路宽，缝宽3～8mm，切缝深度应贯穿透水面层。施工缝的设置尽量保证在缩缝或胀缝处。

透水混凝土的切缝分为塑性阶段的压切和硬化后的切缝。塑性阶段的压切是指在面层摊铺碾压后进行，如图12-25所示。硬化后的切割时间一般在混凝土养护3d后进行，切缝后应立即进行冲洗，以免造成对路面的污染。填缝所选用的材料应与混凝土接缝槽壁粘结力强、回弹性好、适应混凝土的收缩，并且不溶于水、不渗水，耐老化，高温时不流淌，低温时不脆裂，如聚氨酯类、氯丁橡胶类等。

图12-25 塑性阶段压切缝

12.10 普通混凝土基层加铺透水混凝土施工

在普通混凝土路面上加铺透水混凝土，不但能够提高透水混凝土路面的承载力，而且还可以通过透水混凝土来增加路面的抗滑性，减少骑车雨天眩光、漂移，提高出行安全舒适性。下面以18cm厚的C30普通水泥混凝土上加铺10cm厚的透水混凝土层为例，介绍加铺透水混凝土层路面的施工工艺[1],[3],[4]。

混凝土面层的施工过程为：铺筑下层普通混凝土—铺筑透水混凝土—整平—碾压—养护（拆模）。

1. 普通混凝土的浇筑

普通水泥混凝土路面施工的关键在于控制路面的平整度和有效厚度。应该首先浇筑普通混凝土路面，硬化后进行透水混凝土的浇筑。普通混凝土表面无需收光抹平，但需基本整平。

2. 透水混凝土的浇筑

（1）透水混凝土的搅拌与运输

透水混凝土的搅拌采用强制式搅拌机，根据组成材料来确定搅拌时间，一般为4min左右。材料组成和孔隙特点决定了透水混凝土的保水性较差，易离析。针对这种情况，可采用集中厂拌法或现场搅拌，尽量避免远距离运输，并在运输的过程中采取有效措施防止混凝土的干燥、冻伤以及积灰，且不得与其他混凝土混拌混用。

（2）摊铺

待普通混凝土硬化后进行透水混凝土的浇筑。浇筑前应将普通混凝土面层清洗干净，并且用水润湿，以保证两层之间的结合。另外，在施工透水混凝土前，应将普通混凝土接缝的位置标识清楚，以便后期的切缝能够上下一致，避免产生路面裂缝。

3. 透水混凝土厚度的保证与目标孔隙率的实现

透水混凝土厚度的保证与目标孔隙率的实现是透水混凝土路面施工技术的关键，路面的碾压方式直接影响透水混凝土的实测孔隙率。现场施工时，一般不能确知所采用的压路机或振动器对透水混凝土的实际碾压效果。此外，对不同原材料和配合比的透水混凝土，同一碾压工艺对实测孔隙率的影响也是不完全相同的。因此，建议参考下述施工原则，结合工地实际情况进行透水混凝土的碾压与整平：

（1）施工前，取一段30～50m长的路段作为施工试验路段，根据该路段的碾压情况调整和总结透水混凝土路面的具体碾压与整平工艺；

（2）确定透水材料的施工松铺系数，一般取1.05～1.15；

（3）按照上述的几种施工方法进行施工；

（4）在施工过程中，浇筑人员应随时与搅拌人员联系，调整混凝土的工作性；

（5）通过试验路段来确定混凝土的配合比和松铺系数等技术指标，对于露骨料透水混凝土还要确定冲洗时间。

4. 养护

透水混凝土的拆模时间要比普通混凝土的略短，混凝土压实后立即用塑料薄膜覆盖路面表面与侧面，以确保水泥的充分水化，防止水分蒸发过快引起表面松散现象。在最初的5～7d内为保证湿度要求，可每天洒水1遍，洒水后再用塑料薄膜覆盖。对于聚合物透水水泥混凝土，湿养护1～3d，确保水泥的早期水化，然后自然养护，养护时间不得早于14d。

5. 切缝

透水混凝土的切缝比普通混凝土略早，当透水混凝土强度达到设计强度的20%～30%后即可切缝，上层透水层与下层普通混凝土层接缝的位置和类型尽量保持一致。填缝材料除应满足普通混凝土路面的要求外，还应保证与混凝土具有较强的粘结力，并且具备优异的耐水、耐腐蚀能力。

12.11　露骨料透水混凝土路面施工

露骨料透水混凝土是一种经特殊工艺处理露出石子原色的透水混凝土，用这种混凝土铺筑的道路，在保证路用性能的条件下，质朴美观，有较好的表面装饰效果。

露骨料透水混凝土路面的施工较普通混凝土复杂，如何把握冲洗时间和保证表面石子粘结强度是施工中的难点。其施工工艺如图12-26所示[9],[12]～[16]。

露骨料混凝土制备时，一是要选择颜色一致、粒径单一的石子，二是要配制工作性良好的浆体。水泥采用高强度等级，可掺入有增强、增稠作用的添加剂。搅拌时控制投料顺序和搅拌时间。

施工时，先铺筑底层混凝土，再铺筑面层混凝土，摊铺时间要尽量缩短。碾压时利用辊子振动碾压2～3遍，然后人工对路面麻坑部位进行补料修整。

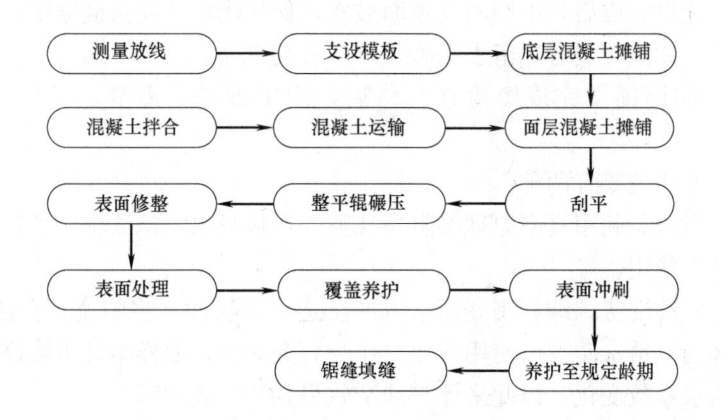

图 12-26　露骨料透水混凝土路面施工工艺

露骨料透水混凝土的表面处理利用了表面清洗剂，这种清洗剂可以使石子表面浆体缓凝，待底部浆体凝结后，再利用高压水冲洗表面。清洗剂可采用涂刷或喷涂方式，表面的清洗剂要均匀，不应有遗漏部位。然后覆盖养护。冲洗时间取决于不同性能的冲洗剂、不同的混凝土配合比以及施工现场的温湿度条件，必要时，可以预留同条件试块来试验确定。

露骨料透水混凝土的养护分为两次，一是涂刷清洗剂后的覆盖养护，养护至表面冲洗时间；二是表面冲洗后，对透水混凝土的洒水养护。

12.12　透水混凝土砖铺设施工

透水混凝土砖（以下简称“透水砖”）是一种具有多孔结构且能够透水的路面砖，当透水系数≥1.0×10^{-2}cm/s时，多用作透水面层。施工时选择强度及透水性能均符合设计要求的透水砖，运至现场的砖经检验合格后方可使用。透水砖应表面平整、线条清晰、棱角整齐，不得有蜂窝、脱皮、裂缝等现象，如果使用彩色透水砖，应注意色彩均匀。

透水砖铺设时应符合下列要求[7],[15]：

（1）透水砖铺设过程中一定要注意不得在铺设完成的路面上拌和砂浆、堆放水泥等材料，以免造成透水砖透水结构的永久性损伤。

（2）铺装所用的“干硬性”水泥砂浆找平层应有不低于透水砖的透水能力。找平层砂浆在施工过程中的“干硬性”很重要，过干的砂浆在使用过程中黏性较差，含水量大的砂浆容易阻塞基层孔隙，其本身透水性也较差，不能满足设计要求，故砂浆找平层在施工过程中一定要有“干硬性”。

（3）铺装砂浆摊铺宽度应大于铺装面5～10cm。

（4）透水砖铺设中，应随时检查其安装是否牢固与平整，及时进行修整，不得采用在砖底部填塞砂浆或支垫等方法找平砖面。

（5）面层铺设完成到基层达到规定强度前，需设置围挡以防止车辆进入，维持铺装面的平整。

（6）透水砖铺面纵、横断面应满足设计要求的排水坡度。

（7）透水砖铺设完成后，由侧面及顶面敲实，保证砌块之间挤缝紧密，及时清除砖面上的杂物、碎屑，如面砖上有残留水泥砂浆，应将其更换。

（8）透水砖路面铺设完成经检查合格后，用中砂进行灌缝。不得采用干拌砂浆扫缝。

透水砖维护方法主要有两种：

（1）真空吸附法。利用真空原理将阻塞孔隙的颗粒吸出，该法由于费用较高、效率相对较低未能大范围使用。

（2）高压水流冲洗法。即利用高压水流冲洗透水砖表面，将阻塞其孔隙的颗粒冲走。以北京双紫小区铺设透水砖（已使用5年）作为研究对象，取样本砖进行高压冲洗，并比较冲洗前后的透水系数变化，以此来评判冲洗效果。详见表12-3。

透水砖高压水冲洗透水效果对比 **表12-3**

名称		直径 D (cm)	面积 A (cm^2)	厚度 L (cm)	时间 t (s)	渗水量 Q (mL)	水位差 H (cm)	透水系数 K_r(cm/s)	恢复率
试件1	冲洗前	7	38.485	5.5	300	300	15	0.00953	1.883
	冲洗后	7	38.485	5.5	300	565	15	0.01794	
试件2	冲洗前	7	38.485	5.5	300	32	15	0.00102	4.219
	冲洗后	7	38.485	5.5	300	135	15	0.00429	
试件3	冲洗前	7	38.485	5.5	300	22	15	0.0007	25
	冲洗后	7	38.485	5.5	300	550	15	0.01747	

由表12-3可以看出，经高压水冲洗后，透水砖透水系数恢复情况基本较好，试验前此砖透水系数（15℃）小于1×10^{-2}cm/s，已达不到透水砖标准。经高压水冲洗后除试件2未达到透水砖标准，试件1、3均达到透水砖标准，且两试件恢复后透水系数0.01794cm/s和0.01747cm/s数值非常接近。但如果是砂浆阻塞孔隙，则透水面层透水系数很难恢复。透水砖透水系数的恢复工作费时、费力，因此为增加透水人行道的使用寿命，从施工开始就应保护，尽量避免人为因素引起的破坏发生。

12.13 特殊天气施工

12.13.1 雨天施工

首先应做好防雨准备，现场的搅拌站、水泥堆放处、石料堆场以及仓库应修建排水沟等必要的排水设施。雨天施工时，应在新铺路面上准备足够的防雨篷、帆布和塑料布。

施工中突遇阵雨时，应立即停止铺筑路面，并用防雨篷、帆布和塑料布覆盖尚未硬化的路面。被雨冲刷损坏严重的部位，应铲除重铺。再次施工前，应先排除积水，再进行摊铺。

12.13.2 冬期施工[1],[10],[11]

1. 冬期施工生产准备工作

（1）施工场地的准备工作

排除路基积水，对施工现场进行必要的修整，对已经上冻的路基进行开挖并装车运走，用不含冻块的砂石回填，消除现场施工用水造成的场地结冰现象。

（2）搅拌站保温

用彩条布对搅拌站非出入口两侧进行全封闭遮挡，搅拌机棚前后台的出入口做半封闭遮挡、棚内通暖。混凝土拌合水采用电热管加热，液体外加剂存储容器加保温层防护。及时排除搅拌机清洗时的污水，防止冻结，定期清理，保持污水管的畅通。

（3）机具保温

发电机、小型翻斗车更换防冻机油，每天施工结束后排除翻斗车水箱内的积水，防止冰冻。每次施工结束后，除对振动辊进行常规保养外，还需由专人清除辊子上的水迹，并在每次施工前进行检查，保证施工顺利进行。

2. 冬期施工主要方法及工艺要点

（1）路基处理

冬期施工需要刨出冻土，再拍松冻土。路基用不含冻块的砂石进行回填，未上冻路基用塑料布进行覆盖，防止上冻[5],[8],[11],[12]。

（2）混凝土搅拌

混凝土冬期施工选用强度等级不低于 42.5 的普通硅酸盐水泥，拌制混凝土所采用的骨料应清洁，不得含有冻块及其他易冻裂物质，并采用早强型外加剂。冬期施工混凝土搅拌时间比常温搅拌时间长，一般为 4～5min。

（3）混凝土运输

结构层混凝土如采用商品混凝土，运输中应采取保温措施；结构层摊铺完至面层混凝土运到前要及时覆盖；面层混凝土拌合物出料后，应及时运到浇筑地点；在运输过程中，要注意防止混凝土热量散失、表层冻结等现象。

（4）混凝土浇筑

混凝土浇筑前应清除侧模上的冰雪和污块。对已完工的混凝土覆盖塑料薄膜，并加盖保温层。

（5）养护

混凝土养护选用蓄热法，即一层塑料薄膜和二层草袋保温。洒水养护在每日气温最高的时段进行，采用分段养护，即养护一段覆盖一段。如遇大风或气温低于 0℃时，禁止进行洒水养护。

（6）混凝土拆模

混凝土模板拆除时间应根据透水混凝土的结构特点、自然气温和混凝土所达到的强度来确定，一般以缓拆为宜。拆除模板时，混凝土强度亦必须满足要求。冬期拆除模板时，混凝土表面温度和环境温度之差不应超过 20℃。在拆除模板过程中，如发现混凝土有冻害现象，应暂停拆卸，经处理后方可继续拆卸。对已拆除模板的混凝土，要用保温材料予以保护。施工中不得超载使用，严禁在路面堆放过量的建筑材料或机具[7]。

12.13.3 夏季施工

透水混凝土属于干硬性混凝土，高温天气水分蒸发较快，不利于施工。在气温超过 25℃时，应防止混凝土的温度超过 30℃，以免混凝土中水分蒸发过快，致使混凝土颗粒粘结松散，导致强度下降。夏季施工，通常需要在混凝土制备、运输、摊铺成型、养护等工序采取特殊措施。混凝土制备时可采用冰水、遮盖骨料的方法降低混凝土温度；混合料在运输中要加以遮盖，避免阳光照射；合理安排施工时间，避开高温时段，尽量缩短施工时间；搭设临时性的遮光挡风设施，避免混凝土遭到烈日暴晒，并降低混凝土表面的风速，减少水分蒸发；混凝土养护采用覆盖洒水养护。

12.14 质量检验和竣工验收

12.14.1 现浇透水混凝土面层

路基和基层的压实度应符合表12-4的要求。透水混凝土的强度和透水性应符合设计要求，具体主控指标按表12-4中的要求执行[5],[6],[8],[11]~[13]。

现浇透水混凝土面层主控指标允许偏差表　　表12-4

序号	项目		规定值或允许偏差	检验频率		检验方法
				范围	点数	
1	路基	压实度	93%	100m	2	环刀法检测
2	级配碎石基层	压实度	95%	100m	2	振动台法检测
3	抗压强度		符合设计要求	每台班	1组	参考本书第8章
4	抗折强度		符合设计要求	$100m^3$	1组	
5	透水系数		符合设计要求	$100m^2$	1组	

外观质量包括长、宽、厚的尺寸偏差、棱角顺直和颜色等。具体要求可参照表12-5。

对于露骨料透水混凝土路面，其表面石子是否粘结牢固应是其主控项目之一，但对于牢固度的评定还没有相应的标准，可依靠经验或试验自行设计检测方法。

现浇透水混凝土质量允许偏差表　　表12-5

序号	项目	规定值与允许偏差	检验频率		检验方法
			范围	点数	
1	厚度	±5mm	20m	1	用钢尺量
2	平整度	≤5mm	20m	1	用3m直尺和塞尺连续量两尺取最大值
3	宽度	不小于设计规定	40m	1	用钢尺量
4	胀缩缝	±5mm	40m	1	用钢尺量
5	横坡	±0.3%	40m	1	用水准仪测量
6	井框与路面高差	≤3mm	每座	4	十字法用塞尺量

12.14.2 透水混凝土砖面层

人行道外观不应有污染、空鼓、掉角及断裂等缺陷。透水砖块形、颜色、厚度和强度应符合要求。透水砖以同一块形、同一颜色、同一强度20000块为一验收批；不足20000块按一批计，每一批中应随机抽取50块试件。每验收批试件的主检项目应符合国家标准《透水路面砖和透水路面板》GB/T 25993—2010的规定。接缝用砂、垫层用砂分别以$200m^3$或300t为一验收批，不足$200m^3$或300t按一批计。路床和基层的压实度应符合表

12-4 的规定，水泥砂浆强度及透水性能应符合设计要求。透水砖性能应符合设计要求，可参考表 12-6。

透水砖允许偏差表 **表 12-6**

序号	项目		规定值或允许偏差	检验频率		检验方法
				范围	点数	
1	路基	压实度	93%	100m	2	环刀法检测
2	级配碎石基层	压实度	95%	100m	2	振动台法检测
3	抗压强度		符合设计要求	每批	1 组	按 GB/T 25993—2010 的规定检验
4	抗折强度					
5	透水系数					
6	基层透水系数		符合设计要求	100m^2	3 组	

透水砖铺砌应平整、稳固，不得有翘动现象，灌缝应饱满，缝隙一致。透水砖面层与路缘石及其他构筑物应接顺，不得有反坡积水现象。透水砖人行道允许偏差见本书第 5 章规定。

本章小结

本章介绍了透水混凝土铺装技术与施工工艺，其过程分为路基施工、基层施工、透水结构层和面层施工。制备工作性良好的混合料是保证工程质量的基础，由于透水混凝土混合料接近于干硬性混凝土，工作性损失快，所以在混合料出料后要尽量缩短放置时间，完成摊铺整平后也要及时覆盖保湿养护，以避免由于多孔而使水分散失。露骨料透水混凝土铺装施工要掌握好清洗剂喷涂的厚度和冲洗时间；对于仿石材纹理透水混凝土铺装的面层，要从混合料的制备、摊铺的均匀性和厚度以及压印的力度来把握，才能保证其透水性、粒料的牢固粘结和纹理的效果。

参考文献

1. 宋中南，石云兴等．透水混凝土及其应用技术．北京：中国建筑工业出版社，2011
2. 中华人民共和国行业标准．公路路面基层施工技术细则 JTG/T F20—2015
3. 中华人民共和国行业标准．公路路基施工技术规范 JTG F10—2006
4. 王秉刚，郑木莲．水泥混凝土路面设计与施工．北京：人民交通出版社，2004
5. 中华人民共和国行业标准．公路水泥混凝土路面施工技术细则 JTG/T F30—2014
6. 中华人民共和国行业标准．公路路基设计规范 JTG D30—2015
7. 中华人民共和国国家标准．透水路面砖和透水路面板 GB/T 25993—2010
8. 中华人民共和国行业标准．公路工程质量检验评定标准　第一册　土建工程 JTG F80/1—2004
9. Yunxing Shi，Pengcheng Sun，Jingbin Shi，et al. Properties of pervious concrete and its paving construction. The 6th International Conference of Asian Concrete Federation，Seoul，2014. 9
10. 石云兴，霍亮，戢文占等．奥运公园露骨料透水路面的混凝土施工技术．混凝土，2008，(7)
11. 宋中南，石云兴，吴月华等．露骨料透水路面在奥运工程中的应用．施工技术，2008，(8)
12. 石云兴，宋中南，霍亮等．透水混凝土试验研究及其在奥运工程中的应用．中国土木工程学会“全国特种混凝土

技术及工程应用”学术交流会，2008.9，西安
13. 石云兴，张涛，霍亮等. 透水混凝土的制备、物理力学性能及其工程应用 . 高性能与超高性能混凝土国际学术交流会，2010.10，深圳
14. 黒岩義仁，中村政則　ほか. 排水インターロッキングブロック舗装工法 . セメント・コンクリート，2001.11
15. 张燕刚，石云兴等. 露骨料透水混凝土施工技术 . 施工技术，2011.7
16. National concrete pavement technology center. Mix design development for pervious concrete in cold weather climates. Final Report，February，2006，U. S. A

第 13 章　透水混凝土铺装的工程案例

13.1　露骨料透水混凝土路面工程

13.1.1　工程案例 1-北京奥运透水混凝土路面工程[1]~[6]

北京奥林匹克公园（以下简称奥运公园）是实现 2008 北京“绿色奥运、科技奥运、人文奥运”目标的一个重要载体，充分体现出生态学思想，反映近代自然生态设计的理念。

奥运公园透水混凝土园路项目作为体现绿色奥运主题的工程之一，自奥运公园水系北岸沿龙湖延伸至“鸟巢”，路面质朴、美观，与周围的绿景和龙湖水系融为一体，是绿色奥运的主要亮点之一。

1. 工程概况

中国建筑技术中心于 2007 年 10 月～2008 年 4 月在此进行透水路面施工，奥运公园园路采用露骨料透水混凝土技术，属于自然渗水路面，工程总量 11700m²。露骨料透水混凝土用天然石子拌制而成，在摊铺后进行表面处理，露出石子原色，透水效果良好，与周围景观及植被和谐布局，集生态、环保、美观于一体，有很好的装饰效果，图 13-1 为施工区域效果图。

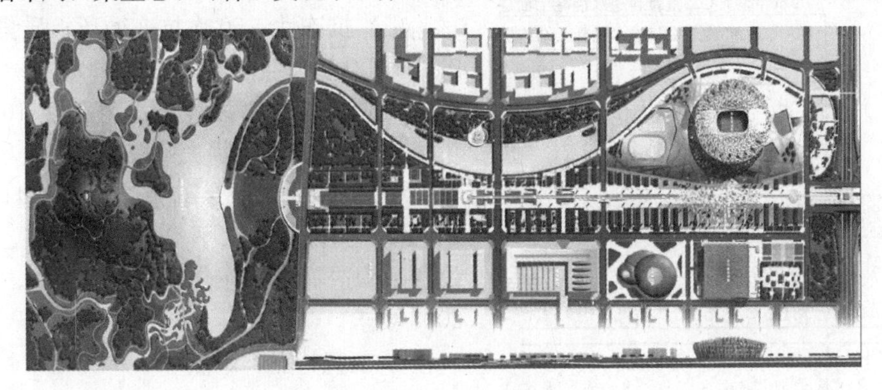

图 13-1　施工区域

2. 路面构造

奥运公园透水混凝土路面按使用功能分为人行道和车行道两部分：

（1）人行道

由 30mm 厚粒径为 6mm 的 C25 面层和 90mm 厚粒径为 10mm 的 C25 底层构成，断面构造见图 13-2。

（2）车行道

1）轻载车行道透水混凝土路面

承载 8t 以下的路面由 30mm 厚粒径为 6mm 的 C25 面层和 150mm 厚粒径为 10mm 的 C25 底层构成，断面构造见图 13-3。

2）重载车行道透水混凝土路面

承载 18t 以下的路面由 80mm 厚粒径为 6mm 的 C25 面层和 170mm 厚粒径为 10mm 的 C25 底层构成，断面构造见图 13-4。

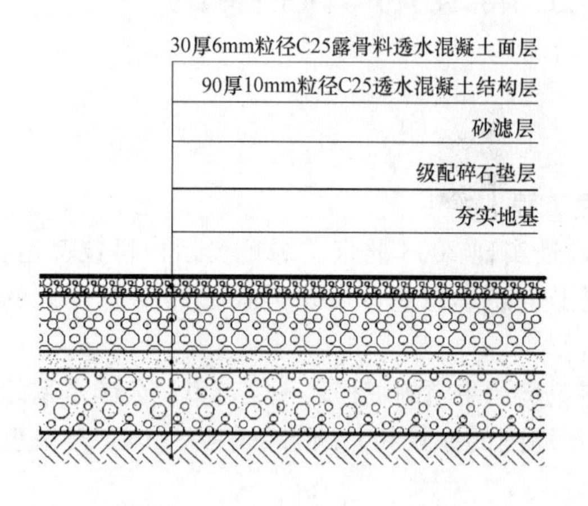

图 13-2　人行道和广场的结构图

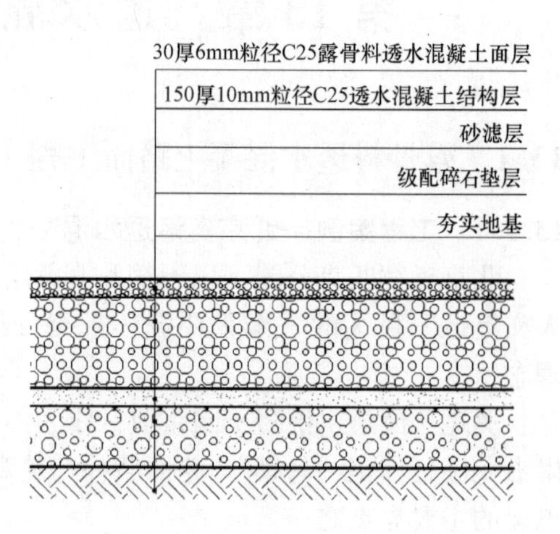

图 13-3　承载 8t 的车行道结构图

3. 主要技术要求

（1）面层颜色：深灰色；

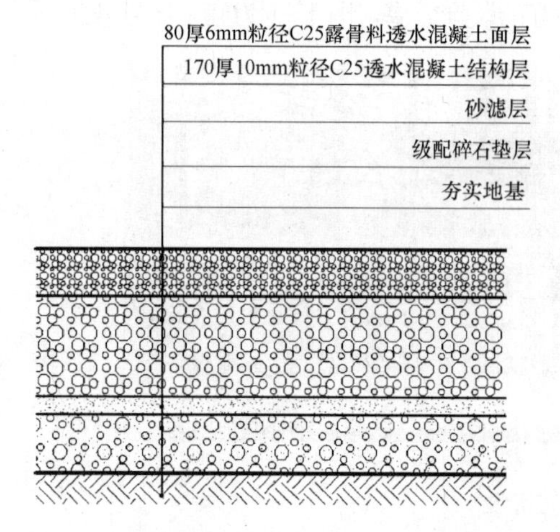

图 13-4　承载 18t 的车行道结构图

（2）透水系数≥1mm/s；

（3）抗冻性：50 次抗冻循环，质量损失≤5%，相对动弹性模量>63%；

（4）耐酸雨腐蚀性能：耐久性 10 年，质量损失≤5%，强度损失<25%；

（5）抗基层冻胀：冻胀高度≤0.41mm；

（6）道路构造（平整度、高低差、伸缩缝设置及构造等）应符合 CJJ 37—2012、CJJ 1—2008 要求。

4. 工程特点、难点

（1）该工程属奥运公园重要景观工程，正面临奥运会的开幕，工期紧，质量要求高，倍受政府和社会各界的关注。

（2）现场情况复杂。公园内的各项目部、各分项工程都面临工期和验收要求，施工交叉作业很多；现场没水、没电，需要使用水车和发电机，因此对施工组织和管理提出了更高的要求。

（3）透水混凝土制备过程中使用的添加剂较多，材料的投放顺序固定，计量精度和搅拌技术要求高，工序复杂。

（4）园路的人行道全部为弧线形道路，用单层木胶板支模较方便，但木胶板很难承受碾压辊振动时的重量，经常出现跑模、胀模等现象，影响了施工质量。必须采用一种更快捷、更坚固的支模方式才能满足要求。

（5）该工程正值冬季施工，气候条件严酷。由于道路均为露天施工，在浇筑过程中无法采取防护措施。表面冲洗需要大量的水，一旦有冻融现象将会严重破坏新浇筑的混凝土，没有恰当的技术措施就难以保证施工质量。

（6）商业出口的广场面积较大，透水混凝土拌合物为干硬性材料，平整度方面较普通混凝土难控制，因此保证平整度能够达到验收标准也很有难度。

（7）该工程全部使用露骨料透水混凝土，此种混凝土的特点是美观、混凝土表面不返碱、颜色均匀、技术要求高。主要体现在表面冲洗剂的使用量和冲洗时间上，时间间隔长水泥浆冲洗不干净，间隔短易把石子冲掉。因此要严格控制混凝土拌制质量，根据不同的施工气温来确定冲洗时间。此外，国内没有合适的表面冲洗剂产品，施工时，只能从国外购进，价格高，而且供应不及时，对施工进度影响较大。

（8）工程中异形路面较多，伸缩缝如何留置既能保证外观效果，又可避免裂缝也是需要解决的问题。

5. 施工要点

（1）模板支护

模板支设高度应与混凝土表面平齐，并正确放出坡度，模板定位必须准确、牢固，接头紧密、平顺；模板的平面位置应符合设计要求，并应安装稳固、顺直、平整，相邻模板应紧密平顺，不得有离缝、前后接茬高低不平等现象。模板应能承受摊铺、振捣或碾压、整平设备的负载行进、冲击和振动时不发生位移；弯曲道路使用木胶板支设模板时，需要在木胶板和木方之间背上木楔，木楔的间距和木方的长度根据曲率的大小而定。模板支设方法如第 12 章图 12-6～图 12-8 所示。

（2）搅拌、运输

与普通混凝土相比，透水混凝土各种原材料的计量应更加准确，拌合时间不宜少于 180s，混合料工作性能优良，砂浆均匀包裹粗骨料，无结块现象。拌合物自搅拌站用翻斗车运抵施工现场过程中，要用苫布或其他工具遮盖，对于冬季施工的情况还要采取保温措施。应有专人在施工地点指挥到场的运输车卸料，并抽样检验。

（3）摊铺整平

透水混凝土摊铺时应考虑振实预留高度，以控制混凝土密实度，使其符合设计要求。采用人工布料时，应用铁锹反扣，严禁抛掷。摊铺时间长于 30min 或遇大风天气时，现场要及时覆盖塑料布，防止水分散失。对于底层混凝土，布料完成后采用摊铺机刮平，然后用振动碾压辊整平。如图 13-5 所示。

（4）表面修整

对振捣后的路面应及时修饰混凝土的边角，对于缺料的部位应填料修补，对于较干部位可先均匀喷洒一层水，再加料修补，如图 13-6 所示。

（5）表面处理

用毛刷将清洗剂涂刷在混凝土表面。清洗剂应涂刷均匀，涂刷厚度以 1～2mm 为宜，边角和前后两次施工相交部位应涂刷到位。浇筑完成后，根据气温和湿度情况确定冲刷时间，一般为 12～24h。用 2～5MPa 的高压水对表面进行冲洗，用毛刷轻刷表面，刷洗应保持方向一致，再用水枪冲洗，对于表面仍残留水泥浆的可用毛刷再次刷洗。水枪距表面不宜低于 300mm，不得垂直冲刷表面，冲刷后及时覆盖。

图 13-5　透水面层碾压

图 13-6　表面修整

(6) 养护

开始施工时，正值秋季，气候干燥，同时由于透水混凝土的多孔结构，水分蒸发快，因此摊铺后，及时覆盖塑料薄膜，且每天至少浇水一次，使园路表面保持湿润状态。至少洒水养护 1 周，养护期间应在路面周围设置围挡，严禁上人、上车。

6. 施工情况

奥运公园透水混凝土园路项目是体现绿色奥运主题的工程之一，路面施工采用振动碾压方法进行施工，露骨料施工采用表面涂刷清洗剂、隔日冲洗的工艺。园路实景如图 13-7、图 13-8 所示。

图 13-7　奥运公园透水混凝土园路实景Ⅰ

图 13-8　奥运公园透水混凝土园路实景Ⅱ

13.1.2　工程案例 2——西安大明宫国家遗址公园透水混凝土路面工程[1],[7]

1. 工程概况

大明宫国家遗址公园保护改造工程是作为中国“十一五”大遗址保护总体规划重点项目之一，是一项浩大的文化工程。大明宫国家遗址公园的建成将有效地保护大明宫遗址历史文化遗产，弘扬博大精深的中华文化，受到全世界华人的广泛关注。该工程由中国建筑股份有限公司西北分公司作为总承包单位，工程总面积达 3.2km^2，中国建筑技术中心负责施工园路三区、四区露骨料透水混凝土路面工程。

露骨料透水混凝土园路分为10m宽一级园路和5m宽二级园路，其中：10m宽园路为面层4cm、底层8cm，颜色为中间6m灰色、两侧2m黄灰色1∶3。5m宽园路为面层4cm、底层6cm，颜色为黄灰色3∶1。透水混凝土施工面积为70000m^2，建设工期70d，图13-9和图13-10分别为大明宫遗址公园鸟瞰图和施工总平面图。

图13-9　大明宫遗址公园鸟瞰图

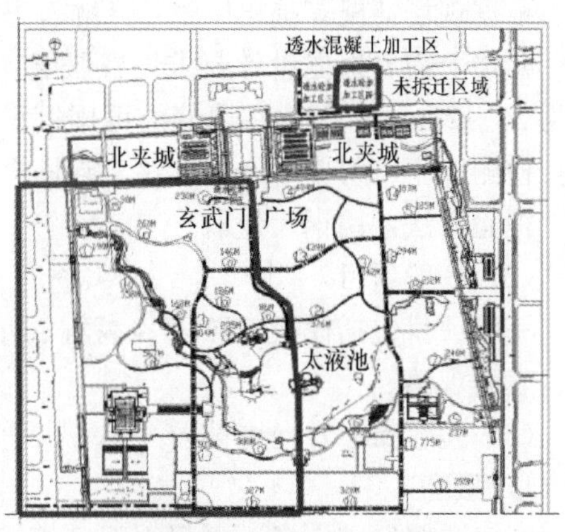

透水混凝土施工三区施工总平面图

图例	
表示施工运输道路主干线	表示很快可投入使用的路段
表示目前已施工一、二级园路	86M　376M 248M　230M 表示园区内各区域施工顺序号（框外数字表示路段长）
表示园区对外主出入口路段	

图13-10　施工总平面图

2. 大明宫遗址公园露骨料透水混凝土路面质量标准与设计要求

本工程设计和验收分为主控项目和一般项目：

(1) 主控项目

主控项目包括原材料检验，混凝土强度、透水性、路面厚度。

1）混凝土施工所用原材料的品种、质量满足设计和国家及西安市有关标准规范的要求。原材料包括水泥、石子、添加剂。检查数量：按进场的批次抽样检验。

2）混凝土抗压强度

抗压强度应符合设计强度，力学性能测试依据《普通混凝土力学性能试验方法标准》GB/T 50081—2002中的有关规定进行。

检验频率：按照每1000m^2留取1组标准条件养护；同条件养护试件组数根据实际需要留置。

检验方法：检查标准养护龄期28d试块抗压强度的试验报告。

3）透水性

① 试件检测

检测频率：每2000m^2检测3块试件。

检测方法：依据《透水水泥混凝土路面技术规程》CJJ/T 135—2009中提出的方法，

现场制作试件，按照业主方和监理方共同见证检测方法进行。

② 现场测试

检验频率：每 2000m² 作为一个测区，每个测区取 6 个测点作为一组。

检测方法：由中国建筑技术中心提出的《透水混凝土路面技术规程》DB11/T 775—2010 中的透水混凝土路面透水性测试方法。

4）路面厚度

根据现场情况，提出了适应于本工程的御道和园路的路面厚度检测方法。

园路上需要根据设计要求设置胀缝，胀缝要求贯穿整个透水混凝土路面，胀缝宽度一般为 20～25mm。因此在填缝前可用钢尺量取路面厚度。

检测频率：每 1000m² 抽测 3 条胀缝。

检验方法：用钢尺量取。

(2) 一般项目

一般项目包括模板直顺度、高程、平整度、宽度、横坡、相邻板高差、横纵缝直顺度、表面观感。

(3) 验收指标及允许偏差

1）强度

园路参照御道广场，混凝土强度等级不小于 C25。

2）透水性

园路透水系数不小于 1mm/s。

验收指标及允许偏差可参见表 13-1。

工程验收指标 **表 13-1**

项　目		指标要求	允许偏差	检验方法	检验频率
园路尺寸	模板直顺度	曲线圆滑无死弯，直线顺直	5mm	拉小线量取最大值	每 50m 抽测 1 点
	宽度	设计宽度	－20mm	尺量	每 40m 测 5 点
	厚度	设计厚度	＋20mm －5mm	尺量	每 1000m² 测 3 点
高程		符合设计要求	±15mm	水准仪测量	每 20m 测一点
平整度		除设计要求有坡度外，表面平整无起伏	5mm	尺量	每 40m 测 1 点(园路)
中线偏位			≤20	经纬仪测量	每 100m 测 1 点
横 坡			±0.3%且不反坡	水准仪测量	每 20m 测量 1 点
相邻板高差			≤3mm	尺量	每 20m 测量 1 点
纵缝直顺度		纵缝居中，缝宽度一致	≤10mm	尺量	100m 为单位，全数检查
横缝直顺度		横缝与底面垂直，缝宽度一致	≤10mm	尺量	每 40m 测 1 点
表面观感		无明显色差、石子分布均匀无脱落		观察	全数检查

3. 工程总量与路面结构

西安大明宫国家遗址公园透水混凝土室外总体道路总量约为14万m^2，含人行路和车行路，共使用透水混凝土约1.7万m^3，路面的断面构造分别为：

（1）一级透水混凝土路面构造从下到上为：路基＋300mm厚3∶7灰土＋120mm厚C30混凝土＋80mm厚粒径10～20mm素色层＋40mm厚粒径6～8mm露骨料面层，面层分别为灰色石子和灰黄色石子3∶1，如图13-11～图13-13所示。

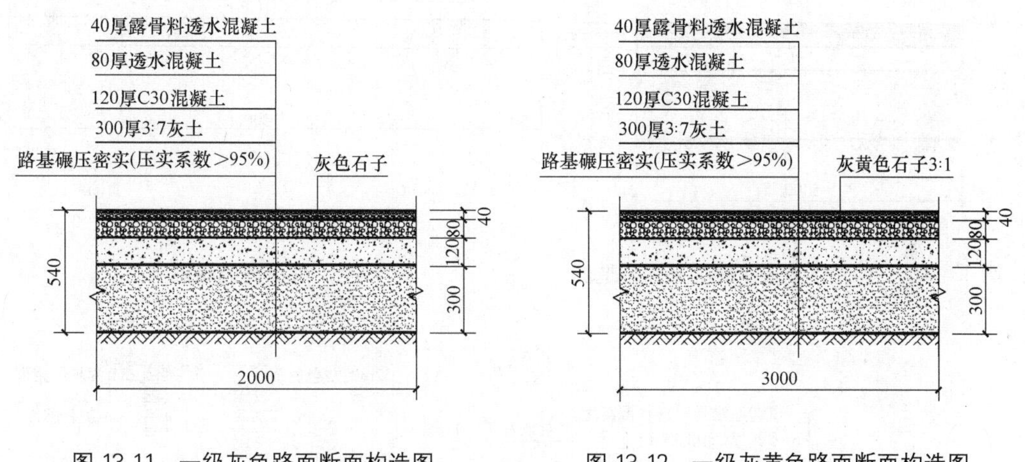

图13-11　一级灰色路面断面构造图　　图13-12　一级灰黄色路面断面构造图

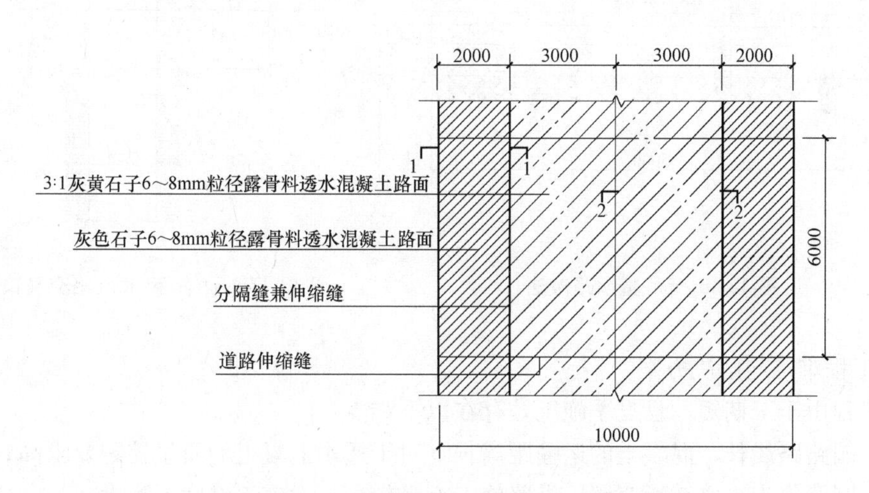

图13-13　一级透水混凝土路面铺装平面图

（2）二级透水混凝土路面构造从下到上为：路基＋300mm厚3∶7灰土＋100mm厚C30混凝土＋60mm厚粒径10～20mm素色层＋40mm厚粒径6～8mm露骨料面层，面层黄灰色石子3∶1，如图13-14所示。

（3）10m路和5m路以及两种不同的宽度交接

10m路与5m路交口处先施工5m路，再施工10m路，在交界处设置缩缝，采用切割机切缝的方法处理。交口处做倒角过度，10m路两侧黄灰色等宽接到5m路，详见图13-15～图13-17布置。

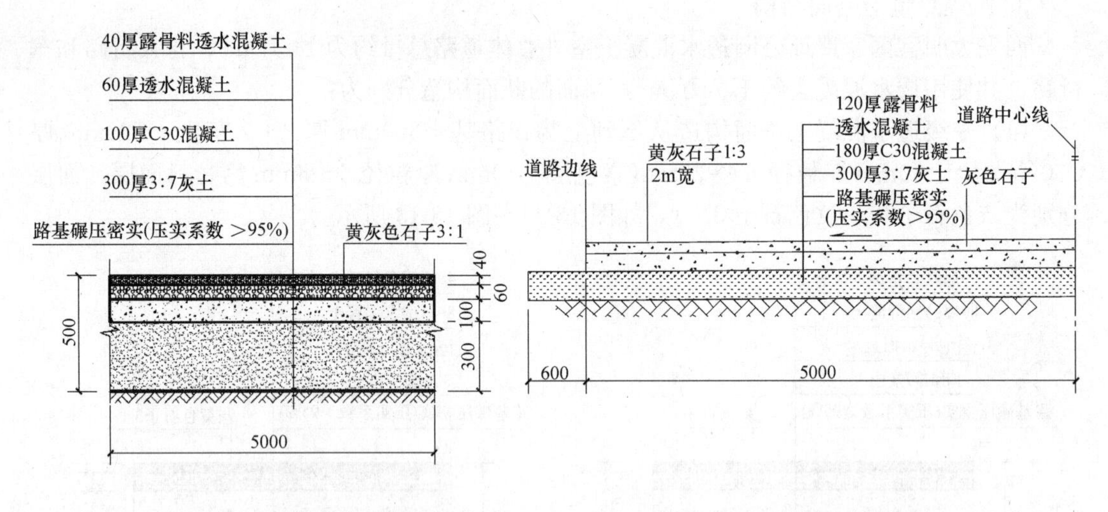

图 13-14　二级透水混凝土路面断面构造图

图 13-15　10m 宽园路做法

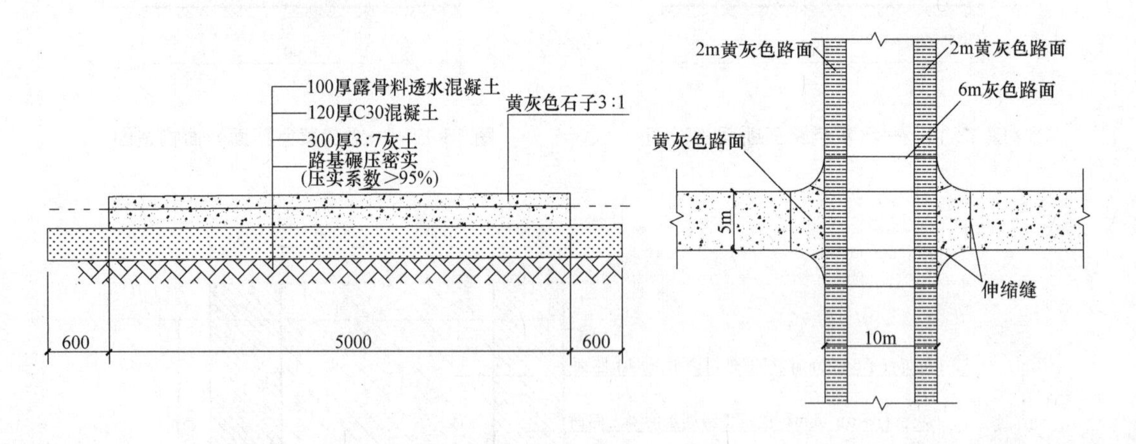

图 13-16　5m 宽园路做法

图 13-17　5m 路和 10m 路交叉口做法

4. 工程难点与解决方案

本工程由于工期短，且夏季施工，存在以下难点：

(1) 园路路线长，混凝土的运输距离长，对于透水混凝土的质量控制要求高；

(2) 园路作为主要交通道路，沿路施工交叉较多，对施工进度干扰大；

(3) 基层表面处理和裂缝处理，对于保证面层十分重要；

(4) 选材、施工工艺上，设计者提供的选择余地小，施工单位发挥空间小，材料供货压力大；

(5) 工程用水采用水车供水，工程作业段跨度大，露骨料表面冲洗对用水要求高，供水调配难度大。

针对以上难点，具体实施的解决方案为：

(1) 根据运距配置运输车辆，选用合适的添加剂延长混凝土凝结时间；在运输过程中覆盖彩条布，避免水分散失；同时避开高温时段施工；

(2) 积极与甲方沟通确认施工面，根据先支路后主路的原则安排施工计划；

(3) 基层处理主要采用清扫和高压水清洗；破损部位首先切割剔除，再重新浇筑同等强度等级的混凝土，待养护硬化后再进行面层的摊铺；对于有裂纹的部位进行特殊处理；

(4) 提前做好材料订货，保证供应量，同时材料供应方备用3家，确保正常施工；

(5) 加工区各设有3个蓄水池，每个蓄水池可蓄水10t，并设有回收利用沉淀池，同时现场大量的冲洗水利用绿化取水口或水车送水保证用水。

5. 施工工艺

(1) 混凝土搅拌

1) 搅拌工艺：将水泥、石子、颜料、添加剂放在搅拌机里一边加水一边搅拌，加入一半的用水量，待料表面湿润后加入减水剂，搅拌60s，然后加入剩余水，搅拌90s左右即可卸料。

2) 原材料指标：

① 水灰比为0.25～0.33之间，可根据工程环境温度、湿度和风力进行调整；

② 水泥：冀东水泥，P.O42.5袋装水泥；

③ 石子：面层粒径5～10mm，由于天然骨料的颜色和粒径可能随批次会有一些偏差，投料前必须检查有无杂色石子，先筛除大的粒径再筛除小的粒径，如石粉多也应筛除；

④ 添加剂：其作用为提高浆体黏度，保证浆体不流淌；

⑤ 减水剂：降低用水量，提高强度，改善拌合物流动性，便于摊铺和施工成型；

⑥ 拌制面层透水混凝土时，应用电子秤提前准确计量各种专用材料，包括颜料、添加剂和减水剂。

(2) 模板支设

1) 10m宽园路

由于10m宽园路面层颜色为中间6m宽灰色、两侧2m宽黄灰色，考虑到路面坡度，以2m、2m—3m—3m分仓施工，直线段采用槽钢模板，弯曲路段采用胶合板和木方配合支设，支设方法为内侧采用胶合板和木方配合拼接的方法形成弧度，胶合板背后加背楞，在木胶板和背楞之间用木楔进行填充加固，木楔的间距和背楞的长度根据曲率的大小而定。

2) 5m宽园路

5m园路大部分为弯曲路，模板采用胶合板和木方配合支设，同10m园路支设方法。

3) 固定方式

在混凝土上支模时，利用电锤打孔插入定位钢筋，配以木方和木楔稳固模板；在土上支模时，先夯实土基层，再用钢筋定位配以木方和木楔稳固模板。

(3) 面层摊铺

面层透水混凝土用翻斗车运输至施工现场，运输时间控制在30min内。运输过程中应覆盖保湿。

摊铺时应考虑虚铺高度，松铺系数为1.05～1.15。采用人工布料，应用铁锹反扣，严禁抛掷。素色层与面层同时浇筑，摊铺时间间隔不超过2h，25℃以上的高温天气摊铺间隔时间不超过1.5h。

面层摊铺时在模板上铺设厚度 3mm 的铁片，分三次往返用低频振动碾压辊碾压，并配合人工补料。

辊压后的面层进行人工修整，并设专人控制路面坡度。对于不平整处应人工压实抹平，麻面较大处应补料后抹平。

摊铺过程中设有专人用喷雾器适时给钢辊喷水，以始终保持钢辊表面清洁，在三次辊压中间加入带连接杆的推拉辊横向辊压收光。

（4）表面处理

1）用喷枪将清洗剂喷洒在表面。清洗剂从一侧向另一侧喷涂，注意边角和前后两次施工相交部位的喷涂。第一次喷洒时应薄而均匀尽量防止中断，第二次时厚度应增加，第三次可做重点补喷。喷洒总厚度约为 1～2mm。

2）随后覆薄膜养护，薄膜应紧贴石子，可用毛辊或扫帚将薄膜压平在地面上，相邻薄膜覆盖时搭接至少 10cm。

3）根据温湿度和同条件养护试件的强度情况，确定冲洗时间。确定方法为，在现场制作多组试块（至少 6 组），并喷涂清洗剂。制作完成后 8h 开始冲洗，每隔 1h 冲洗一块，直到表面冲洗干净且石子不脱落为止，此时刻即为冲洗时间。气温 25℃以上冲洗时间在搅拌后 12h 左右。

4）冲洗时高压水枪不能直冲表面，应在距表面 30～50cm 的距离侧向冲洗，喷水呈扇形水雾。个别水泥浆冲洗不掉处应使用毛刷配合水枪清洗。

5）清洗后应及时覆盖薄膜及塑料布进行养护。

（5）养护

面层混凝土摊铺完成后应进行覆膜结合浇水养护。养护最迟应从表面处理完成后进行，至少 7d。洒水养护至少每天一次（高温时洒水上下午各一次），洒水后及时覆膜，保证四周压实，派专人守护。

（6）伸缩缝设置要求

园路伸缩缝间距根据混凝土基层分割缝设置，缩缝间距 5m，缝宽度 3～8mm，切缝深度至少超过路面面层厚度 2/3。10m 园路纵缝沿道路中线设置，有 3 条，间距分别为 2m、3m。胀缝间距根据设计要求，间隔为 25～30m 设置一道。

1）摊铺前要复核基层混凝土的胀缝位置，做到面层的胀缝与基层一致；对于底层未设胀缝的，透水混凝土切缝深度至少超过面层厚度 20mm。

2）胀缝宽度约为 20～25mm，胀缝应贯通整个路面，填缝胶厚度约为 30～40mm。

3）缩缝、胀缝填缝材料采用泡沫棒填充，再用耐候胶填充，其中胀缝应在耐候胶上粘贴与路面相同粒径、颜色的石子。

4）每天摊铺结束或摊铺中断时间超过 30min 时，应设置横向施工缝，施工缝的位置应设置在缩缝或胀缝处。

5）切缝宜在混凝土强度达到 10～15MPa 时，一般在路面成型 3d 后进行。

6. 本工程出现的特殊技术难点及处理措施

（1）路基分割缝与面层分割缝的统一

路基分割缝与面层分割缝要在同一个断面上，但由于路基的分割缝没有按照设计要求进行施工，分割缝之间的间距大小不一，故在进行面层施工前，按照图纸要求重新切割路基的分割缝，新切割的分割缝与已经存在的分割缝之间的间距不小于1m，如遇到小于1m的路段，则视路基实际情况进行处理，对分割缝之间的间距进行调整，调整以后不影响整体效果。

（2）路基与面层的有效结合

基层混凝土本身具有很强的抗折、抗压强度，为路面的主要承载部分，透水混凝土面层主要受到行驶车辆的摩擦作用，因此只要面层自身具有一定的抗压强度就能满足要求。

基层混凝土与透水混凝土面层的收缩值不同（根据相关文献，普遍认为透水混凝土收缩值略大），因此在一定时间内两层的收缩量有一定的区别，两层之间如紧密结合在一起，当收缩量达到一定程度时，基层对面层的约束应力大于面层的抗拉强度时，面层混凝土将导致开裂；但如在两层之间铺设诸如塑料布、油毡等材料，两层之间没有紧密结合，那么透水混凝土将直接承受行驶车辆对路面的抗折、抗压作用，继而再将承载力传导至基层混凝土，这样很容易导致面层的断裂。因此建议对基层混凝土表面进行清理，不可留有土块，同时宜用高压水枪将面层的浮土清洗干净，这样两层之间有一定的结合，基层对面层有一定的约束应力，但这种应力不足以导致因面层混凝土的收缩而开裂。

（3）断板及裂纹

根据施工现场的具体情况，目前一级、二级园路经过重载车辆的多次碾压，以及混凝土自身的收缩变形、温度应力变化等因素导致基层混凝土道路上出现多处裂纹，在浇筑面层时应对基层进行处理，目前基层混凝土上出现的裂缝多数为以下三种情况，如图13-18～图13-20所示。

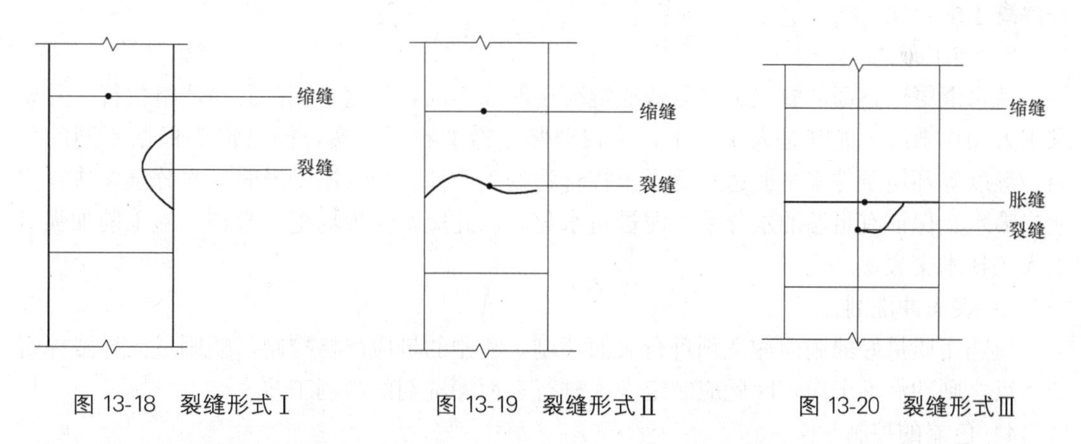

图13-18　裂缝形式Ⅰ　　图13-19　裂缝形式Ⅱ　　图13-20　裂缝形式Ⅲ

对于未发生断板而缝宽度大于1.5mm的裂纹，宜采用环氧树脂胶或其他灌缝剂进行处理。在灌缝前应用水清洗裂纹处，并严格按照说明操作进行施工。对于已发生断板开裂的裂缝，应将断裂部分剔除，人工夯实基层，浇筑相同强度等级的普通混凝土，与基层混凝土平齐；如断板开裂处横向贯穿路面，则应将大于裂缝每侧50mm的混凝土切除后浇筑普通混凝土。

对于经修复过的基层裂缝处（包括修补过的路面新旧混凝土接茬处）在面层透水混凝土浇筑时采用如图13-21所示的方法进行加强处理。

铺设中砂时，砂应大于缝每侧25cm，厚度均匀；盖上油毡，大小与砂同宽，钢丝网大小与砂一致，放置每层钢丝网后应拍平。

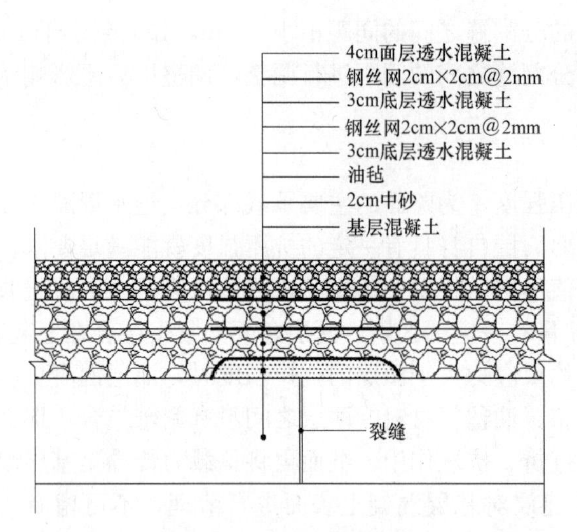

图 13-21 裂缝处的透水混凝土面层的处理方法

一级园路设计为 2m＋6m＋2m，即中间为 6m 纯灰色石子，两侧为 2m 的 1∶3黄灰色石子，因此需要分仓施工，对于横向裂缝贯穿于多仓的情况，应将砂摊铺至距模板约 2cm 处，盖上油毡，油毡外侧接触至模板。拆除模板后继续施工相邻一仓时，以已经硬化的路面为模板，施工方法相同。

要求整个操作过程快捷迅速，施工人员熟练掌握施工工艺，避免因为操作过程时间长使拌合物工作性下降，干燥缺水，硬化后强度低。

(4) 表层掉层处理

露骨料透水混凝土路面冲洗后掉石子的主要原因有以下几个：

1) 混凝土配合比

应严格控制混凝土配合比，使浆体均匀包裹在石子表面，并有一定的黏稠性，不流淌，如果浆体过稀，浆体流淌到路面底部，表面石子不牢固，而且影响透水性；如果浆体过干，水泥水化不充分，表面石子同样不牢固，因此保证路面冲洗后不掉石子首先应控制好混凝土配合比。

2) 施工工艺

透水混凝土路面的施工工艺与普通混凝土路面不同，每道步骤都必须严格执行，并要求工人操作熟练，尤其是人工抹平，不仅要将松散的石子压实，同时也要根据不同的气温、湿度等环境条件来掌握透水混凝土拌合物的工作性，当气温干燥时，水分蒸发快，应适当喷水，保证有足够的水分使水泥进行水化，因此应增强现场施工管理，施工前加强对工人的技术交底。

3) 表面冲洗剂

应选用质量好的表面冲洗剂进行表面喷刷，喷刷的量应严格控制，喷刷量大导致掉石子，反之则冲洗不干净，因此应制定专人进行表面冲洗剂的喷刷工艺。

4) 色差的控制

色差的出现主要与原材料有关，因此要求供货矿场有足够的生产能力、保证矿源在同一矿系，在材料进场时严把质量关，杜绝不合格的材料进场，同时，施工时也要注意一级路需分仓施工，路的交叉口容易产生色差，在不同部分施工时尽量使用同批骨料，避免色差。

本工程为大明宫遗址公园的人行路和行车路，施工区域南北跨度 2200m，东西跨度 1200mm，作为国家“十一五”大遗址保护重点工程，工程质量要求高，要求工期短，同时因为施工现场情况复杂，相邻、相关工程较多，更造成工期紧张，中国建筑技术中心研究人员在保证质量的前提下，按时完成了本项工程。图 13-22 为施工过程照片，图 13-23～图 13-25 为完成工程的实景照片。

图 13-22　大明宫遗址公园广场Ⅰ

图 13-23　大明宫遗址公园广场Ⅱ

图 13-24　大明宫遗址公园车行路Ⅰ

图 13-25　大明宫遗址公园车行路Ⅱ

13.1.3　工程案例 3——西安世界园艺博览会透水混凝土路面工程[1],[7]

1. 工程概况

世界园艺博览会（以下简称“世园会”）是由国际园艺花卉行业组织——国际园艺生产者协会（AIPH）批准举办的国际性园艺展会，具有较大影响和悠久历史，被誉为园艺和花卉界的“奥林匹克”盛会，能够为举办城市带来巨大的经济效益，同时也能成功塑造城市形象、扩大国际影响，在引发投资新高潮、带动产业发展、拉动城市经济，促进城市建设、完善城市建设体系等方面有着巨大的作用。

2011 西安世园会于 2011 年 4 月～10 月在西安浐灞生态区广运潭景观区内举办，主题为“天人长安 创意自然——城市与自然和谐共生”。这是继 1999 昆明世园会和 2006 沈阳世园会后，第三次在中国城市举办的世园会，也是由中国第三次举办认可性 A2＋B1 级世界园艺博览会。博览会举行期间，有朝鲜、日本、泰国等 28 个国家和地区参加，共有 1572 万人次参观此次盛会[1]。

本工程分为两部分：景观道路铺装和长安花谷广场铺装，景观道路两侧为路缘石，路缘石铺装完毕后进行透水混凝土施工，道路宽度为 2.5m、0.7m、4m 三种；长安花谷广场没有固定宽度，属于图案形式铺装，工程总量 16500m^2，如图 13-26 和图 13-27 所示。

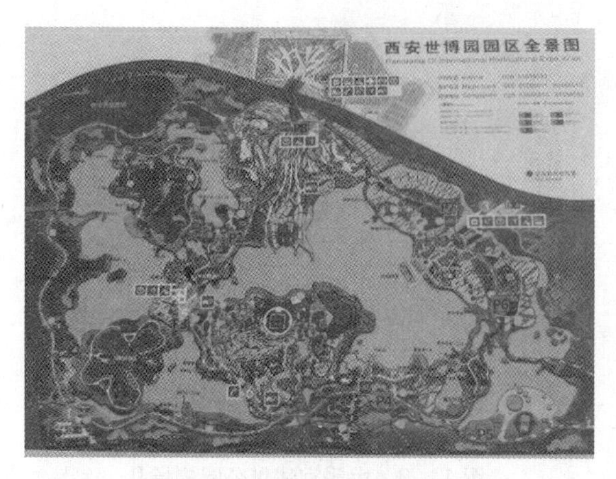

图 13-26 世园会全景图

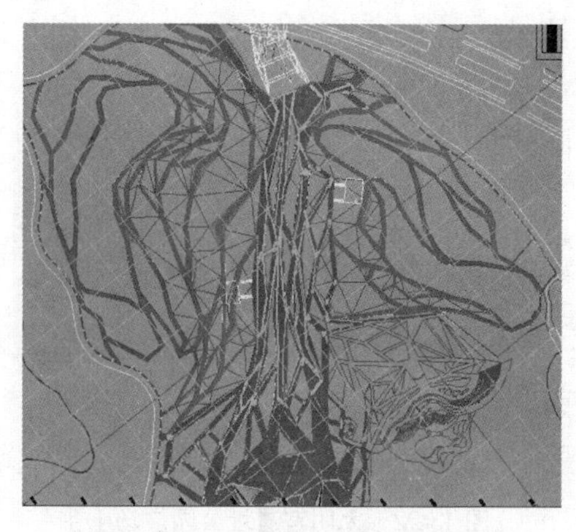

图 13-27 世园会长安花谷铺装图

2. 透水混凝土路面断面构造

(1) 景观道路透水混凝土路面

由 30mm 厚粒径为 4～6mm 的露骨料透水混凝土面层和 30mm 厚粒径为 4～6mm 的透水混凝土结构层构成（图 13-28），透水混凝土抗压强度≥C25，抗折强度≥3.5MPa。

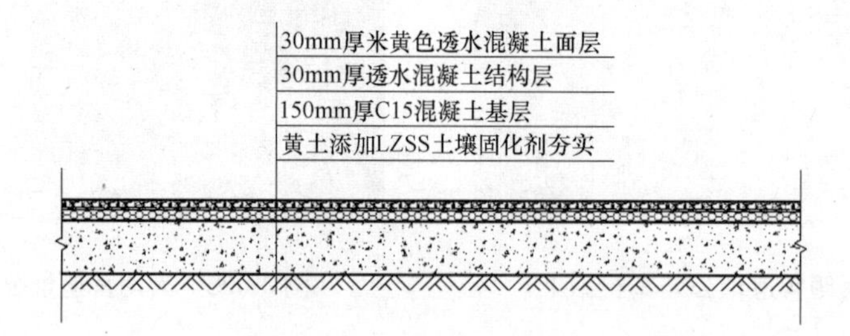

图 13-28 景观道路路面结构

(2) 长安花谷广场透水混凝土路面

由 30mm 厚粒径为 4～6mm 的露骨料透水混凝土面层和 80mm 厚粒径为 10mm 的透水混凝土结构层构成（图 13-29），透水混凝土抗压强度≥C25，抗折强度≥3.5MPa。

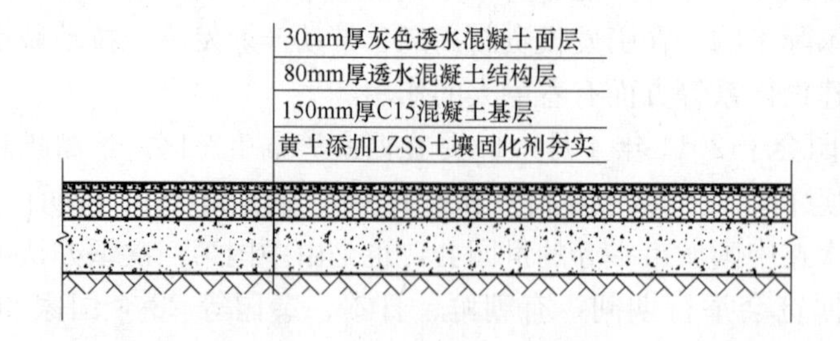

图 13-29 长安花谷广场路面结构

3. 工程技术指标

本工程为露骨料透水混凝土，设计要求混凝土强度等级为 C30，路面石子冲洗干净，平整度及密实度控制在道路规范标准要求范围内。

4. 工程特点、难点

（1）该工程工期为2010年11月～12月，温度低，对露骨料透水混凝土的成型及冲洗影响较大，需要制定冬期施工方案，并严格按照规定施工，确保工程质量。

（2）世园会工程面临开幕压力，工期紧，任务重，且交叉作业较多，尤其是花草种植中散落的种植土、杂物会污染透水混凝土路面，考验管理人员的组织能力、管理能力以及执行能力。

（3）原材料供应紧张，影响施工进度。

（4）花谷广场的透水混凝土铺装形状不规则，受摊铺宽度限制，很多部位无法使用平板振动器，需采用人工夯实。另外，长安花谷区域的透水混凝土施工为最后一道工序，且两侧分别为再生木和大理石，施工过程中应采取保护措施。

5. 施工要点

该工程为冬季施工，对施工工艺有严格的要求。

（1）混凝土搅拌与运输

搅拌用水泥采用普通早强硅酸盐水泥（强度等级为42.5级），并且采用早强型减水剂，蓄水池采用潜入式电热棒加热，水温控制在40～60℃之间，混凝土搅拌时间控制在2.5min以内，出料温度不得超过35℃。

世园会施工期间温度较低，搅拌后的混凝土必须用草帘或棉毡覆盖，避免在运输过程中表层混凝土结冰。

图13-30 混凝土摊铺

（2）混凝土摊铺、浇筑

每日16点～18点之间，清扫混凝土基层，对第二天拟铺装的路段覆盖棉毡保温。混凝土摊铺前，按照施工进度逐段对混凝土基础进行扫浆，混凝土摊铺施工见图13-30。

加快施工进度，从卸料至施工完毕的时间不应超过30min。另外，路面缓凝剂喷涂完毕（缓凝剂中加入防冻剂），依次覆盖塑料薄膜、厚胶纸、棉毡、草帘保湿保温，保证水泥水化热不散发，加快水泥硬化（图13-31）。

（3）冲洗

冲洗路面必须采用温水冲洗，水温不低于60℃，冲洗时间为距混凝土搅拌36～48h（图13-32）。冲洗完毕后及时覆盖塑料膜和棉毡，第二天高温时需要将路面覆盖物打开，晚上继续覆盖。

（4）切割、填缝

本工程路面伸缩缝设为5m一道，切缝宜在混凝土强度达到10～15MPa进行（图13-33），缝宽3～8mm；胀缝设为15～20m一道，缝宽20～25mm。伸缩缝和胀缝均采用泡沫棒填充，上面涂抹填缝胶（图13-34），胀缝需在填缝胶表面粘上石子，以保证视觉效果及行走舒适度。

图 13-31　混凝土覆盖养护

图 13-32　面层冲洗

图 13-33　伸缩缝切割、剔凿

图 13-34　伸缩缝处理

6. 施工总结

该工程为冬季施工，且交叉作业较多，作业过程中出现问题较多，现总结如下：

（1）冬季保温

冬季施工保温措施十分重要，贯穿基层保温、混凝土搅拌、铺装、面层处理、养护等施工全过程，需要引起足够的重视。

例如：混凝土基础扫浆后，不及时覆盖养护，扫浆层结冰（图 13-35），会引起空鼓、粘结不牢等问题；混凝土表面冲洗时强度较低，零度以下如不采用热水冲洗和覆盖不及时均会出现结冰现象（图 13-36），会导致后期出现强度不足，掉石子现象。

（2）交叉作业

透水混凝土一般与景观相结合，道路两侧为绿化植被，且实际施工时，透水混凝土铺装先于绿化施工，这就要求在绿化施工时，对已完工的透水混凝土路面采取覆盖保护措施，避免种植土、渣土污染路面，影响透水性，如图 13-37、图 13-38 所示。

（3）成品保护

1）道路施工完毕，设置明显警示带，面层冲洗前禁止人在上行走（图 13-39）。

2）透水混凝土施工时，如出现水泥浆撒落在两侧已完工的路缘石上面的情况，在面层喷缓凝剂时应覆盖路缘石这些部位，防止水泥浆硬化，以便在冲洗路面时将路缘石上的水泥浆冲掉（图 13-40）。

图 13-35　扫浆层结冰

图 13-36　夜间冲洗

图 13-37　无保护措施的交叉施工现场

图 13-38　透水路面污染

3）路面冲洗完毕 2 日内严禁重车碾压，以避免石子脱落（图 13-41）。

4）透水混凝土达到使用强度后，对施工车辆行驶的路段覆盖保护，避免污染路面（图 13-42）。

图 13-39　现场保护

图 13-40　路缘石冲洗

13.1.4　其他工程案例

1. 照金国际山地越野自行车赛道

(1) 工程概况

照金国际山地越野自行车赛道，赛道全长 2823m，平均宽度为 2m。共设有弯道 24

处，最小转弯半径 3.7m，最大爬坡 24°，绝对高差 149m。全部采用彩色露骨料透水混凝土面层，厚度 10cm。

图 13-41 重车碾压新冲洗路面

图 13-42 交叉施工路面保护

(2) 工程特点

弯道较多，坡度大，如图 13-43 所示。面层受气候及雨水冲刷影响较大，材料运输困难，而且冲洗产生的化学物质会对周边原生态草坪产生不利影响。

图 13-43 越野自行车道

2. 一体育会展中心工程

(1) 工程概况

镇江市体育会展中心建设项目位于镇江市南徐新城，露骨料透水混凝土面积约 72000m^2，工程质量、景观效果要求高，而且工期紧，仅为 60d 时间；现场施工面开阔，主要工作面在环体育馆园路以及场馆进出口广场，与道路交叉多，对施工有一定影响；施工过程对不同的图案和颜色都要支模做装饰分隔条，工作量大，工序较复杂。

(2) 设计简介

在级配砂石符合设计要求的基础上浇筑露骨料透水混凝土。结构分别是：

① 110mm 厚素透水混凝土＋40mm 厚天然彩石露骨料面层＋双丙聚氨酯密封保护。

② 160mm 厚素透水混凝土＋40mm 厚天然彩石露骨料面层＋双丙聚氨酯密封保护。

13.2 彩色透水混凝土路面工程

13.2.1 工程案例 1

1. 工程概况

本工程位于美林·新东城 A 区 30 号楼景观会所北区的景观道路，属于车行路面，地面铺装设计为露骨料透水混凝土路面，由黄色、深灰色、白色相间的路面构成整个图案。工程总面积 440m^2，共使用混凝土约 90m^3。

2. 路面构造

基层：350mm 厚级配砂石、30mm 厚的砂滤层；

结构层：150mm 厚碎石最大粒径为 10mm 的透水混凝土，强度等级 C25；

面层：30mm 厚碎石最大粒径为 6mm 的露骨料混凝土，强度等级 C25。

3. 工程特点

(1) 该工程黄色、深灰色、白色三种露骨料混凝土构成图案颜色较多，颜色的反差很大较为复杂，在冲洗工序中容易造成成品的污染，给施工带来一定难度。

(2) 该工程有一定的起伏坡度和图案分块，测量放线必须准确，模板支设必须牢固，模板支设量大。

4. 施工要点

工程采用 3mm×30mm 铜条镶嵌将各种颜色区域分开，铜条本身的颜色和图形也能衬托出整个路面的效果，这种方法对施工质量要求很高。施工人员预先加工好铜条，按设计要求，进行分隔立模及区域立模工作，立模中还须注意高度、垂直度、泛水坡度等问题，严格按照设计要求支设铜条，保持图案边线光滑顺直，图案不走形，避免影响路面图案美观效果。

固定铜条有多种方案可选，初期方案为：先浇筑一种颜色的混凝土，拆模后在分隔处放上铜条，再浇筑另一颜色混凝土将其挤住。但拆掉模板后分隔处边线不顺直。因此对方案进行了改进，用钢钉将铜条固定到底层混凝土上，但钉下去的钢钉无法与铜条贴紧。铜条的最终固定方案为：用水泥砂浆做低于路面高度的两侧小坡固定铜条，铜条之间用铆钉连接。

地面铜条安装完毕后，分批搅拌不同颜色的透水混凝土，按图案浇筑在不同的分隔区间里，并碾压成型。把握好冲洗时间，使表面色浆能够冲洗干净，且颗粒粘结牢固。

5. 实际效果

美林湾透水混凝土路面颜色均匀，图案美观，经检测，28d 抗压强度达到 35MPa，透水系数达到 82mL/s。图 13-44 为施工后的实景照片。

图 13-44 美林湾实景照片

13.2.2 工程案例 2

1. 工程概况

中国建筑西南设计院第二办公区办公楼工程，位于成都市新区天府大道，该建筑物由裙楼和塔楼两部分组成，其中地下3层，楼上裙楼部分为5层，主楼部分为17层，建筑高度69.39m^2，总建筑面积约86545m^2，地上建筑面积为47146m^2，地下建筑面积为39399m^2。该办公楼前面的停车场属于该建筑的附属项目，停车场环绕于办公楼的东、西、南三面，停车位呈垂直型排列，于2010年8月14日开工，2010年9月5日竣工。施工面积为825m^2。

2. 当地气候地理条件

成都市区位于成都平原东部，平均海拔约500m。平原面积占36.4%，丘陵面积占30.4%，山区面积占33.2%。平原地区西北高、东南低，平均坡降0.3%。属亚热带湿润季风气候，四季分明，夏无酷暑，冬无严寒，年平均气温16.7℃。年平均日照时数1071h，年平均降雨量945.6mm。

3. 工程设计要求：

透水铺装种类：渗透型露骨料透水混凝土路面停车场；

路面颜色：红色；

设计强度：C25；

面层透水性：≥1mm/s；

结构层透水性：≥2mm/s。

4. 原材料及配合比

碎石：红色花岗岩，粒径为6～8mm；

水泥：四川峨眉厂生产的普通硅酸盐水泥，强度等级42.5R；

添加剂：中国建筑技术中心研制。

面层配合比设计见表13-2，结构层配合比设计见表13-3。

面层配合比设计 **表13-2**

名称	水泥	碎石	减水剂	添加料	颜料
重量(kg/m^3)	400	1350	6	4	8

结构层配合比设计 **表13-3**

名称	水泥	碎石	水	减水剂
重量(kg/m^3)	400	1550	110	4

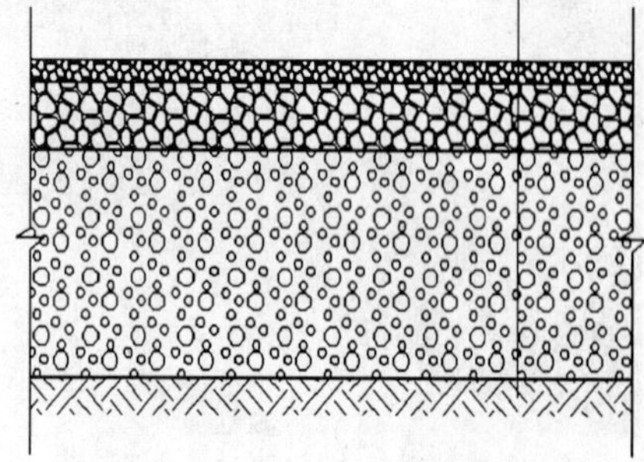

图13-45 透水混凝土路面结构

5. 路面构造

透水混凝土路面停车场断面结构如图13-45所示。

6. 施工情况

停车场共63个停车位，有2.5m×5m、3.58m×5m、2.5m×6m三种规格，采用路缘石对不同的停车位进行分隔，除车辆入口处外，其余3面的路缘石均高于停车位路面，单个停车位的施工面积较小，路面施工机械专业整平辊的使用受到限制，只能采用人工摊铺、刮平的方法，人工推拉辊配合进行压实、整平，最后完成人工修整，使路面的观感效果满足业主的要求。同时施工交叉作业多，工作面交付时间较长。

7. 实施效果

整个停车场色彩艳丽，红色的地面与周围绿色草坪相互映衬，环绕于办公楼周围，体现了休闲、环保、崇尚自然的人文理念，建成后成为该地区一道靓丽的风景，如图13-46～图13-47所示。

图 13-46 停车位施工效果

图 13-47 办公楼前的停车场施工现场

13.2.3 工程案例 3

1. 工程概况

郑州国际会展中心停车场工程位于郑州市郑东新区，面积17000m²。基础采用180mm厚密集型级配碎石，结构层为150mm厚原色透水混凝土（弯拉强度≥4MPa），面层为40mm厚橄榄绿彩色透水混凝土（弯拉强度≥4MPa），透水系数≥1mm/s，路面结构如图13-48所示。

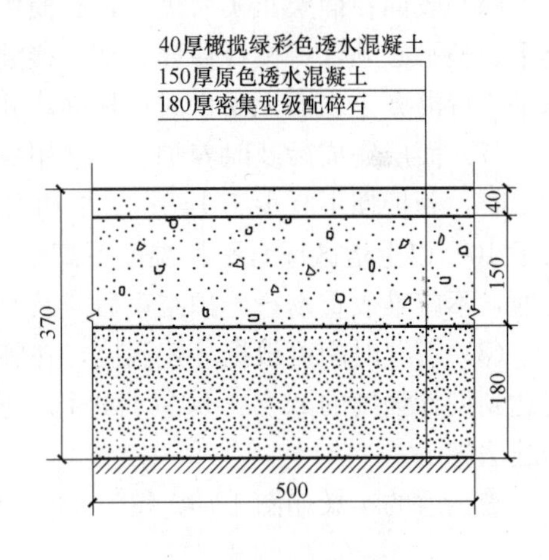

图 13-48 路面结构

2. 施工要点

（1）雨雪天气、环境气温低于5℃、风力大于6级时，应停止施工。当现场气温＞30℃时，应避开中午施工。若不能避开，采取对砂石料遮盖，抽用地下冷水拌合，自卸车加遮盖，加缓凝剂、保塑剂或适当加大缓凝减水剂掺量等技术措施。当室外最高气温达到32℃时，不宜施工。

（2）由于结构层与面层颜色不同，应使用不同的搅拌机分别搅拌。搅拌应符合下列规定：①先将骨料和50%水加入搅拌机拌合30s，再加入水泥、着色增强料和外加剂拌合40s，最后加入剩余用水量拌合50s以上。②外加剂宜提前1d稀释成溶液，均匀加入进行搅拌，并每隔一段时间清除池底沉淀。③混凝土应搅拌均匀。按规范要求检验各项指标，预留抗弯拉强度和抗压强度试件，混凝土出厂温度控制在10～35℃。拌合物均匀一致，每盘料之间的坍落度允许误差为10mm。④当施工现场气温高于30℃、搅拌物温度在30～35℃、空气相对湿度小于80%时，混凝土中宜掺缓凝剂、保塑剂或缓凝减水剂等。

（3）拌合物运输时要防止振动造成离析，应注意保持拌合物的湿度，必要时采取遮盖等措施。拌合物从搅拌机出料后，运至施工地点进行摊铺、压实直至浇筑完毕的允许最长时间应根据混凝土初凝时间及施工气温确定。

（4）摊铺时由专人指挥车辆均匀卸料，在摊铺宽度范围内，宜分多堆卸料。一般用人工进行摊铺，在有条件情况下可配备装载机或挖掘机摊铺。采用人工摊铺时，尽量防止布料整平过的表面留下脚印，还要防止将泥土带入路面。摊铺速度与振捣、整平速度相适应，并不宜低于30m/h。拌合物应均匀摊铺。布料的松铺系数根据拌合物的坍落度和路面横坡大小确定，一般在1.05～1.15。一块混凝土板应一次连续摊铺完毕。面层应与基层同步摊铺，同一施工段的混凝土应连续摊铺，并应在基层混凝土初凝前0.5h将面层摊铺完毕。两层摊铺时间间隔不宜超过2h，每隔2～4h应对基层采取保水措施。如间隔时间超过4h应在浇筑面层前作界面处理，以利于面层与基层的粘结。

（5）振捣应在基层摊铺长度＞10m时进行。结构层用平板振动器振动，使之有良好的均匀度和密实度。再次测量预留高度，留足面层的施工厚度。

浇筑面层时，先将彩色透水性混凝土铺开摊匀找平，再用专用低频振动器振动拉平，不平处要补料抹平，做到大面平整、均匀、无坑洞，达到面层平整度要求。

振捣、整平时施工人员应穿上减压鞋进行操作。振捣速度宜匀速缓慢连续不间断进行，其作业速度以拌合物表面不露粗骨料，也不泛出水泥浆为准。

（6）收面在面层压实后进行，宜使用抹平机对面层进行收面，必要时配合人工拍实、整平。整平必须保持模板顶面整洁，接缝处板面平整。混凝土抹面不宜少于4次，先找平抹平，待混凝土表面无泌水时再抹面，并依据水泥品种与气温控制抹面间隔时间。

（7）面层完成后及时养护。可选用保湿和塑料薄膜覆盖等方法养护。日平均温度高于20℃时，养护期不宜少于14d；日平均温度低于10℃时，养护期不宜少于21d。昼夜温差大于10℃以上地区或日平均温度不高于5℃应采取保湿、保温养护措施。养护期间应封闭交通，不应堆放重物；养护结束后应及时清除面层养护材料。

（8）切缝时间可根据环境温度，在施工后达到（度×时）积为250℃·h或混凝土强度达到设计强度的25％～30％时进行。横向缩缝、纵向缩缝、施工缝上部的槽口均采用切缝法施工。

竣工后的实景如图13-49和图13-50所示。

图13-49 会展中心透水混凝土实景Ⅰ

图13-50 会展中心透水混凝土实景Ⅱ

13.2.4 工程案例 4

1. 工程概况

2011 年 9 月首届广西园林园艺博览会，工程所使用的彩色透水混凝土设计强度为 C15，施工部位是滨水广场喷泉系统水池盖板。经搅拌机搅拌后，通过混凝土搅拌车运送到现场，人工斗车卸料，在业主、监理和施工方的见证监督下进行浇筑，现场施工顺利，浇筑结束后 24h，再在透水盖板表面涂上一层黄色涂料，变成彩色透水混凝土，施工效果良好，结构示意图和设计效果图如图 13-51 所示。

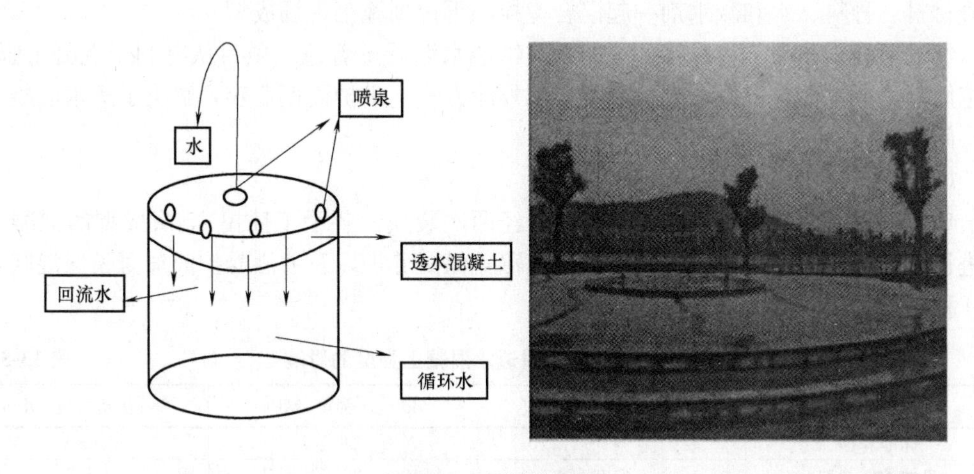

图 13-51 设计效果图

施工后，经质检部门检测，该透水混凝土 28d 强度达到 25.3MPa，孔隙率达到 21%，经过试用，喷泉系统工作时回落的水，瞬间即可通过透水混凝土盖板回流到水池中，不出现回流水外溢现象，增加了园林的美感和欣赏性，达到预期的设计效果。

2. 施工要点

(1) 振捣方式

相同配合比的条件下，不同振捣方式对透水混凝土性能的影响不同。

不同振捣方式对透水混凝土性能的影响 **表 13-4**

振捣方式	物理性能		
	28d 强度(MPa)	孔隙率(%)	透水系数(mm/s)
手工插捣 15 次	19.4	28.1	3.5
手工插捣 25 次	22.5	24.4	2.8
振动台 10s	25.4	21.2	2.4
手工 15 次+振动台 10s	26.8	18.6	2.1
振动台 25s	27.0	15.9	1.8

从表 13-4 可以看出，插捣次数越多、振捣时间越长，孔隙率越小、堆积越紧密，强度亦越高，但透水系数随之越小；如果振捣时间过长，使水泥浆在外部振动和自身重力作用下沉积在底部，上部只有粗骨料和少部分浆体堆积在一起，缺少胶结材料，使得试块表面出现“裸石”现象，上下两部分的性能差异较大，对强度和透水系数都不利；插捣次数不足或振捣时间不够，粗骨料颗粒之间的粘结力不足，会给透水混凝土的强度造成较大的损失。因此，振捣方式对透水混凝土的性能影响很大。

施工时振捣方式的选择不能一概而论，应以现场的情况而定，与坡度、构件形状、设计混凝土厚度、天气等因素有关。园林园艺博览会工程属于喷泉盖板，设计厚度为18～20mm，考虑到当地9月份天气仍很炎热，要一次性快速完成浇筑，综合研究以上因素，选择人工铁铲摊平插捣和平板振动机振捣两种方式结合的振捣工艺。

(2) 颜料添加

本项工程透水混凝土的颜料拟采用“外涂”和“内掺”两种添加方式，以试验结果优劣进行选择。外涂即先成型再涂上颜料，内掺即将颜料粉或浆体直接加入到搅拌机里，和胶凝材料、骨料、水和减水剂一起混合搅拌，再拉到施工现场成型。

经过验证，该项工程采用外涂的方式给透水混凝土着色。项目从有利于混凝土强度、工艺简单、成本低等方面考虑，决定采用外涂方式，维护周期5年，解决了透水混凝土的色彩问题。

(3) 养护

项目根据采用的透水混凝土配合比，经两次装模，各手工插捣25次成型的混凝土分别进行了标准养护、自然条件养护、薄膜覆盖保湿养护以及喷洒养护液加薄膜保湿联合养护4种养护方式的对比。

不同养护方式对透水混凝土强度的影响 **表13-5**

养护方式	累计温度(℃)	28d抗压强度(MPa)	28d抗折强度(MPa)
标准养护	560	24.9	3.05
自然条件养护	600	20.6	2.7
保湿养护	600	25.3	3.22
保湿+养护液	600	26.1	3.31

从表13-5可以得出，喷洒养护液和薄膜保湿联合养护效果最好，由于透水混凝土的孔隙很多，保湿养护的水分和水泥的接触面积很大，能够促进水泥反应率的提高，因此，其强度远高于自然养护；自然养护由于失水过快，使得相当一部分的水泥未充分反应，甚至出现“粉化”现象，使混凝土表面出现“散石”，对透水混凝土的抗压强度和抗折强度发展都非常不利。

图13-52 园艺博览会施工效果

考虑到本工程透水混凝土面积不大，水源方便，对质量要求高，从质量和成本两方面考虑，最终采用薄膜覆盖保湿加养护液养护的养护方式，对透水混凝土各方面的发展十分有利。竣工后的实景如图13-52所示。

13.3 仿石材纹理透水混凝土路面工程[1],[3]

13.3.1 工程概况

该工程位于北京市京开高速双星桥东，于2008年6月中旬开工，8月中旬竣工，由中国建筑技术中心自行设计，全部采用现浇施工，使用的模板由项目组自主设计研发。

仿石材纹理透水混凝土路面外观自然、真实、具有立体感，能够真实地模拟传统建材中的石材、板岩、木纹、墙、地砖等图案，如图 13-53 所示。

图 13-53 仿石材纹理透水混凝土设计效果图

13.3.2 路面结构

该工程的仿石材纹理透水混凝土路面结构从下到上为：路基由 20mm 厚粗砂＋300mm厚碎石构成，结构层为 150mm 厚透水混凝土，面层为 20mm 厚仿石材纹理透水混凝土，断面结构如图 13-54 所示。

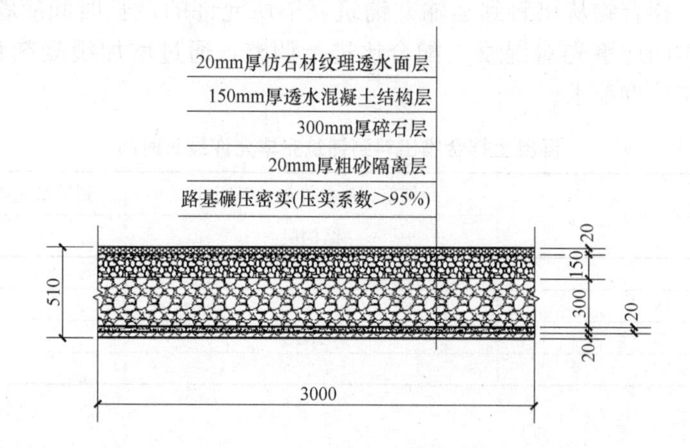

图 13-54 仿石材纹理透水混凝土路面结构图

13.3.3 主要技术要求

（1）面层颜色：红色，黄色，灰色；

（2）透水系数：≥2mm/s；

（3）耐久性：设计使用寿命 15 年，质量损失率≤5%；强度损失≤25%；

（4）配合比：该工程使用石英砂作为粗骨料，最大粒径不超过 2.5mm，配合比设计如表 13-6 所示。

仿石材纹理透水混凝土配合比设计 表 13-6

名称	石英砂	水泥	硅灰	减水剂	乳液	颜料
重量(kg/m^3)	1300	200	17.6	2.4	28	2

13.3.4 工程特点、难点

（1）该工程对强度、耐久性要求较高，为了保证强度，使用硅灰、乳液等添加剂。

（2）面层为彩色仿石材纹理透水混凝土，容易出现色差等问题，因此对原材料计量精度要求较高；另外，由于颜色较多，需要提前做好配合比，确定颜料掺量。

（3）路面施工为现场压印，夯实过程中要力度均匀，不能有漏夯部位。

（4）该工程使用硅胶模板，模板与模板之间的间隙以及循环使用中模板平移均会影响面层成型效果，因此对施工组织和管理提出了更高的要求。

13.3.5 施工要点

现浇法施工过程包括混凝土的生产运输、摊铺、成型和养护。在混凝土生产运输和结构层摊铺等施工工艺方面，仿石材纹理透水混凝土与普通透水混凝土大致相同，但在面层摊铺与成型方面有其独特的施工特点。

1. 生产与运输

透水混凝土现场搅拌，为了保证透水面层具有良好的工作性，现场生产宜选用强制式搅拌机，并根据现场情况合理设置搅拌站的位置。透水混凝土与普通混凝土相比，拌合物坍落度小，属于半干硬性混凝土，施工现场应根据施工进度、运量、运距及路况，合理选配运力，确保混凝土拌合物在规定时间内运到摊铺现场。根据混凝土的特性和初凝时间，拌合物从出料到运输并铺筑完毕所允许的最长时间应符合表13-7的规定，超过规定时间应事先对混凝土配合比进行调整，通过增加缓凝剂和减水剂用量来满足拌合物的工作性要求。

混凝土拌合物出料到铺筑完毕允许最长时间　　表13-7

施工气温(℃)	到铺筑完毕允许最长时间(h)	到铺筑完毕允许最长时间(h)
	结构层	面层
5～9	3.5	2.5
10～19	3	2.3
20～29	2.5	1.5
30～35	2	1.5

2. 摊铺施工

仿石材纹理透水混凝土的摊铺工艺分为结构层摊铺和面层摊铺。

（1）结构层摊铺

结构层摊铺前，要先检查碎石层的摊铺质量，基层宽度、表面平整度和压实度等指标均应符合设计要求，浇筑前必须先洒水润湿，混凝土拌合物运到现场后，应及时摊铺，摊铺过程应根据松铺高度系数加以控制。松铺高度系数可通过先期试验确定，选用与实际施工相同的原材料进行搅拌摊铺。摊铺不同的高度，利用相同的施工机具进行碾压施工，通过取样测试碾压后的孔隙率及强度，确定最后的摊铺高度。松铺高度系数宜控制在1.05～1.15。

设计厚度不大于100mm的结构层可一次性摊铺，超过100mm的，分层摊铺，每层厚度不超过100mm，随着每层摊铺用平板振动器整平；两层摊铺的间隔时间尽可能缩短，最上面的摊铺层首先要用刮杠刮平，再用平板振动器或整平辊整平，对摊铺不均匀的部位及时进行补料。

(2) 面层摊铺

仿石材纹理彩色透水混凝土面层的摊铺，要求有良好的连续性，即混凝土料到达现场后，及时采用人工进行摊铺（图 13-55）。摊铺过程中，采用铁锹反扣的方法可以保证布料均匀，严禁抛洒。

摊铺厚度根据设计要求和松铺高度系数确定，摊铺完成后要立即刮平（图 13-56），对摊铺不均匀的部位及时补料，并再次刮平；如有局部晒干或风干现象，应及时喷水雾润湿，覆盖塑料薄膜，并按照事先编好的顺序放置压印模板。

图 13-55 透水面层摊铺

图 13-56 透水面层刮平

3. 成型

本工程的模板采用正打成型工艺，即在混凝土路面浇筑完毕，水泥初凝前后，在混凝土表面进行压印，使之形成各种线条和花饰的一种方法。

由于脱模剂会对路面产生颜色污染，导致施工后路面颜色不均匀，本工程在压印模板和混凝土面层之间采用塑料薄膜隔离，解决了颜色污染和脱模的问题，实践证明，该方法施工效果明显。

纹理压印人工夯实的方法，虽然施工速度较慢，但施工后效果好。起模时应平起平放，避免模板起动时对混凝土边角的磕碰。图 13-57 为混凝土的刮平施工，图 13-58 为仿石材纹理夯实施工。

图 13-57 仿石材纹理透水混凝土刮平

图 13-58 仿石材纹理压印成型

4. 表面处理

表面处理主要是对已成型的透水混凝土表面进行修整，其目的是为了使透水混凝土表面颗粒分布更均匀，减少麻坑和松散部位，提高表面的观感。

5. 养护

仿石材纹理面层成型完成之后应及时用塑料薄膜覆盖其表面，保持湿度。1d 之后应该洒水养护。洒水时一般不要用有压力的水，防止把水泥浆带走，可以直接从高于混凝土表面 2～3cm 处从上至下浇水。养护期间每天洒水，洒水后立即覆盖，高温天气，洒水的次数应相应增加。养护时间一般为 7d，对于强度增长较快的混凝土，养护时间不少于 3d。

6. 施工效果

经检测，透水混凝土 28d 强度达到 20MPa，透水系数达 72mL/s。仿石材纹理透水砖路面透水效果好，自然美观，与绿化带相得益彰。如图 13-59、图 13-60 所示。

图 13-59　雨天拍摄的透水效果

图 13-60　整体效果

13.4 透水砖路面工程

13.4.1 工程案例 1—— 长安街大修工程[9]

1. 工程概况

长安街西起首都钢铁厂，东至通县，道路全长 40.4km，被誉为“神州第一街”。为迎接新中国成立 60 周年大庆，市政府决定再次对长安街进行综合修缮，以提高长安街作为首都政治、文化、经济中心的地位，提升北京交通及景观的整体品质，展现北京国际城市的形象。本次大修总长度为 26.774km，其中人行步道面积 3 万余平方米。

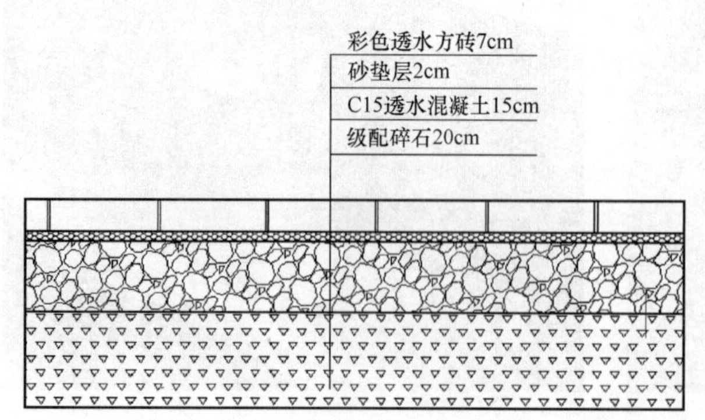

图 13-61　步道结构断面图

2. 路面结构

根据长安街施工图设计，透水

砖铺装结构由4部分组成，由上至下分别为：面层、整平层、基层和垫层，见图13-61。

3. 透水砖施工图设计技术指标

依据长安街大修工程施工图设计2005J135-SSB1DL0501DL第五卷第一册要求，透水步道砖技术指标如表13-8所示。

透水砖施工图设计技术指标　　　　**表13-8**

内容项目	检验项目	技术要求	
外观质量	表面非贯穿裂纹长度投影尺寸、贯穿裂纹、杂色、色差、泛碱	不允许	
	缺棱掉角、正面粘皮及缺损的最大投影尺寸(mm)	≤3,且不多于一处	
尺寸允差(mm)	厚度、厚度差	≤2.0	
	长度、宽度	±1.5	
	平整度、垂直度、对角线相对差	≤2.0	
力学性能(MPa)	抗压强度(边长/厚度＜5,以抗压强度为准)	平均值	K=1且单块最小值
		≥40.0	≥35.0
	抗折强度(边长/厚度≥5,以抗压强度为准)	平均值	K=1且单块最小值
		≥4.0	≥3.2
物理性能	耐磨性(mm)(GB/T 12988)&(GB/T 16925)	磨坑长度	耐磨度
		≤28	≥1.9
	吸水率(%)	≤6.5	
	抗冻性,(25次循环,JC/T 446—2000)	外观符合要求,强度损失≤20%	
其他	防滑(代表抗滑值)	BPN≥70	
	透水性(T1级,DB11/T 152—2003)	≥300mL/min	
	颜色耐久性(GB/T 16259—2008)	＞3年不脱色	
	使用年限	10年以上	

4. 施工要点及质量控制点

(1) 面层采用机制透水砖，颜色为灰色，抗压强度≥40MPa，规格为500mm×250mm×70mm，孔隙率达到20%。

(2) 整平层采用水泥与中砂1∶5（体积比）拌合而成，水灰比控制在0.3～0.35，拌合后的水泥砂浆以"手握成团，落地散开"为准。

(3) 基层混凝土采用15cm厚透水混凝土，强度为C15，空隙率为18%～20%。混凝土成型采用压实方法成型，其压力大小以不导致骨料破坏为准。

(4) 垫层采用20cm厚级配碎石，表面无杂物，平整度、压实度均应验收合格。

(5) 长安街白天开放交通，砌筑只在夜间进行，所以砌筑时一定要把透水砖砌筑稳固、夯实，步道砖铺筑完成后，及时采用1∶5干拌水泥砂浆进行扫缝。

5. 综合效益

(1) 节水效益

经过对长安街铺筑透水砖地面进行测算，其自然截留率可达到30%左右，同时透水砖的透水透气性能对土壤进行了一定的水气补偿，起保墒作用，因此节水效果明显。

(2) 生态环保效益

1) 透水能力

通过北京市建设工程质量第三检测所对长安街大修 4 号标段所使用的透水步道砖的检测，其透水性能每分钟在 320～970mL 之间，满足相关标准要求。

2) 降尘作用

透水步道砖有 20%的孔隙率，具有透水透气性，所以部分城市地面的尘埃可通过贯通孔渗入地下，使道路尘埃明显减少，对大气净化也起到了积极作用。

3) 降噪性能

通过对长安街现场噪声监测对比，使用透水步道砖的地方比以前不使用的地方噪声低 2～6dB。

4) 改善局部气候

通过现场数据观测，在高温季节，透水砖路面地表温度比不透水路面低 3～7℃。

13.4.2 工程案例 2—— 李遂基地仿石材透水混凝土地砖停车位

1. 工程概况

该工程施工区域位于技术中心李遂基地，属于自然渗水停车场。

试验室南侧为预制透水砖铺装（图 13-62），属于停车场（亦可作为洗车场使用），地面图案设计为仿石纹理透水混凝土砖，两侧为透水盲道砖，共设计三种仿石纹理图案（含两种单一图案和一种拼装图案），质朴、美观，与周围环境相协调。

现浇仿石纹理透水混凝土（图 13-63）位于办公区南侧，图案设计为单一图案。

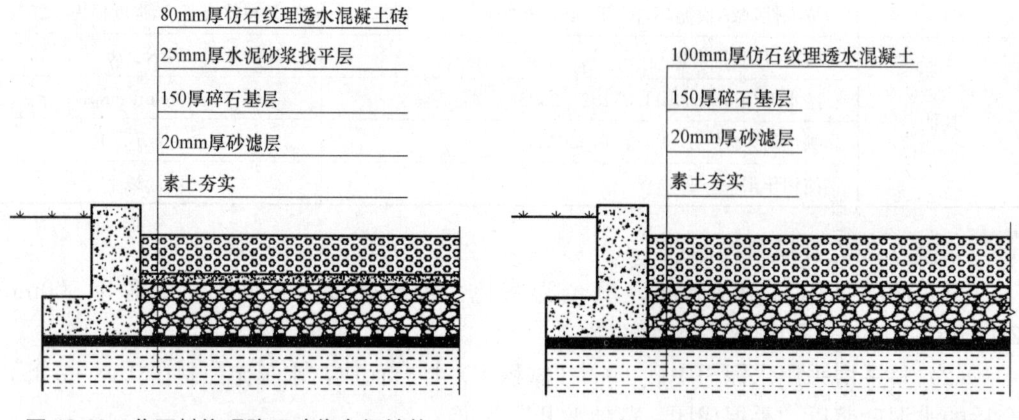

图 13-62 仿石材纹理路面砖停车场结构

图 13-63 现浇仿石材纹理透水混凝土结构

2. 设计主要技术指标

(1) 路面混凝土强度等级 C30；

(2) 面层颜色：深红色仿石纹理透水混凝土；

(3) 透水系数：≥1mm/s；

(4) 抗冻性：50 次抗冻循环，质量损失≤5%；

(5) 耐酸雨腐蚀性能：耐久性 10 年，质量损失≤5%，强度损失＜25%；

(6) 抗基层冻胀：冻胀高度≤0.41mm。

3. 工程效果

经过严格的质量控制和精心的组织管理，仿石纹理透水混凝土路面砖铺设质量符合设计要求。检测结果表明，混凝土抗压强度大于 30MPa，透水系数达到 0.62cm/s，超过了设计要求。图 13-64 和图 13-65 为该工程竣工后的实景照片。

图 13-64　仿石材纹理透水砖路面

图 13-65　仿石材纹理透水混凝土路面

13.5　透水混凝土在隧道工程中的应用

近年来我国隧道建设得以迅速发展，研究隧道工程相关问题也愈显重要。由于隧道环境的特殊性，隧道地面工程所需要的材料除满足一般路面的要求外，还必须强化其在抗滑、阻燃、吸声降噪等方面的要求。与普通混凝土相比，透水混凝土的优越性主要体现在透水性、吸声降噪、吸附粉尘、耐火阻燃等方面。本节主要结合隧道的特殊环境，介绍透水混凝土的透水功能和吸声功能在隧道工程中的应用。

13.5.1　隧道环境可能发生的灾害

1. 水害

公路隧道（或铁路隧道）是一个相对封闭、空间狭小的管状环境，洞内湿度大，比较潮湿，地下水丰富，虽不直接受降雨和地表水的影响，但拱顶、拱壁的冷凝水渗水和冷凝水的滴入，雨水的流入，地下水的上涌以及雨天车轮带入的水等都会引起洞内普通混凝土路面的积水，从而导致一系列的问题，如：

（1）直接影响路面的抗滑性能，容易引起交通事故，在寒冷地区路面结冰时情况会更加严重；

（2）加速钢轨及其连接零件的锈蚀损坏。

统计资料显示，隧道路段是交通事故多发路段，而且一旦发生事故，造成的人员伤亡和财产损失往往比一般路段要严重得多。对于公路、铁路隧道的渗漏水，一般采取的方法是采用专门的防水材料将漏水的缝隙堵上，但这种“堵”的方法只能暂时控制漏水情况，治标不治本。透水混凝土，是从“排”的角度来解决渗水漏水的问题，隧道渗漏的水到达地面后顺着透水混凝土的孔隙渗入地下（或者收集起来重复利用），使隧道时刻保持干燥状态，保证了安全的行车环境。

与车行隧道（公路隧道、铁路隧道等）相比，人行隧道距离一般较短，出入口开阔，同时也更加容易受到雨水灌入的危害。2012 年北京“7.21”特大暴雨，让首都的排水系统遭受严峻的考验，地势较低的隧道更是产生严重积水，交通一度瘫痪。

2. 噪声污染

隧道工程中另外一个难题是噪声污染问题，由于隧道的封闭作用，由车辆行驶所带来的噪声产生反射、共振和叠加，噪声持续时间更长，不易消散。隧道内的噪声远高于隧道外，根据实测，在同一时间，在车流量为 35 辆/h，车速为 50～100km/h 时，隧道内外测得的交通噪声分别为 95.4dB 和 79.1dB，差值为 6.3dB[3]。据资料显示[4]，隧道内部噪声从 90dB 衰减到 80dB 约 30s，而隧道外部仅需 2～3s。隧道的噪声污染成为必须解决的问题。

3. 空气污染

隧道中的尾气和粉尘污染也是需要引起重视的问题之一。隧道内车流量较大，产生大量的一氧化碳、二氧化氮等有毒尾气，而地面和车轮的磨损、车上货物的遗撒、外部扬尘的流入等则成为隧道粉尘的主要来源。隧道的封闭结构使得其通风环境较差，不利于污染物的扩散，直接导致空气污染物积聚。海峡都市报曾对福州市的榕金鸡山隧道做过检测，发现隧道内 PM2.5 浓度比隧道外升高 3 倍左右，PM10 浓度升高 6 倍左右。这些尾气和粉尘将会严重威胁司机、行人和隧道工作者的身体健康。而多孔结构可以吸附尾气和粉尘，可以预见透水混凝土的使用将会大大改善隧道内的空气质量。

4. 火灾

隧道一般为狭长管状结构，相对封闭，一旦发生火灾容易产生“烟筒效应”，火势迅速蔓延，甚至发生爆炸，后果极其严重。

13.5.2 透水混凝土在隧道路面中的应用

透水混凝土本身不具可燃性，并且采用透水混凝土后，高温会透过混凝土的孔隙与潮湿的空气接触，降低了火焰温度和火势蔓延的速度，具有一定的阻燃作用。整个隧道的温度降低后，用于隧道工程的普通混凝土、钢轨基座等就不会发生“爆裂”现象，耐久性得到提高。

在隧道路面中应用透水混凝土，除了可利用其优良的透水性来排除路面的积水之外，还可以结合雨水收集系统，进行隧道内污水的收集、净化和利用。当然，这里的“雨水”不再是单纯的雨水的概念，而是指可能进入隧道内的所有的水源。经过净化后的水，可以用于隧道清洁、消防储备等。

1. 铁路隧道

铁路隧道的洞内排水系统一般由环向盲沟、纵向盲沟、中心排水沟、侧向排水沟和横向联系水沟构成。对于承载力要求相对较低的铁轨两侧和两铁轨之间的区域，可以考虑采用铺筑透水混凝土路面来替代中心排水沟和侧向排水沟，如图 13-66 所示。

2. 公路隧道[8]

公路隧道路面可以采用透水混凝土铺装的区域包括：隧道排水沟、检修道、人行道和非机动车道、公路隧道紧急停车带和人行横通道等。

图 13-67～图 13-70 提供了几种隧道排水沟的做法。图 13-67 为隧道两侧透水混凝土排水沟的平面布置图，图 13-68 为隧道两侧透水混凝土排水沟和集水池的剖面图。排水沟采用排水明沟加透水混凝土预制盖板的形式，并设置了集水池用作雨水收集，同时盖板上方可兼具人行道的功能。

图 13-66　透水混凝土在铁路隧道中的应用实例

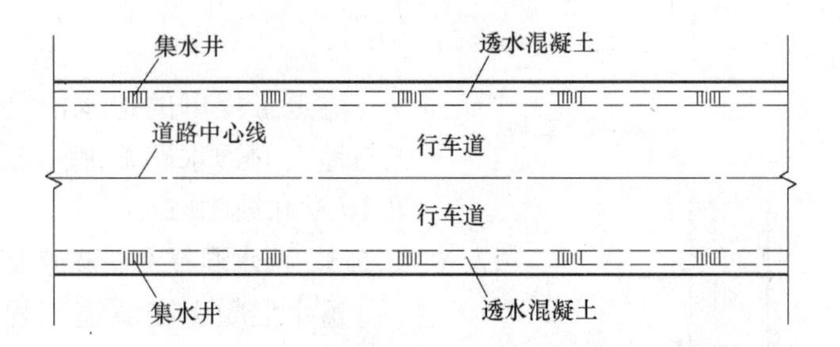

图 13-67　隧道两侧透水混凝土排水沟平面图

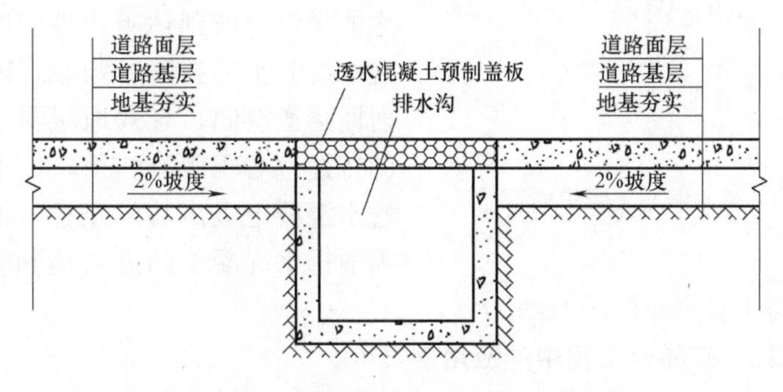

图 13-68　隧道两侧排水沟和集水池的做法

图 13-69 为弯道排水沟设置图，因车辆拐弯离心力的作用，一般弯道只在内侧设排水沟。

图 13-70 为隧道中心排水管上方透水路面结构图，与两侧排水沟相比，该区域所承受的荷载较大，可以采用透水面层和结构层相结合的方式来提高路面强度。

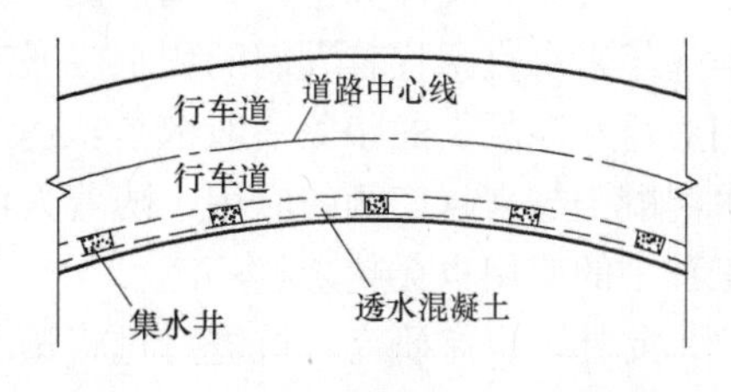

图 13-69　弯道区域排水沟的布置

公路隧道的检修道和人行道、公路隧道紧急停车带的地面荷载与地上人行道路荷载相差不大，但地势低，对排水性的要求较高，可根据路面情况参考本书第 10 章的有组织排水进行设计。

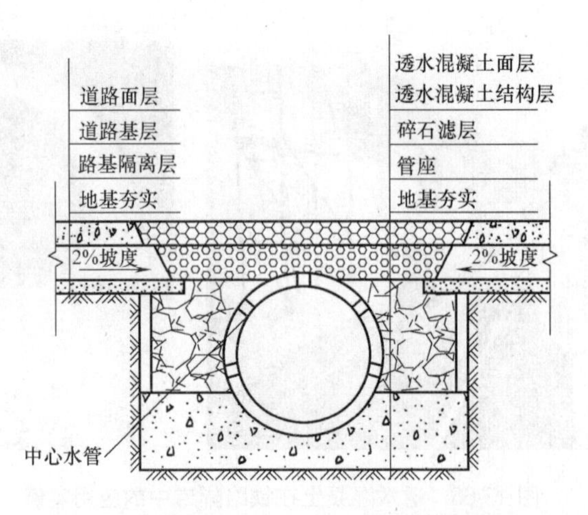

图 13-70　隧道中心排水管上方透水路面结构

3. 人行隧道

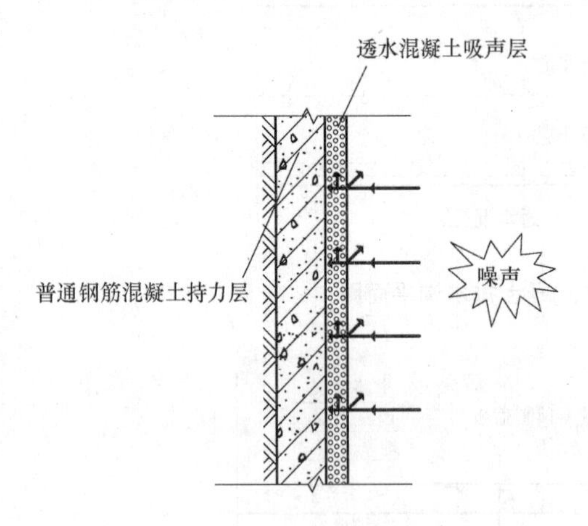

图 13-71　透水混凝土吸声墙

隧道工程里的透水混凝土铺装设计、施工与地上的透水路面基本相同，可参考本书第 10 章和第 12 章。

13.5.3　透水混凝土在隧道吸声设施中的应用

透水混凝土在隧道工程中的另一个主要功能是它的吸声功能。在隧道工程中，可以在隧道两侧设置透水混凝土吸声墙，车辆产生的噪声声波到达吸声墙表面后，一部分被透水混凝土的孔隙所吸收，还有一小部分反射回隧道空间，有效地减弱了噪声在隧道内的传播。对于既有隧道，如不具备后期加设透水混凝土吸声墙的条件，也可以尝试采用喷射透水混凝土的方式达到吸声的目的。图 13-71 为透水混凝土吸声墙的示意图。

13.5.4　透水混凝土在隧道工程中的应用前景

根据中国土木工程学会隧道及地下工程分会在“2015 中国隧道与地下工程技术研讨会”上公布的统计数据，我国已成为世界隧道及地下工程建设规模和建设速度第一大国。但多年来一直困扰着人们的积水、噪声、空气污染等问题却未得到有效的解决。目前，人们对透水混凝土的印象一般都是：透水性好，但强度低，应用范围窄。可以预见，随着透水混凝土越来越广阔的应用，随着人们对透水混凝土了解的逐渐加深，透水混凝土在隧道工程中的应用也会越来越广泛。

此外，也有研究人员进行过将透水混凝土应用于隧道主干道的探索，如广西壮族自治区百色至罗村口高速公路隧道、210 国道“贵州境崇遵高速公路金竹窝隧道”以及广河高速龙门山坳隧道等都曾做过铺设透水混凝土路面的尝试，但仅仅局限于试验路段，尚无大规模应用的先例。也许在不久的将来，透水混凝土将作为主要铺装材料之一应用于隧道主干道。

本章小结

本章收集整理了国内典型工程案例，既有大型工程应用的露骨料、彩色透水混凝土及透水砖路面工程，又有特殊需求的仿石材纹理、隧道工程应用的介绍。同时，介绍了每个工程的特点、施工要点和工程效果，透水性铺装在我国正处于快速发展时期，今后将会有更多的透水性铺装工程出现，特别是融合于“海绵城市”的综合性透水性铺装。

参考文献

1. 宋中南，石云兴等．透水混凝土及其应用技术．北京：中国建筑工业出版社，2011
2. Yunxing Shi，Pengcheng Sun，Jingbin Shi，et al. Properties of pervious concrete and its paving construction. The 6th International Conference of Asian Concrete Federation，Seoul，2014.9
3. 中建材料工程研究中心．透水混凝土路面成套技术研究．科技成果鉴定资料，2008.11
4. 石云兴，霍亮，戢文占等．奥运公园露骨料透水路面的混凝土施工技术．混凝土，2008，(7)
5. 宋中南，石云兴，吴月华等．露骨料透水路面在奥运工程中的应用．施工技术，2008，(8)
6. 石云兴，宋中南，霍亮等．透水混凝土试验研究及其在奥运工程中的应用．中国土木工程学会“全国特种混凝土技术及工程应用”学术交流会，2008.9，西安
7. 张燕刚，石云兴等．露骨料透水混凝土施工技术．施工技术，2011.7
8. 吴绪浩，刘朝晖．公路隧道路面结构与材料技术研究．广西交通科技，2003，(6)
9. 秦满义．透水混凝土在长安街大修工程中人行步道上的应用．工程技术，2010，(5)

第 14 章　透水混凝土路面常见质量问题

透水混凝土是由胶结材所包裹骨料颗粒的点接触构成的多孔结构，而且混凝土混合料较为干硬，施工容易形成薄弱环节，加上透水混凝土路面的基层常有降水渗流通过，基层容易发生不均匀沉降，上述原因致使路面质量问题时有发生。常见的有不均匀沉降导致的开裂、收缩开裂、骨料颗粒因粘结不牢而脱落；表面连浆导致的透水性变差，以及层间空鼓、颗粒脱落和冻融导致的破坏等问题。

14.1　不均匀沉降导致的开裂

由于沿透水混凝土铺装的竖向不断有降水渗流通过，如基层处理不好，容易发生沉降，导致路面塌陷或开裂，图 14-1 是常见的不均匀沉降。

图 14-1　不均匀沉降导致的开裂

(*a*) 地基的振实

(*b*) 结构层的摊铺振动整平

图 14-2　正确施工方法

因此，路面基层的施工必须符合要求，首先土基要夯实，如图 14-2（*a*）所示，土基上面的透水基层是大孔混凝土的，如厚度超过 20cm 要分层摊铺，每层摊铺的厚度不超过 20cm，每摊铺一层用平板振动器振动整平，使其达到稳定堆积状态，满足设计的强度和刚度要求；水泥稳定石和级配石透水基层的，摊铺后应采用压路机压，压实度要达到设计要求；透水结构层也要分层摊铺，每一层要用平板振动器振动整平，使其达到稳定的堆积状态[1]，如图 14-2（*b*）所示。

对于土基是失陷性黄土的情况，不能采用透水性基层，而采用导向排水的结构。

14.2 透水混凝土混合料工作性不良

透水混凝土混合料的工作性是指既有一定黏聚性，又易于整平施工的性能，而施工良好的路面应是具有整体平整面，同时颗粒之间既形成丰满的液桥，又保留了足够的孔隙，

(*a*) 彩色透水混凝土

(*b*) 露骨料透水混凝土

图 14-3 质量良好的透水混凝土路面

(*a*) 偏干硬的混合料

(*b*) 偏稀的混合料

图 14-4 透水混凝土混合料工作性不良的情况

图 14-3 分别是具有此特征的不同类型透水混凝土路面，图 14-3（*a*）的浆体较为饱满，但紧密包裹骨料，形成较为丰满的液桥；图 14-3（*b*）是露骨料透水混凝土路面，经过冲洗，虽然表面无水泥浆，但在骨料接触点处保留丰满的硬化液桥浆体[1]~[5],[8]。

而工作性不良的透水混凝土混合料，如偏干硬的或偏稀的混合料（如图 14-4 所示）在施工中时有出现，是不可能将其施工成具有上述特征的良好路面的。混合料的工作性是良好路面的基础，在混凝土制备阶段，必须严格按技术要求操作。

14.3 收缩导致的开裂

透水混凝土的抗拉强度比较低，容易因收缩导致开裂，如图 14-5 和图 14-6 所示。常见的原因有胶结材用量偏大；路面施工后养护不及时、不充分；设置缩缝间距过大；发生局部的应力集中现象等。

解决措施有采用恰当的配合比，避免胶结材和用水量过大；充分的养护可以减少收缩；适当设置收缩缝，缩缝间隔一般不超过 6m。界面变化较大局部注意消除应力集中现象[1],[7],[9],[10]。

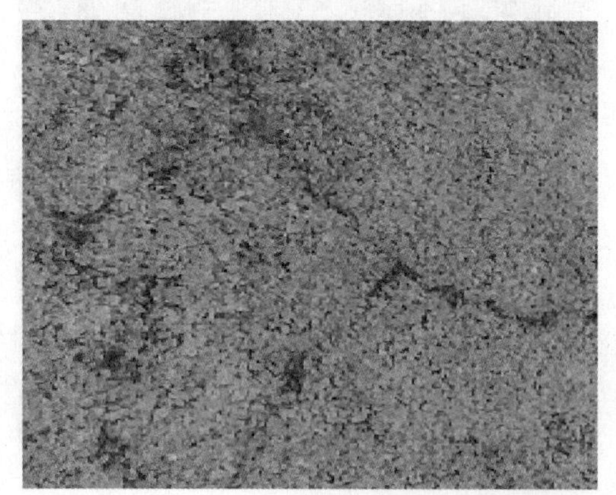

图 14-5 收缩导致的开裂

图 14-6 因缩缝间隔过大而发生的开裂

14.4 路面荷载和基层承载力不够导致的开裂

由于路面混凝土强度不足，或因基层的稳定性不够而导致承载力下降，在竖向荷载的作用下，路面发生断裂，如图 14-7、图 14-8 所示。

要避免此类情况发生，应根据工程所处区域的土质情况进行针对性的基层设计，如湿陷性黄土、冻胀土、砂性土等，要采取针对性处理措施，此外，还要对透水结构层设计足够的厚度，详见第 10 章的有关章节。

图 14-7 荷载作用导致的开裂

图 14-8 基层不均匀沉降与荷载共同作用导致的开裂

14.5 混合料稠度不当或过振导致的路面“连浆”现象

透水性不良是透水混凝土路面施工极易发生的现象，俗称“连浆”，由于混凝土混合料颗粒之间的浆体连在一起堵塞了孔隙所致。

材料方面导致“连浆”的原因有：胶结材用量过大，达到或超过了骨料孔隙体积；浆体过稀，黏度小，与骨料包裹不紧密，即使施加较小振动力，浆体也会与骨料分离，发生“连浆”，如图 14-9 所示。

另一种情况就是因过振导致的“连浆”，透水混凝土设计孔隙率并不代表铺装施工后路面的实际孔隙率，实际孔隙率与施工时施加的整平振动强度和时间有关，即与施加的振动能有关，振动能小，路面的孔隙率大，虽透水性强，但可能出现混合料颗粒排列不够紧密和容易松动脱落的情况；而整平振动强度高和时间长时，会因过振而发生“连浆”现象，失去透水性，如图 14-10 所示。日本的研究者对设计孔隙率、实际孔隙率与整平施振动能的相关性定量化试验的结果在第 2 章已经述及，见 2.5.7 节，施工中应注意三者的相关性[1],[7]。

图 14-9　因混合料工作性不良导致的“连浆”

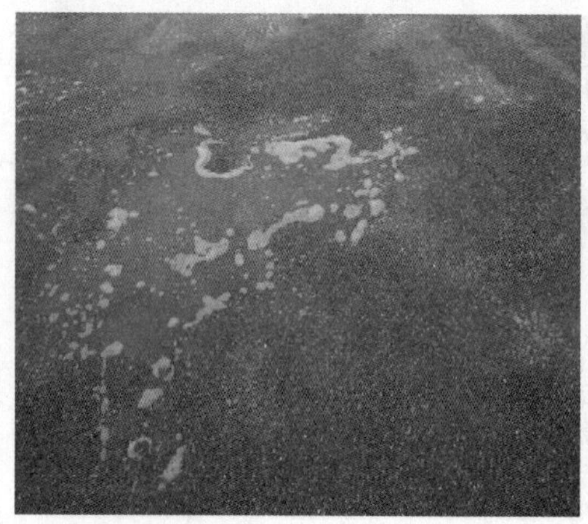

图 14-10　因过振“连浆”及导致的不透水

14.6　颗粒脱落

透水混凝土路面投入使用后，在车轮或冻融作用下发生颗粒脱落现象，如图 14-11 所示。发生这种情况的原因有：(1) 胶结材本身强度不够；(2) 水胶比较大导致干缩较大，在骨料与浆体之间出现裂纹，在外力作用下易发生松动脱落；(3) 环境的冻融循环作用导致颗粒脱落；(4) 露骨料混凝土在表面冲洗时，由于表面冲洗剂对混凝土洗蚀过深，致使颗粒的粘结变得薄弱；(5) 骨料的粒型不好也使颗粒容易脱落，片状和针状的颗粒容易脱落，而采用接近圆形或立方形的骨料制备混合料时，颗粒总体粘结较为充分，不容易脱落。

为了使骨料颗粒不发生脱落，除了如前所述的要求混凝土混合料的工作性良好之外，还必须施工措施得力，包括混合料的保湿、表面整平抹光等细节，使骨料之间充分粘结，如图 14-12 所示。

图 14-11　面层颗粒脱落

图 14-12　抹光施工细节

14.7　表面“泛白”

有时路面在刚施工完毕的数日内，如果暴露于干燥环境，表面即出现“泛白”，这是水泥以及外加剂中的盐、碱类析出现象，一般没有什么危害，用水一冲即可冲掉，随着龄期增长，盐、碱类参加到水泥的水化反应，可析出的会越来越少。

克服“泛白”的方法，选择水化过程中产生的碱量较低的水泥，如含适量混合材的水泥、低碱水泥等，或在混凝土制备过程中掺加矿物掺合料，控制外加剂中的盐、碱的含量；路面施工完毕及时用塑料薄膜覆盖，并在养护期间及时洒水养护，避免表面水分过快蒸发。

14.8　层间空鼓

透水混凝土路面在使用后，其结构层和面层之间已发生剥离，从路面敲击有空鼓声音，经过一定时间的碾压面层易发生断裂，这主要是由于结构层和面层之间的摊铺时间间隔较长，上下两层未能达到一体化结合。

透水结构层和面层之间的摊铺间隔时间应该尽可能缩短，在结构层摊铺完成之后不应超过 2h 摊铺面层，而且间隔时间越短越好，未及时摊铺面层的部分应覆盖，防止水分蒸发，如果间隔时间较长，甚至隔日摊铺发生空鼓的可能性较大。

另外，两层摊铺时间间隔较长的情况，应缩短伸缩缝的间距，因面层受热胀冷缩较为剧烈，和结构层之间会产生剪应力，易导致空鼓发生。

在既有路面上面加铺透水面层，面层要有足够的厚度，一般要大于 80mm，施工时首先要将底面面层清理干净，用水冲洗，并先涂刷一层水泥浆之后再实施摊铺，以增强界面粘结，伸缩缝的间距也要适当缩短，减轻面层胀缩在界面引起的剪应力。

14.9 因未设置胀缝导致的损坏

为保证透水混凝土路面在温升时能吸收线性膨胀变形，应在沿长度方向每间隔 12m 左右设置一胀缝，胀缝宽度宜在 18～21mm[1],[6],[11],[12]，并且胀缝内防止砂土、垃圾等落入，以耐水、耐老化的弹塑性材料填充。在较低温季节铺装的路面到夏季发生的膨胀更大，胀缝的设置更为重要。图 14-13 所示的情况就是在春季铺设的路面由于只设缩缝未设胀缝，在夏季发生膨胀而导致在缩缝接缝处膨胀发生沿缝的隆起，再加上路面荷载作用使隆起部分受压至破碎。

(a) 破坏实例1

(b) 破坏实例2

图 14-13 未设置胀缝而导致破坏的路面

透水路面与既有结构物接触部位，为避免路面膨胀应力对既有结构物或路面自身造成破坏，也应设置胀缝，如图 14-14 所示。

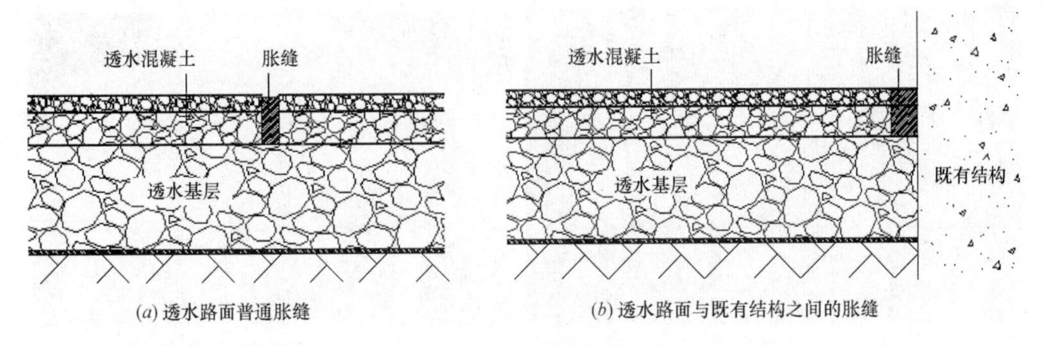

图 14-14　透水路面胀缝的设置

14.10　透水树脂混凝土铺装易发生的质量问题

透水树脂混凝土是指以树脂作为胶结材，将石子骨料胶结在一起形成的多孔混凝土，目前常用的胶结材是环氧树脂胶，多采用 A、B 双组分，其中 A 组分为双酚环氧树脂胶，B 组分为固化剂，在现场制备混合料随拌随铺。

环氧树脂通常含有 2 个或以上的环氧基，以脂肪族、脂环族或芳香族等为骨架，通过环氧基团与固化剂的反应形成热固性产物的高分子低聚体，由于独特的环氧基团，以及羟基、醚键等活性基团，因而有较强的粘结力。

在实际施工中环氧树脂如配制得较稀或用量较大，会发生流淌沉至底部，在混凝土的底层形成膜层，封闭了孔隙的底部，降低路面的透水性，如图 14-15 所示。

图 14-15　透水树脂混凝土底面形成的膜层

固化后的透水环氧树脂混凝土缺点是脆性大，容易开裂，且胶结材为有机材料，耐候性不及无机胶结材透水混凝土，图 14-16 是收缩开裂的实例，其中图 14-16（*a*）是垂直于长度方向的裂缝，图 14-16（*b*）是由于宽度变化，在急剧变化处产生应力集中而导致开裂。

改善的措施包括：(1) 在原材料配合比中加入增韧剂；(2) 减小缩缝的间距，一般不超过 5m；(3) 与基层的缩缝设置上下重合。

(a) 垂直于长度方向的裂缝

(b) 路面宽度变化引起的开裂

图 14-16　透水树脂混凝土地面铺装开裂实例

本章小结

本章叙述了透水混凝土路面的常见质量问题，透水混凝土路面由于它的多孔性和颗粒之间基本以点接触，相对于普通混凝土来说是比较脆弱的，对施工措施和管理要求更为严格，一旦疏忽质量问题极易发生，因此，透水路面除了在混凝土制备阶段要按正确的工艺制备出性能良好的混合料之外，还必须在路面铺装阶段做好施工的各个环节，才能保证路面铺装质量。

参考文献

1. 宋中南，石云兴等．透水混凝土及其应用技术．北京：中国建筑工业出版社，2011
2. 小椋伸司，国枝稔　ほか．ポーラスコンクリートの強度改善然．コンクリート工学年次論文報告集，1997，Vol. 19. No. 1
3. 湯浅幸久，村上和美　ほか．ポーラスコンクリートの製造方法に関する基礎的研究．コンクリート工学年次論文報告集，1999，Vol. 21. 1. No. 1
4. 大谷俊浩，村上聖　ほか．　結合材の分布状態がポーラスコンクリートの強度特性に及ぼす影響．コンクリート工学年次論文集，2001，Vol. 23
5. 笠井芳夫．コンクリート総覧．技術書院，1998，06
6. National Concrete Pavement Technology Center. Mix design development for pervious concrete in cold weather climates. Final Report，February，2006，U. S. A
7. 中建材料工程研究中心．透水混凝土路面成套技术研究．科技成果鉴定资料．2008. 11
8. 玉井元治．コンクリートの高性能・高機能化（透水性コンクリート）．コンクリート工学，1994，Vol. 32，No. 7：133-138
9. 付培江，石云兴，屈铁军等．透水混凝土强度若干影响因素及收缩性能的试验研究．2009，(8)
10. 刘翠萍，石云兴，屈铁军等．透水混凝土收缩的试验研究．混凝土，2009，(2)
11. Bruce K. Ferguson，Porous pavement，CRC Press，2005
12. 中国建筑股份有限公司主编．透水混凝土路面技术规程．DB 11/T775—2010．2011. 4